大学物理简明教程学习辅导
（第3版）

吕金钟　路彦珍　主　编

邱红梅　李　策　副主编

清华大学出版社

北　京

内 容 简 介

本书是《大学物理简明教程(第 3 版)》(吕金钟、邱红梅、赵长春编著)的配套辅导教材。全书共分为 6 章(牛顿力学基础、狭义相对论基础、热力学基础、电磁学基础、波动学基础和量子物理基础),每章包含 4 部分(思考题参考解答、习题参考解答、阶段练习题及其参考答案),并且附有多套大学物理考试试题和大学物理竞赛试题。

本书可作为高等院校非物理学本专科各专业、成人教育,以及各类高职院校大学物理教学的辅导教材和参考用书。

图书在版编目(CIP)数据

大学物理简明教程学习辅导 / 吕金钟,路彦珍主编. -- 3 版. -- 北京 : 清华大学出版社,2025. 6. -- ISBN 978-7-302-69382-6

Ⅰ. O4

中国国家版本馆 CIP 数据核字第 2025N9M764 号

责任编辑:朱红莲
封面设计:常雪影
责任校对:王淑云
责任印制:刘 菲

出版发行:清华大学出版社
  网 址:https://www.tup.com.cn,https://www.wqxuetang.com
  地 址:北京清华大学学研大厦 A 座   邮 编:100084
  社 总 机:010-83470000   邮 购:010-62786544
  投稿与读者服务:010-62776969,c-service@tup.tsinghua.edu.cn
  质量反馈:010-62772015,zhiliang@tup.tsinghua.edu.cn

印 装 者:大厂回族自治县彩虹印刷有限公司
经 销:全国新华书店
开 本:185mm×260mm 印 张:12.75 字 数:307 千字
版 次:2012 年 2 月第 1 版 2025 年 6 月第 3 版 印 次:2025 年 6 月第 1 次印刷
定 价:39.00 元

产品编号:111465-01

大学物理简明教程学习辅导

第3版　前　言

PREFACE

　　为配合大学物理课程的课堂教学,用以帮助读者自学,起到课外辅导与答疑的作用,同时也希望给教师的物理教学提供一些参考,我们在讲义的基础上编写了《大学物理简明教程学习辅导》一书。

　　本书是《大学物理简明教程(第3版)》(吕金钟、邱红梅、赵长春编著)的配套辅导教材,它包括每一章节的全部思考题和习题的参考解答,针对性的阶段练习题,以及近年的大学物理考试试题和大学物理竞赛试题。原版教材在多年的使用中得到了同仁和学生的肯定,也得到很多有益的建议,此次再版是在第2版基础上的修订。北京科技大学路彦珍老师完成了本书的前期工作,主编了第1、2章,并主审了全书;北京科技大学邱红梅老师编写了第3、6章和试题汇编;河北工业职业技术大学李策老师编写了第4、5章。吕金钟和路彦珍老师协力完成了本书的统稿和定稿。

　　本书重新审视了阶段练习题和思考题及习题的参考解答。感谢对本书的编写给予过帮助的领导和同事,感谢同仁的热情支持和提出的有益建议。本书的编写参考了若干现有的教材,编者在许多方面得到了启发与教益,于此一并表示衷心的感谢。

　　由于编者水平有限,书中难免会存在欠妥和错误之处,恳请读者批评指正,谢谢!

编　者

2024 年 12 月

大学物理简明教程学习辅导 第3版

CONTENTS
目 录

第1章 牛顿力学基础

思考题参考解答

1.1 关于行星运动的地心说和日心说的根本区别是什么？

答：地心说和日心说的根本区别是描述所观测太阳系行星运动时所选取的参考系不同，哥白尼的日心说是以太阳中心为参考系，托勒密的地心说是以地球中心为参考系。相对来说，对行星运动的描述，日心说比地心说更加简单明晰。这给人一种启迪，启发人们在研究事物的发展和物体的运动时应注意到参考系选择的重要性。

1.2 牛顿是怎样统一了行星运动的引力和地面的重力的？

答：用手向空中抛出任一物体，按照惯性定律，物体应沿抛出方向走直线，可是物体终归要落到地面上，这说明地球对地面物体都有一种吸引力，忽略地球自转后的这种地球引力就是重力。牛顿给出一个理想抛体实验，当一个苹果以某一速度平抛，惯性和地球吸引力将使平抛的苹果沿一弯曲路径落向地面，抛速越大，苹果落地时就离起点越远。如果抛速大到某一值时（大约 7.8km/s），苹果的路径的曲率就会恰好与地球的曲率相同，苹果将沿着环形路线（环形轨道）"下落"，换句话说，苹果将进入某种轨道运行。牛顿认为，环形轨道运动的月亮和环形路线的苹果，其运动机理是一样的，即地球拉着月亮和下落苹果受到力的方式相同，都是地球施加给一切物体的吸引力，只不过月亮的高度高，所需的轨道速率小一些而已（1km/s 多一点）。据此，牛顿推论，类似月亮围绕地球的轨道运动，地球与其他各行星以太阳为中心的轨道运动也是由于太阳给予各行星的吸引力所致。这样，牛顿将地球对地面物体的吸引力（重力）和地球对月球的吸引力进行了统一，也将行星运动的吸引力进行了统一。并且牛顿进一步推断，吸引力不应只存在于地球与地面上物体、地球与月亮、太阳与行星之间，引力应是普遍存在的，存在于宇宙中每对物体之间，是万有引力。牛顿解决了万有引力的定量表述，发现了万有引力定律。

1.3 什么是惯性？什么是惯性系？

答：任何物体都有保持静止或匀速直线运动状态的特性，这种特性称为惯性。

能观测到物体惯性的参考系称为惯性参考系，即在惯性系中，任何物体只要没有外力作用或合外力为零（平衡力），便会永远保持静止或匀速直线运动状态。相对于已知惯性系静止或作匀速直线运动的参考系也是惯性系。

1.4 人推动车的力和车推人的力是作用力与反作用力，为什么人可以推车前进呢？

答：人推动车的力和车推人的力是作用力与反作用力，但是这两个力分别作用在两个物体上。研究为什么人可以推车前进时，车是研究对象，对车进行受力分析，只要人给车的推力大于车受到的阻力，车就可以在人的推力下前进。

1.5 摩擦力是否一定会阻碍物体的运动？

答：不一定。例如，人向前行走的动力就是地面提供给人的向前的摩擦力，传送带之所以能向前传送物体也是靠传送带给了物体向前的摩擦力。

1.6 用天平测出的物体的质量，是引力质量还是惯性质量？两汽车相撞时，其撞击力的产生是源于引力质量还是惯性质量？

答：用天平测出的物体的质量是引力质量，因为天平测质量的原理是地球对物体和砝码的引力对天平刀口支撑点的引力矩平衡，对于等臂天平，有 $m_1g = m_2g$，直接对应的是引力。两汽车相撞，其撞击力的产生是源于惯性质量，因为撞击使得物体原有运动状态发生改变，$F = ma$，运动状态的变化直接和惯性质量相联系。

1.7 什么是 SI(国际单位制)？SI 中的基本量是什么？质量的单位是什么？物质的量的单位又是什么？

答：在确定各物理量的单位时，总是根据它们之间的相互联系选定少数几个物理量作为基本量，并人为地规定它们的单位。这样的单位称为基本单位。其他的物理量都可以根据一定的关系从基本量导出，这些物理量称为导出量。导出量的单位都是基本单位的组合，称为导出单位。基本单位和由它们组成的导出单位构成一套单位制。1960 年第 11 届国际计量大会通过并建议世界各国采用的单位制叫作国际单位制，简称 SI，它的基本量是长度、质量、时间、电流、热力学温度、物质的量和发光强度。其中，质量的单位是千克(kg)，物质的量的单位是摩尔(mol)。

1.8 位移和路程有什么不同？在什么情况下，位移的大小能和同时间内质点所经过的路程相等？

答：位移是矢量，路程是标量。位移是从物体的初位置指向末位置的有向线段，表示物体位置的改变。路程是物体运动所经过的路径长度。

在方向不变的直线运动中，以及在微小时间间隔 dt 内的曲线运动中，位移的大小和同时间内质点所经过的路程相等。

1.9 匀速率圆周运动中质点的加速度是否是常量？速率增加的圆周运动中，质点的加速度方向如何？

答：匀速率圆周运动中质点的加速度不是常量。因为它的加速度 $a = a_n$（法向加速度），a_n 始终指向圆心，大小不变但方向一直在变化。速率增加的圆周运动中，质点的加速度 $a = a_t + a_n$，其方向一直在变化，总是处于圆周曲线内侧而指向运动的前方。

1.10 切向加速度和法向加速度对质点的运动状态分别产生什么影响？

答：切向加速度直接影响质点速率的变化，法向加速度直接影响质点速度方向的变化。

1.11 速度为零的时刻，加速度是否一定为零？加速度为零的时刻，速度是否一定为零？物体的加速度不断减小，而速度却不断增大，可能吗？

答：速度为零的时刻，加速度不一定为零。因为加速度是速度对时间的变化率 $\left(a = \dfrac{dv}{dt}\right)$，而与速度没有直接联系，当速度为零时，可能存在着速度的变化率。同样，加速度为零的时刻，速度也不一定为零。因为加速度为零只是说明此时速度的变化率为零，而速度可以是不为零的常矢量。例如，水平弹簧振子，相对平衡位置有最大位移时，其速度为零，而加速度不为零；平衡位置时速度最大，而其加速度为零。

物体的加速度不断减小，而速度却不断增大，这是可能的。例如，加速直线运动，物体的加速度可以不断减小,只要加速度的方向与速度的方向一致,物体仍然是加速运动,速度仍然不断增大。

1.12　一物体在地球表面的重力和在月球表面的重力相同吗? 质量相同吗?

答:一物体在地球表面的重力和在月球表面的重力不相同,因为重力是物体所受到的地球或月球的引力,一物体在地球表面的重力大约是此物体在月球表面的重力的 6 倍。而质量是相同的,因为同一物体的物质的量是相同的。

1.13　有一单摆如图 1-1 所示。摆球到达最低点 P_1 和最高点 P_2 时,摆线中的张力是否等于摆球的重力在摆线方向的分力大小?

答:当摆球到最低点 P_1 时,摆线中的张力大于摆球的重力,差值为摆球的向心力。而摆球在最高点 P_2 时,摆线中的张力等于摆球的重力在摆线方向的分力大小。

1.14　海水的潮汐现象是什么原因引起的?

答:"昼涨称潮,夜涨称汐"的潮汐现象是自转地球的海水受到太阳和月亮的引力造成的,而月亮的引力贡献是主要的。

1.15　如图 1-2 所示,一单摆固定在一块重木板上,板可以沿竖直方向的导轨自由下落。使单摆摆动起来,如果当摆球达到最低点时使木板自由下落,在木板下落过程中,摆球相对于木板的运动形式将如何? 如果当摆球到达最高位置时使木板自由下落,摆球相对于木板的运动形式又将如何?(忽略空气阻力。)

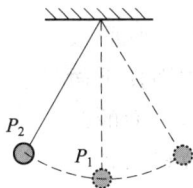

図 1-1　思考题 1.13 用图　　　　　图 1-2　思考题 1.15 用图

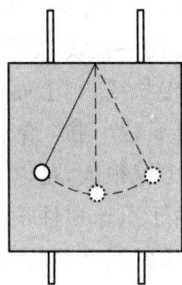

答:"相对于木板"是指在非惯性系木板上观测。摆球在最低点时,具有一定的速度,此时摆球受到竖直向下的重力 mg,摆线的拉力 T,还有竖直向上的惯性力 mg。由于重力和惯性力相互平衡,所以摆球仅受与其速度 v 垂直的拉力 T 的作用。因此,摆球相对于木板作匀速率的圆周运动。

若当摆球到达最高位置时,木板自由下落,此刻摆球的速度为零。在非惯性系木板上对摆球进行受力分析,摆球受到重力 mg 和惯性力 $-mg$,它们相平衡,而此时也不存在摆线的拉力,因此摆球不改变速度为零的运动状态,摆球相对于木板静止。

1.16　有一个弹簧,其一端连有一小铁球,你能否做一个在汽车内测量汽车加速度的"加速度计"? 它根据什么原理?

答:可以。将弹簧竖直自由地悬挂于车顶,当汽车加速前进时,小铁球受到竖直向下的重力、弹簧的拉力,以及和加速运动方向相反的惯性力作用。测出弹簧受力平衡时与竖直线之间的夹角,就可以由关系式 $a = g\tan\theta$,计算出不计弹簧质量时汽车的加速度,小球偏转反方向就是汽车的加速度方向。

1.17 匀加速平动参考系中,惯性力有反作用力吗?

答:匀加速平动参考系中惯性力没有反作用力。因为惯性力不是来自其他物体的作用,是由于参考系相对惯性系平动加速引起的"虚拟力",有了它,就可以在匀加速平动非惯性参考系中应用牛顿第二定律的数学形式解决力学问题。

1.18 什么是牛顿力学的相对性原理? 为什么说牛顿力学是以绝对的时空观观测世界的?

答:牛顿力学的相对性原理的内容是:对于力学定律来说,一切惯性系都是等价的。

由于在牛顿力学中认为时间的测量与参考系无关(绝对的时间),物体长度的空间测量与参考系无关(绝对的空间),所以说牛顿力学的时空观是绝对的时空观。

1.19 躺在地上的人身上压着一块重石板,用重锤猛击石板,石板碎裂而下面的人毫无损伤。为什么?

答:在重锤猛击石板的过程中,"重锤猛击"之意,一方面是说石板受到的碰撞力不仅很大而且集中,另一方面是说此过程的作用时间很短。集中的碰撞力易于引起石板碎裂,很短的碰撞时间使石板受到方向向下的冲量很小,因此获得方向向下的动量很小。对于人体和石板的相互作用,"重石板"有着很大的惯性,"很小动量"使石板向下运动速度很小,因此使石板来不及向下运动到能造成人的挤压损伤时就已碎裂。所以,重锤猛击石板,石板碎裂而石板下面的人会毫无损伤。

1.20 如图 1-3 所示,一重球的上下两边系着的是同样的线。用手向下拉下边的一根线,如果向下猛一拉,则下面的线断而球未动;如果用力慢慢拉线,则上面的线断,为什么?

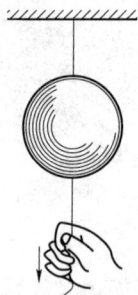

答:如果向下猛一拉,给下面的线一冲量,由于作用时间极短,线受到的冲力就很大,足以大到线所允许的最大张力而使下面的线断开。再由于重球惯性很大,在瞬间还来不及运动,下面的线就已断开,即下面的线受到的冲力影响不到上面的线,故球未动而且上面的线也未断。

图 1-3　思考题 1.20 用图

若缓慢地增大拉力,下面的线、上面的线及重球在"缓慢作用"下可认为它们时刻都处于力平衡,下面的线的张力就是受到的拉力;而上面的线除受到拉力作用外,还受到重球的重力作用,使得其张力大于下面的线的张力。所以,当慢慢地增大拉力,上面的线所承受的力先达到所允许的最大张力,从而其先断。

1.21 两个质量相同的物体从同一高度自由下落,与水平地面相碰,一个反弹回去,另一个却贴在地上,问哪一个物体给地面的冲量大?

答:两个质量相同的物体从同一高度自由下落,和地面相接触的瞬间下落动量是一样的,设竖直向上为 y 轴正向,则它们下落动量均为 $p_1 = -p_1 j$。反弹回去的物体具有反弹动量,设为 $p_2 = p_2 j$,而贴在地上物体的反弹动量为零。动量的增量就是物体所受的冲量,反弹物体受到的冲量 $I_1 = (p_2 + p_1) j$,贴在地上物体受到的冲量 $I_2 = p_1 j$。因为 $I_1 > I_2$,所以反弹物体受到的冲量大。又由于物体受到地面所给的冲量和物体给地面的冲量大小相等、方向相反,所以反弹回去的物体给地面的冲量大。

1.22 内力对改变系统的总动量有作用吗? 内力对系统内各质点的动量改变有作用吗?

答：内力对改变系统的总动量没有作用，内力对系统内相互作用各质点的动量改变有作用。例如，系统内的两个质点 m_1 和 m_2，它们之间的相互作用力是一对内力，是作用力与反作用力，$\boldsymbol{f}_{m_1 \to m_2} = -\boldsymbol{f}_{m_2 \to m_1}$。$\mathrm{d}t$ 时间间隔内，m_1 受到的冲量 $\boldsymbol{f}_{m_2 \to m_1}\mathrm{d}t = \mathrm{d}(m_1 \boldsymbol{v}_1)$，改变着 m_1 的动量，同样地，m_2 受到的冲量 $\boldsymbol{f}_{m_1 \to m_2}\mathrm{d}t = \mathrm{d}(m_2 \boldsymbol{v}_2)$，改变着 m_2 的动量，但是这一对内力对 m_1 和 m_2 的冲量和为零，$(\boldsymbol{f}_{m_1 \to m_2} + \boldsymbol{f}_{m_2 \to m_1})\mathrm{d}t = \mathrm{d}(m_1 \boldsymbol{v}_1 + m_2 \boldsymbol{v}_2) = 0$，所以它们不改变 m_1 和 m_2 的总动量。对于任何系统，内力总是成对出现，因此尽管一对内力对内部各个质点的动量改变有作用，却不改变系统的总动量。

1.23 如图 1-4 所示，行星绕日运行时，从近日点 P 向远日点 A 运行的过程中，太阳对它的引力做正功还是做负功？从远日点 A 向近日点 P 运动的过程中，太阳引力做正功还是做负功？行星的动能及行星和太阳系统的引力势能在这两个阶段的运行过程中分别是增加还是减少？

答：从近日点 P 向远日点 A 运行的过程中，太阳对行星的引力做负功，因为引力和行星位移的夹角一直大于 $90°$，$\boldsymbol{f}_{引} \cdot \mathrm{d}\boldsymbol{r} < 0$；相反，从远日点 A 向近日点 P 运行的过程中，太阳对行星的引力一直做正功，$\boldsymbol{f}_{引} \cdot \mathrm{d}\boldsymbol{r} > 0$。行星和太阳是保守系统，保守力（引力）做功等于系统引力势能增量的负值。行星 $P \to A$ 运行的过程中，有 $-\mathrm{d}E_p = \boldsymbol{f}_{引} \cdot \mathrm{d}\boldsymbol{r} < 0$，说明引力势能在增加；而行星的动能定理给出 $\mathrm{d}E_k = \boldsymbol{f}_{引} \cdot \mathrm{d}\boldsymbol{r} < 0$，行星的动能在此过程中一直减少，动能的减少量正是行星和太阳系统势能的增加量。行星 $A \to P$ 运行的过程中情况正好相反。

1.24 如图 1-5 所示，物体 A 放在斜面 B 上，斜面 B 放在一光滑水平面上。当物体 A 下滑时，物体 B 也将运动。在运动过程中，A，B 间的一对摩擦力做功之和是正还是负？A，B 间的一对正压力做功之和又如何？

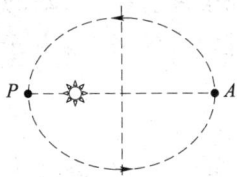

图 1-4　思考题 1.23 用图　　　　图 1-5　思考题 1.24 用图

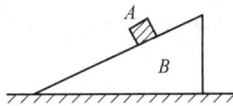

答：在运动过程中，A 和 B 间的一对摩擦力做功等于在物体 B 上，B 对 A 的摩擦力对 A 做的功，此摩擦力对 A 做的功为负，也就是 A 和 B 间的一对摩擦力的功为负。在物体 B 上，B 对 A 的正压力对 A 做功为零，所以 A 和 B 间的一对正压力做功之和为零。

1.25 一个力的功、一对内力的功、动能、势能、机械能，这些物理量中哪些量与参考系的选择有关？

答：一对内力的功只与质点之间的相对位置有关，所以与参考系的选择无关。也正因为如此，势能与参考系的选择也无关，只与系统的位形有关，系统势能是与一对保守内力功联系在一起的。因为位置、位移、速度是相对量，与参考系的选择有关，所以与它们相联系的一个力的功、动能、机械能这些物理量与参考系的选择都有关。

1.26 对质点系有下列几种说法：(1)质点系总动量的改变与内力无关；(2)质点系总动能的改变与内力无关；(3)质点系机械能的改变与保守内力无关。对于这些说法，下述结论中正确的是(　　　)。

　　A. 只有(1)是正确的　　　　　　　　　B. 只有(1)、(3)是正确的

　　C. 只有(1)、(2)是正确的　　　　　　　D. 只有(2)、(3)是正确的

　　答：B。第(2)种说法是错的，因为质点系所有外力功的和，以及所有内力功的和等于质点系动能的增量，所以质点系总动能的改变与内力有关。

　　1.27　对质点系的动量和机械能有下述三种说法。(1)不受外力作用的系统，它的动量和机械能必然同时守恒；(2)内力都是保守力的系统，当所受的合外力为零时，其机械能必然守恒；(3)只有保守内力而无外力作用的系统，它的动量和机械能必然都守恒。对于这些说法，下述结论中正确的是(　　)。

　　A. 只有(1)是正确的　　　　　　　　　B. 只有(2)是正确的

　　C. 只有(3)是正确的　　　　　　　　　D. 都正确

　　答：C。质点系动量守恒的条件是系统所受合外力为零，系统机械能守恒的前提为只有保守内力做功。不受外力作用的系统，其动量守恒，但可能存在非保守内力做功，而其机械能未必守恒，因此(1)错。合外力为零，但外力的功不一定为零，所以机械能不一定守恒，所以(2)错。

　　1.28　一般人造地球卫星的轨道是一个椭圆，地心 O 是椭圆轨道的一个焦点(见图 1-6)。卫星经过近地点和远地点时的速率 v_1，v_2 一样大吗？写出卫星在近地点和远地点时离地心的距离 r_1，r_2 与速率 v_1，v_2 之间的关系式。

　　答：卫星经过近地点和远地点时的速率不一样。当卫星绕地球作椭圆运动时，有心力与径矢夹角为 $180°$，所以对于地心卫星的角动量守恒，有 $r_1 m v_1 = r_2 m v_2$，卫星经过近地点和远地点时离地心的距离 r_1，r_2 与它们速率之间的关系式为 $v_1/v_2 = r_2/r_1$。

　　1.29　一个 α 粒子飞过一金原子核而被散射，金原子核基本上未动(见图 1-7)。在这一过程中，对金原子核中心来说，α 粒子的角动量是否守恒？为什么？α 粒子的动量是否守恒？

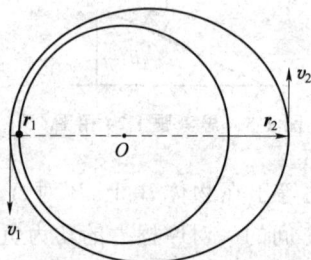

图 1-6　思考题 1.28 用图　　　　　　　图 1-7　思考题 1.29 用图

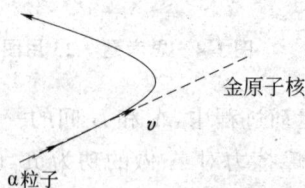

　　答：对金原子核中心来说，α 粒子的角动量守恒。α 粒子和金原子核都带正电，对于金原子核中心来说，α 粒子受到金原子核的散射力总是沿着它们的连线，对金原子核中心的力矩为零，所以 α 粒子对金原子核中心的角动量守恒。

　　α 粒子的动量不守恒。由于 α 粒子受到金原子核的散射力(电场力)作用，其动量大小和方向都是在不断变化的。

　　1.30　如图 1-8 所示的由轻质弹簧和两个小球组成的系统，放了水平光滑的桌面上。如果拉长弹簧然后松手，在两小球来回运动过程中，以桌面为参考系两球的动量是否都改变？它们的动能是否都改变？系统的机械能是否改变？

答：由于系统所受合外力为零，系统动量不发生变化，始终为零。因为弹簧内力做功，所以系统动能改变。因为只有保守内力(弹簧弹性力)做功，所以系统的机械能不变。

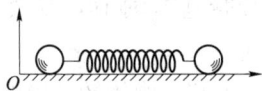

图 1-8　思考题 1.30 用图

1.31　一力学系统由两个质点组成，它们之间只有引力作用。若两质点所受外力的矢量和为零，则此系统中(　　)。

A. 动量、机械能以及对一固定点的角动量都守恒

B. 动量、机械能守恒，但对一固定点的角动量是否守恒还不能断定

C. 动量守恒，但机械能和对一固定点的角动量是否守恒还不能断定

D. 动量和对一固定点的角动量守恒，但机械能是否守恒还不能断定

答：C。$F_外 = 0$，质点系动量守恒；外力为零，但对于某一个固定点来说，合外力矩不一定等于零，所以系统对一固定点的角动量不一定守恒。同样，质点系所受合外力为零，但外力功的和不一定为零，所以系统机械能不一定守恒。

1.32　关于角动量有以下四种说法，其中正确的是(　　)。

A. 质点系的总动量为零时，总角动量一定为零

B. 一质点作直线运动，相对于直线上的任一点，质点的角动量一定为零

C. 一质点作直线运动，质点的角动量一定不变

D. 一质点作匀速率圆周运动，其动量不断改变，它相对圆心的角动量也不断改变

答：B。质点系总动量 $\sum_i m_i v_i = 0$，对于某一固定点的角动量 $\sum_i r_i \times m_i v_i$ 不能保证为零，所以 A 错。外力为零，但对于某一个固定点来说，合外力矩不一定等于零，所以系统对一固定点的角动量不一定守恒。只有作匀速直线运动时，对任何固定点的质点角动量才一定不变，所以 C 错。作匀速率圆周运动的质点，对圆心的角动量是不变的，所以 D 错。

1.33　什么是物理规律的对称性？

答：某一物理规律经过一定操作(变换)其形式保持不变，就称为物理规律的对称性。例如，牛顿定律的对称性表现在伽利略变换下所具有的不同惯性系间数学形式的不变性。

1.34　刚体的平动有什么特点？刚体的定轴转动有什么特点？

答：所谓平动，是指刚体的所有质点的运动情况都完全一样的运动，用数学语言描述就是任意连接刚体内两点的直线在各时刻位置都保持彼此平行的运动，其中任一点的运动都可以代表刚体的平动。

如果转轴对参考系是固定的，刚体的转动称为定轴转动。刚体的定轴转动，只要一个方程(转动定律)和初始条件就能解决问题。刚体定轴转动中，组成刚体的各个质点(或质元)都在垂直于转轴的转动平面内作圆周运动，并且各个质点(或质元)的角位移、角速度、角加速度都相等。

1.35　对于刚体的定轴转动，为什么只考虑轴向力矩？

答：轴向力矩确定刚体的绕轴运动，垂直于轴向的力矩使轴发生转动。正因为垂直于轴向的力矩对于轴是不动的刚体的定轴转动不起任何作用，因此只需考虑轴向力矩。

1.36　转动惯量代表了刚体的什么性质？

答：当刚体所受的轴外力矩一定时，刚体绕轴的转动惯量越大，由转动定律可知，角加速度就越小，这意味着越难改变其角速度，或者说越难改变刚体原来的转动状态。反之，转

动惯量越小,刚体越易改变其原来的运动状态。所以,转动惯量是量度刚体转动惯性的物理量。

1.37   刚体转动中的力矩功的含义是什么?

答:刚体转动中的力矩功的含义是力矩对刚体绕轴角位移的积累,实际上就是外力在刚体转动过程中对空间的积累。外力作用在刚体的各质点上,各个质点有着各自的位移,各个力对各个相应质点空间位移的积累(做的功)加起来,正好表现为力矩对刚体绕轴角位移的积累。

1.38   一个人站在旋转平台的中央,两臂侧平举,整个系统以 2π rad/s 的角速度旋转,转动惯量为 6.0 kg·m^2;如果将两臂收回,该系统的转动惯量变为 2.0 kg·m^2。此时系统的转动动能与原来的转动动能之比为(   )。

A. 2   B. $\sqrt{2}$ C. 3   D. $\sqrt{3}$

答:C。根据题意,人和转台系统轴向的外力矩为零,轴向的角动量守恒,有 $J_1\omega_1 = J_2\omega_2$,代入数据,$\omega_2 = 6\pi$ rad/s。根据 $E_k = \dfrac{1}{2}J\omega^2$,计算可得 $E_{k2}/E_{k1} = 3$。

1.39   对一绕固定水平 O 轴匀速转动的转盘,沿如图 1-9 所示的同一水平直线从相反方向射入两粒质量相同、速率相等的子弹,并留在盘中。则子弹射入后转盘的角速度应(   )。

A. 增大   B. 减小   C. 不变   D. 无法确定

答:B。质量为 m 的两子弹射入前对图 1-9 中轴 O 的轴向角动量大小相等、方向相反,速率相等的两子弹留在盘中后离轴的距离应相等,设为 r。且设转盘原来角速度为 ω,两子弹留在盘中后的角速度为 ω',因为子弹和转盘系统绕 O 轴的角动量守恒,所以有 $J\omega = (J + 2mr^2)\omega'$,显然 $\omega' < \omega$,所以选 B。

1.40   均匀细棒 OA 可绕通过其一端 O 而与棒垂直的水平固定光滑轴转动,如图 1-10 所示。今使棒从水平位置由静止开始下落。在棒摆动到竖直位置的过程中,应有(   )。

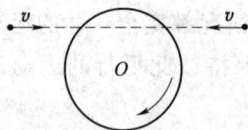

图 1-9   思考题 1.39 用图   图 1-10   思考题 1.40 用图

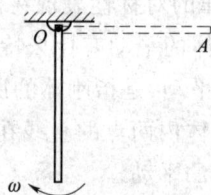

A. 角速度从小到大,角加速度从大到小   B. 角速度从小到大,角加速度从小到大
C. 角速度从大到小,角加速度从大到小   D. 角速度从大到小,角加速度从小到大

答:A。细棒从水平位置由静止开始下落到竖直位置的过程,是细棒与水平位置的夹角 θ 从 $0 \to \pi/2$ 的增加过程,外力的轴向力矩 $M_z = MgL\cos\theta/2$,细棒下落的过程也是力矩减小的过程。式中,L 和 M 分别是细棒的长度和质量。刚体定轴转动的转动定律 $M_z = J_z\alpha$,细棒摆动到竖直位置的过程中,外力轴向力矩越来越小,转动惯量不变,所以角加速度变化从大到小。又由于力矩的功 $M_z\mathrm{d}\theta = \mathrm{d}(J_z\omega^2/2) > 0$ 为正,所以细棒的转动动能逐渐增加,角速度逐渐增大。

1.41　关于力矩有以下几种说法,其中正确的是(　　)。

A. 内力矩会改变刚体对某个定轴的角动量

B. 作用力和反作用力对同一轴的力矩之和必为零

C. 角速度的方向一定与外力矩的方向相同

D. 质量相等、形状不同的两个刚体,在相同力矩作用下,它们的角加速度一定相等

答：B。质点系的内力一定是一对对的作用力和反作用力,因为作用力和反作用力对同一轴的力矩之和必为零,所以质点系的内力矩一定为零,所以 A 错。例如,对于刚体减速转动,外力矩的方向为角加速度的方向,角速度的方向与角速度的方向不一定相同,当两者方向相同时,刚体作加速转动;当两者方向相反时,刚体作减速转动,故 C 错。因为 D 中两刚体的转动惯量不一定相同,所以在相同力矩作用下,它们的角加速度不一定相等,所以 D 错。

1.42　有些矢量是相对于一定点(或轴)而确定的,有些矢量是与定点(或轴)的选择无关的。请指出下面这些矢量各属于哪一类：位矢、位移、速度、动量、角动量、力、力矩。

答：相对于一定点(或轴)的矢量有位矢、角动量和力矩。而与定点(或轴)的选择无关的矢量为位移、速度、动量和力。

1.43　花样滑冰运动员想让自己高速旋转时,先把一条腿和双臂伸开,并用脚蹬冰使自己转动起来,然后再收拢腿和臂,这时她的转速就明显地加快了。这利用了什么原理?

答：利用了角动量守恒原理。忽略摩擦,花样滑冰运动员对竖直轴转动角动量 $J\omega$ 可以看作常量即角动量守恒。运动员的一条腿和双臂伸开时,身体质量分布得离转轴较远,轴转动惯量 J 较大,收拢腿和臂后的轴转动惯量 J 变小,J 明显变小导致运动员的转速 ω 明显增大。

1.44　宇航员悬立在飞船座舱内时,只要用右脚顺时针画圈,如图 1-11(a)所示,身体就会向左转;当两臂伸直向后画圈时,如图 1-11(b)所示,身体又会向前转。这是什么原理?

答：这是系统角动量守恒的道理。因为宇航员悬立在飞船座舱内的空中时,本身不受外力,所以所受外力矩为零,本身是一个角动量守恒的系统。宇航员用右脚顺时针画圈时身体向左转,当两臂伸直向后画圈时,身体又会向前转,都是以身体的转动提供大小相等、方向相反的角动量,以保持整个身体系统的角动量守恒。

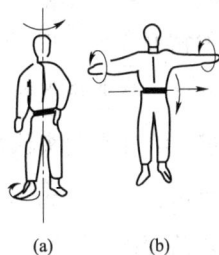

(a)　　　(b)

图 1-11　思考题 1.44 用图

1.45　什么是静止流体内部一点的压强?

答：静止流体内部一小液块表面积元 dS 只能受到正应力(压力),设为 df,把 $p = df / dS$ 叫作流体某点处的压强,表示单位面积上的正应力大小。

1.46　在静止流体内部任取一截面 ΔS,存在沿截面的切向力吗? 为什么?

答：不存在。因为在静止流体内部任取一截面 ΔS,若存在沿截面的切向力,则沿着切向方向截面两边的流层就会有相对移动,流体就不再是静止流体,所以不存在切向力。

1.47　你能从液体表面分子组态的特点,简要说明表面张力的微观机制吗?

答：从微观上看,液体表面层的分子密度和液体内部的分子密度相比较小,越靠近液体表面分子密度越小,分子间距越大,分子间的相互作用力表现为分子引力。液体表面内层分

子受到的是周围基本均匀分布的其他分子的作用力,而表面的分子缺少了表面外液体分子的作用,所以所受的液体分子作用力具有沿着表面和指向液体内层的分力。沿着表面的分力是产生表面张力的微观机制,而指向液体内层的分力使表面液体分子具有进入液体内部的趋势,这正是液体表面收缩趋势的微观本质。

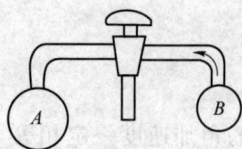

图 1-12 思考题 1.48 用图

1.48 如图 1-12 所示,在一根管子两端形成一大一小的两个肥皂泡。如果把中间开关打开,使两个肥皂泡连通,它们将发生什么变化? 为什么?

答:A 泡不断扩张,B 泡不断收缩。

平衡时,肥皂泡内外压强差 $p_内 - p_外 = \dfrac{4\alpha}{R}$,式中,$\alpha$ 表示肥皂泡的表面引力系数,R 表示肥皂泡的半径。A 泡半径大,所以 A 泡的内外压强差较小,B 泡的内外压强差较大,又由于两泡的外面都是大气压,所以 B 泡内压强比 A 泡内压强大。当把中间的开关打开后(打破平衡),B 泡内气体流向 A 泡,A 泡充气不断扩张,B 泡放气不断收缩。

1.49 流迹(质元流动的轨迹)与流线有什么区别? 在定常流动中,为什么说二者相符?

答:流迹是流体质元实际流动的轨迹,而流线是为了形象描述流速矢量在空间分布的曲线。流线不跟踪流体质元,而流迹跟踪具体的流体质元。

在定常流动中,流速场中空间各点的流速不随时间变化,是空间确定的连续点函数,流线分布是确定的,即所有流体质元在空间各点的流速是确定的,因此流线与流迹不可能相交,流线正是反映了定常连续流动流体质元的轨迹,所以说二者相符。

1.50 在定常流动中,流体质元是否可能有加速运动?

答:在定常流动中,流体质元有可能加速运动。定常流动是流速场中空间各点的流速、压强和密度等都不随时间变化。在定常的流速场中取一段流管,由连续性原理可知,当垂直流管的截面积变小时,流速就会变大,流体质元速度变大一定是加速运动。

1.51 从水龙头徐徐流出的水流,下落时逐渐变细,为什么?

答:沿着水龙头徐徐从高处 h_1 流到 h_2 的水流,在 $\dfrac{1}{2}\rho v_1^2 + \rho g h_1 = \dfrac{1}{2}\rho v_2^2 + \rho g h_2$ 的伯努利方程中,$h_2 < h_1$,有 $v_2 > v_1$。把水流看作连续流体,$v_1 S_1 = v_2 S_2$,得 $S_2 < S_1$,所以下落时水流逐渐变细。

1.52 用嘴向两张平行放置的纸中间吹气,两张纸就会贴在一起,为什么? 把一乒乓球放置在倒置的漏斗中间,用嘴向漏斗吹气,乒乓球可以贴在漏斗下不坠落,又为什么?

答:(1)向两张纸中间吹气,两张纸中间空气流速加快,纸内气体压强比纸外大气压强小一些,所以两张纸就会合拢而贴在一起。

(2)如图 1-13(a)所示,不吹气流,球周围基本都是大气压强,只是存在由于球体高度差效应对球产生的浮力,而浮力小于乒乓球所受重力,球往下掉。如果往下吹气流,球上部边缘除去图 1-13(b)

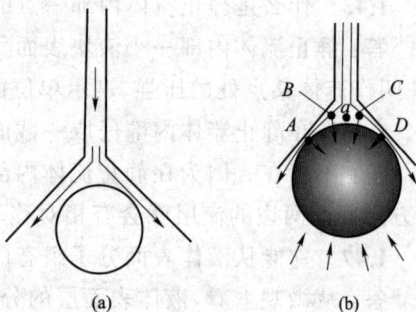

图 1-13 思考题 1.52 用图

所表示的驻点 a（流速为零）外，流线上 A，B，C，D 等处由于流速的存在压强降低，尤其是 A，D 部分流速更大压强更小，而球下部基本还是大气压强，也正是这压强差使得乒乓球受到了竖直向上的力，使得乒乓球可以贴在漏斗下不坠落。

1.53 两艘同向行驶的船靠近时就有相撞的危险，为什么？

答：相对于行驶的船，水是流动的。由伯努利方程 $\left(p+\dfrac{1}{2}\rho v^2=常量\right)$ 可知，速度越大，压强会越小。同向行驶的两船内侧水速大于外侧水速，内侧压强小于外侧压强。两船相距越近，内侧的水流速度会越大，内外两侧的压强差就越大，而且外侧的水位也稍高于内侧，高的水位也会产生使两船靠近的压力，所以同向行驶的船靠近时会有相撞的危险。

1.54 大雨滴匀速下降时的速率比小雨滴匀速下降时的速率大，为什么？

答：水滴在空气流体中的沉降速率 $v=\dfrac{2r^2}{9\eta}(\rho-\rho_0)g$，大雨滴的半径 r 大，所以下落速率大。

1.55 如图 1-14 所示，有 3 根竖直管子连在一等截面的水平管道上。如果管中流动着不可压缩液体，3 根竖直管子中液面高度沿着流动方向依次下降，为什么？

答：当黏性流体作定常流动时，伯努利方程修正为

$$p_1+\frac{1}{2}\rho v_1^2+\rho g h_1=p_2+\frac{1}{2}\rho v_2^2+\rho g h_2+w$$

式中，w 称为沿程能量损失。

对于水平细流管，$v_1=v_2$，$h_1=h_2$，应有 $p_1-p_2=w$，即 $p_1>p_2$。同样可得 $p_2>p_3$，有 $p_1>p_2>p_3$。3 根竖直管子中液面高度分别代表着定常流动流体各处的压强，所以它们当中的液面高度沿着流动方向依次下降。

1.56 用流体静力学原理，论证物体全部浸在液体中时的阿基米德原理。

答：阿基米德原理：物体在流体中所受的浮力等于该物体排开同体积流体的重力。

如图 1-15 所示，把物体看作由一个个很小的竖直立方体组成，图 1-15 中小立方体元的下表面积元以 $\mathrm{d}S$ 表示，上、下表面积元处的压强差为 $\Delta p=\rho g h$，h 为上、下面表面积元的深度差，也是其高度。因此，小立方体积元受到的向上浮力可近似表示为

$$\mathrm{d}f=\rho g h\,\mathrm{d}S\cos\theta=\rho g\,\mathrm{d}V$$

式中，ρ 为流体的密度；$\mathrm{d}V$ 表示体积元的体积。

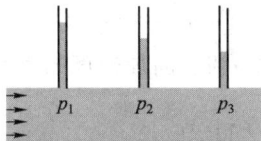

图 1-14　思考题 1.55 用图

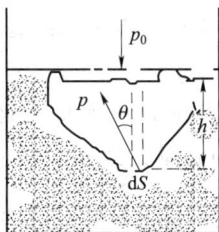

图 1-15　思考题 1.56 用图

那么全部浸在液体中物体所受到的浮力为

$$f_{浮}=\int_V \rho g\,\mathrm{d}V=\rho g V$$

上式右端正好是被排开液体的重力,即阿基米德原理得证。

习题参考解答

1.1　地面上质量为 1 kg 的小物体所受的重力是多大? 距它 1 m 远,质量为 100 kg 的均匀球体对它的引力有多大? 从数量级上估算,月球和太阳对它的引力是地球对它的引力的多少倍?(地球的质量约是月球质量的 80 倍,月球的轨道半径约是地球半径的 60 倍;太阳质量约是地球质量的 $3.3×10^5$ 倍,地球轨道半径约是地球半径的 $2.4×10^4$ 倍。)

解:地面上质量为 1 kg 的小物体受到地球的重力为

$$F=mg=9.8 \text{ N}$$

距它 1 m 远、质量为 100 kg 的均匀球体对它的引力大小为

$$F=G\frac{m_1 m_2}{R^2}=6.67×10^{-11}×\frac{1×100}{1^2} \text{ N}=6.67×10^{-9} \text{ N}$$

月球对它的引力与地球对它的引力之比为

$$\frac{F_月}{F_地}=\frac{m_月}{R_月^2}\frac{R_地^2}{m_地}=3×10^{-6}$$

太阳对它的引力与地球对它的引力之比为

$$\frac{F_太}{F_地}=\frac{m_太}{R_太^2}\frac{R_地^2}{m_地}=6×10^{-4}$$

1.2　一质点作直线运动,其运动方程为 $x=3+2t-t^2$,式中 t 以 s 计,x 以 m 计。求 $t=0$、$t=4$ s 时的位置矢量以及此时间间隔内质点的位移和走过的路程。

解:$t=0$ 时的位置矢量为 $\boldsymbol{x}_0=3\boldsymbol{i}$ m;

$t=4$ s 时的位置矢量为 $\boldsymbol{x}_4=(3+2×4-4^2)\boldsymbol{i}$ m$=-5\boldsymbol{i}$ m;

在此时间间隔内质点的位移为 $\Delta\boldsymbol{r}=\boldsymbol{x}_4-\boldsymbol{x}_0=(-5\boldsymbol{i}-3\boldsymbol{i})$ m$=-8\boldsymbol{i}$ m;

质点的速度 $v_x=\mathrm{d}x/\mathrm{d}t=2-2t$,$t=1$ s 时,$v_x=0$。

$0→1$ s 内有

$$\Delta x_1=x_{t=1}-x_{t=0}=(3+2×1-1^2) \text{ m}-3 \text{ m}=1 \text{ m}$$

$1→4$ s 内有

$$\Delta x_2=x_{t=4}-x_{t=1}=(3+2×4-4^2) \text{ m}-(3+2×1-1^2) \text{ m}=-9 \text{ m}$$

所以,$0→4$ s 内质点所走过的路程为

$$s=|\Delta x_1|+|\Delta x_2|=1 \text{ m}+9 \text{ m}=10 \text{ m}$$

1.3　一质点在 xOy 平面内运动,其运动方程为 $\boldsymbol{r}=[(2t^2-1)\boldsymbol{i}+(3t-5)\boldsymbol{j}]$ m。求在任意时刻 t 质点运动的速度、加速度及切向加速度的大小和法向加速度的大小。

解:在任意时刻 t 质点的速度为 $\boldsymbol{v}=\dfrac{\mathrm{d}\boldsymbol{r}}{\mathrm{d}t}=(4t\boldsymbol{i}+3\boldsymbol{j})$ m/s;

在任意时刻 t 质点的加速度为 $\boldsymbol{a}=\dfrac{\mathrm{d}\boldsymbol{v}}{\mathrm{d}t}=4\boldsymbol{i}$ m/s^2;

切向加速度大小为 $a_t=\dfrac{\mathrm{d}v}{\mathrm{d}t}=\dfrac{\mathrm{d}(\sqrt{16t^2+9})}{\mathrm{d}t}=\dfrac{16t}{\sqrt{16t^2+9}}$ m/s^2;

法向加速度大小为 $a_n = \sqrt{a^2 - a_t^2} = \sqrt{16 - \dfrac{256t^2}{16t^2 + 9}} = \dfrac{12}{\sqrt{16t^2 + 9}}$ m/s^2。

1.4　一质点在平面上运动,其运动方程为 $x = 3t - 4t^2$ m,$y = (-6t^2 + t^3)$ m。求

(1) $t = 3$ s 时质点的位置矢量;

(2) 从 $t = 0 \sim t = 3$ s 这段时间内质点的位移;

(3) $t = 3$ s 时质点的速度和加速度。

解:(1) $t = 3$ s 时,有

$$x_{t=3} = 3t - 4t^2 = 9 \text{ m} - 36 \text{ m} = -27 \text{ m}$$

$$y_{t=3} = -6t^2 + t^3 = -54 \text{ m} + 27 \text{ m} = -27 \text{ m}$$

所以质点的位置矢量为

$$\boldsymbol{r}_{t=3} = (-27\boldsymbol{i} - 27\boldsymbol{j}) \text{ m}$$

(2) $t = 0$ 时,有 $x_{t=0} = 0$,$y_{t=0} = 0$,即 $\boldsymbol{r}_{t=0} = 0$,所以 $0 \to 3$ s 质点的位移为

$$\Delta \boldsymbol{r} = \boldsymbol{r}_{t=3} - \boldsymbol{r}_{t=0} = (-27\boldsymbol{i} - 27\boldsymbol{j}) \text{ m}$$

(3) 质点的速度表达式为 $v_x = \dfrac{\mathrm{d}x}{\mathrm{d}t} = (3 - 8t)$ m;$v_y = \dfrac{\mathrm{d}y}{\mathrm{d}t} = (-12t + 3t^2)$ m,所以 t 时刻

质点的速度为 $\boldsymbol{v}(t) = [(3 - 8t)\boldsymbol{i} + (-12t + 3t^2)\boldsymbol{j}]$ m/s。因此,当 $t = 3$ s 时质点的速度为

$$\boldsymbol{v}_{t=3} = [(3 - 8 \times 3)\boldsymbol{i} + (-12 \times 3 + 3 \times 3^2)\boldsymbol{j}] \text{ m/s} = (-21\boldsymbol{i} - 9\boldsymbol{j}) \text{ m/s}$$

质点的加速度为 $a_x = \dfrac{\mathrm{d}v_x}{\mathrm{d}t} = -8$ m/s^2,$a_y = \dfrac{\mathrm{d}v_y}{\mathrm{d}t} = (-12 + 6t)$ m/s^2,所以 $t = 3$ s 时质点

的加速度为

$$\boldsymbol{a}_{t=3} = [-8\boldsymbol{i} + (-12 + 6 \times 3)\boldsymbol{j}] \text{ m/s}^2 = (-8\boldsymbol{i} + 6\boldsymbol{j}) \text{ m/s}^2$$

1.5　一质点沿 x 轴运动,其加速度 $a = 4t$。已知 $t = 0$ 时,质点位于 x_0 处且初速度 $v_0 = 0$。求其位置与时间的关系式。

解:直线运动加速度 $a = \dfrac{\mathrm{d}v_x}{\mathrm{d}t}$,$\mathrm{d}v_x = a\,\mathrm{d}t$,有 $\displaystyle\int_{v_0}^{v_x} \mathrm{d}v_x = \int_0^t a\,\mathrm{d}t = \int_0^t 4t\,\mathrm{d}t$,积分得

$$v_x = 2t^2$$

因为 $v_x = \dfrac{\mathrm{d}x}{\mathrm{d}t}$,$\mathrm{d}x = v_x\,\mathrm{d}t = 2t^2\,\mathrm{d}t$,有 $\displaystyle\int_{x_0}^{x} \mathrm{d}x = \int_0^t 2t^2\,\mathrm{d}t$,积分得

$$x = \frac{2}{3}t^3 + x_0$$

1.6　已知某物体作直线运动,其加速度 $a = -kvt$,式中 k 为常量;当 $t = 0$ 时,初速度为 v_0,求任一时刻 t 物体的速度。

解:因 $a = \dfrac{\mathrm{d}v}{\mathrm{d}t} = -kvt$,分离变量有 $\dfrac{\mathrm{d}v}{v} = -kt\,\mathrm{d}t$,两边积分有 $\displaystyle\int_{v_0}^{v} \dfrac{\mathrm{d}v}{v} = \int_0^t -kt\,\mathrm{d}t$,得

$$v = v_0 e^{-kt^2/2}$$

1.7　一质点作半径 $R = 0.1$ m 的圆周运动。其相对圆心的位矢转动的角度是随时间变化的函数 $\theta = (2t + 3t^3)$ rad,求质点的角速度、角加速度和 $t = 2$ s 时的切向加速度和法向加速度的大小。

解：质点的角速度为 $\omega = \dfrac{d\theta}{dt} = (2 + 9t^2)$ rad/s；

角加速度为 $\alpha = \dfrac{d\omega}{dt} = 18t$ rad/s²；

切向加速度为 $a_t = R\alpha = 1.8t$；

$t = 2$ s 时有 $a_{t=2} = 1.8 \times 2$ m/s² $= 3.6$ m/s²；

法向加速度为 $a_n = R\omega^2 = 0.1 \times (2 + 9t^2)^2$；

$t = 2$ s 时有 $a_n = 0.1 \times (2 + 9 \times 2^2)^2$ m/s² $= 144.4$ m/s²。

1.8　一质量为 0.50 kg 的质点在平面上运动，其运动方程为 $x = 2\cos\pi t$ m，$y = 4t$ m。求 $t = 2$ s 时该质点所受的合力 F 是多少？

解：由运动方程 $x = 2\cos\pi t$ m，$y = 4t$ m 得

$$v_x = \frac{dx}{dt} = -2\pi\sin\pi t \text{ m/s}, \quad v_y = \frac{dy}{dt} = 4 \text{ m/s}$$

$$a_x = \frac{dv_x}{dt} = -2\pi^2\cos\pi t \text{ m/s}^2, \quad a_y = \frac{dv_y}{dt} = 0 \text{ m/s}^2$$

即加速度 $\boldsymbol{a} = -2\pi^2\cos\pi t \boldsymbol{i}$ m/s²，当 $t = 2$ s 时有

$$\boldsymbol{F} = m\boldsymbol{a} = 0.50 \times (-2\pi^2\cos 2\pi)\boldsymbol{i} \text{ N} = -1.0\pi^2\boldsymbol{i} \text{ N}$$

1.9　一质量为 10 kg 的质点，在力 $F = (120t + 40)$ N 的作用下，沿一直线运动。在 $t = 0$ 时，质点在 $x_0 = 5$ m 处，其速度为 $v_0 = 6$ m/s，求以后任意时刻质点的速度和位置。

解：$F = ma = m\dfrac{dv}{dt} = 120t + 40$，$m\,dv = (120t + 40)dt$，则 $\displaystyle\int_{v_0}^{v} m\,dv = \int_0^t (120t + 40)dt$，两边积分得

$$v = (60t^2 + 40t)/m + v_0 = (60t^2 + 40t)/10 + 6 = (6t^2 + 4t + 6) \text{ m/s}$$

又因 $v = dx/dt$，$dx = vdt = (6t^2 + 4t + 6)dt$，则 $\displaystyle\int_{x_0}^{x} dx = \int_0^t (6t^2 + 4t + 6)dt$，积分得

$$x = (2t^3 + 2t^2 + 6t + 5) \text{ m}$$

1.10　一端固定、一端系在 m_2 上的细绳长度不变，如图 1-16(a) 所示。设 $m_1 = 6.0$ kg，$m_2 = 2.0$ kg，且设接触面的滑动摩擦因数均为 $\mu_k = 0.4$。要使 m_1 产生 $a = 1.50$ m/s² 的加速度，需用多大力 F 拉 m_1？

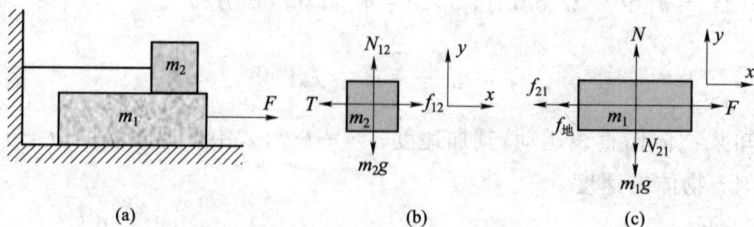

图 1-16　习题 1.10 用图

解：(1) 图 1-16(b) 是 m_2 的受力分析及所建立的坐标系，牛顿定律分量方程为

x 轴方向：$\qquad\qquad\qquad f_{12} - T = 0$ ①

y 轴方向：$\qquad\qquad\qquad N_{12} - m_2 g = 0$ ②

(2) m_1 的受力分析如图 1-16(c)所示,在该坐标系中,牛顿定律分量方程为

x 轴方向: $\qquad F-f_{21}-f_{地}=m_1a \qquad ③$

y 轴方向: $\qquad N-N_{21}-m_1g=0 \qquad ④$

又知 $\qquad f_{21}=\mu_k N_{21} \qquad ⑤$

$\qquad f_{地}=u_k N \qquad ⑥$

(3) 隔离体 m_1,m_2 之间的关系为

$\qquad f_{12}=f_{21} \qquad ⑦$

$\qquad N_{12}=N_{21} \qquad ⑧$

由式②～⑧可得

$$F=(m_1+2m_2)g\mu_k+m_1a$$
$$=(6.0+2\times2.0)\times9.8\times0.4\ \text{N}+6.0\times1.50\ \text{N}=48.2\ \text{N}$$

1.11 一轮船在湖中以 25 km/h 的速率向东航行,在船上见一小汽艇以 40 km/h 的速率向北航行。相对静止在岸上的观察者,小汽艇以多大的速率向什么方向航行?

解:建立如图 1-17 所示的坐标系。由题意可知:

$$v_{船-地}=25\boldsymbol{i}\ \text{km/h}, \qquad v_{艇-船}=40\boldsymbol{j}\ \text{km/h}$$

所以有

$$v_{艇-地}=v_{艇-船}+v_{船-地}=(40\boldsymbol{j}+25\boldsymbol{i})\ \text{km/h}$$

速率大小为

$$v_{艇-地}=\sqrt{40^2+25^2}\ \text{km/h}=5\sqrt{89}\ \text{km/h}\approx47\ \text{km/h}$$

设汽艇相对于地面的速度方向为北偏东 θ,则 $\tan\theta=v_{x(艇-地)}/v_{y(艇-地)}=5/8$,有

$$\theta=\arctan(5/8)\ \text{rad}=32°$$

即汽艇以 47 km/h 速率向北偏东 32°的方向航行。

图 1-17 习题 1.11 用图

1.12 如图 1-18(a)所示,升降机内有两个物体,质量分别为 $m_1=0.10$ kg 和 $m_2=0.20$ kg,用细绳连接后跨过滑轮;绳子的长度不变,绳和滑轮的质量、滑轮轴上的摩擦及桌面的摩擦可略去不计。当升降机以匀加速度 $a=4.9$ m/s^2 上升时,在机内的观察者看来,m_1 和 m_2 的加速度各是多少?

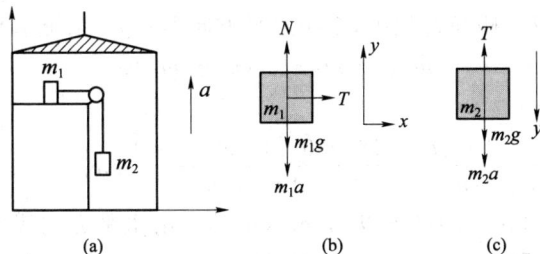

图 1-18 习题 1.12 用图

解:取电梯为参考系,它是非惯性系。

(1) m_1 的受力分析及坐标系如图 1-18(b)所示,牛顿定律分量方程为

x 轴方向: $\qquad T=m_1a_{1x} \qquad ①$

y 轴方向: $\qquad N-m_1g-m_1a=0 \qquad$ ②

(2) m_2 的受力分析及坐标系如图 1-18(c)所示,牛顿定律分量方程为

y 轴方向: $\qquad m_2a+m_2g-T=m_2a_{2y} \qquad$ ③

(3) 找 m_1,m_2 隔离体之间的关系,有

$$a_{1x}=a_{2y} \qquad ④$$

联立式①~④,可求得

$$a_{1x}=a_{2y}=\frac{m_2(a+g)}{m_1+m_2}=\frac{0.20\times(4.9+9.8)}{0.10+0.20}\ \text{m/s}^2=9.8\ \text{m/s}^2$$

即在机内观测,m_1 的加速度为 9.8 m/s²,方向为水平向右;m_2 的加速度为 9.8 m/s²,方向为竖直向下。

1.13 如图 1-19(a)所示,两物体竖直接触面的静摩擦因数为 μ_s,要使物体 m 不沿接触面下滑,物体 M 的水平加速度至少为多大?

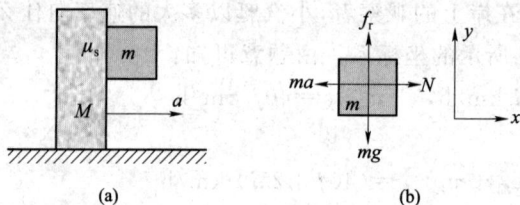

图 1-19 习题 1.13 用图

解:取 M 为参考系,其为非惯性系。图 1-19(b)是 m 的受力分析及建立的坐标系,有

x 轴方向: $\qquad N-ma=0 \qquad$ ①

y 轴方向: $\qquad f_r-mg=0 \qquad$ ②

又知: $\qquad f_r=\mu_s N \qquad$ ③

将式①~③联立,可求得要使物体 m 不沿接触面下滑,物体 M 的水平加速度至少为

$$a_{\min}=g/\mu_s$$

1.14 质量为 16 g 的物体以 30 cm/s 的速率沿 x 轴正方向运动,另一质量为 4.0 g 的物体以 50 cm/s 的速率沿 x 轴负方向运动。两物体碰撞后粘在一起(完全非弹性碰撞),求碰撞后它们的速度。

解:(m_1+m_2)系统:碰撞过程中,系统水平方向不受力,系统水平方向动量守恒,有

$$m_1v_1+m_2v_2=(m_1+m_2)v$$

则

$$v=\frac{m_1v_1+m_2v_2}{m_1+m_2}=\frac{16\times30+4.0\times(-50)}{16+4.0}\ \text{cm/s}=14\ \text{cm/s}$$

1.15 一个质量为 140 g 的垒球以 40 m/s 的速率沿水平方向飞向击球手,被棒反击后以相同速率沿反方向飞回。如果棒与球接触时间是 1.4 ms,求垒球受到的打击力。

解:设垒球的初速度方向为正方向,据质点动量定理有

$$F\Delta t=m_2v_2-m_1v_1$$

则得

$$F=\frac{m_2v_2-m_1v_1}{\Delta t}=\frac{-0.14\times40\times2}{1.4\times10^{-3}}\ \text{N}=-8.0\times10^3\ \text{N}$$

负号表示 F 的方向与垒球飞向击球手的方向相反。

1.16 甲、乙两人穿旱冰鞋面对面站在一起,他们的质量分别是 m_1 和 m_2。甲推乙,使乙后退,求在推的过程中甲、乙两人受到的冲量和他们各自获得的速度比。

解:甲与乙组成的系统:推的过程中,竖直方向和水平方向系统受外力为零,外力冲量为零,甲、乙两人的内推力是作用力与反作用力,内推力的冲量和为零,所以甲、乙两人系统受到的冲量 $I=0$。

甲与乙组成的系统水平方向受力为零,水平方向动量守恒,有

$$0=m_1 \boldsymbol{v}_1 + m_2 \boldsymbol{v}_2$$

因此,互推的过程中甲、乙两人各自获得的速度之比为

$$\frac{\boldsymbol{v}_1}{\boldsymbol{v}_2} = -\frac{m_2}{m_1}$$

1.17 如图 1-20(a)所示,质量为 $M=1.5$ kg 的物体,用一根长为 $L=1.25$ m 的细绳悬挂在天花板上,今有一质量为 $m=10$ g 的子弹以 $v_0=500$ m/s 的水平速度射穿物体,子弹刚穿出时的速度大小 $v=30$ m/s,设穿透时间极短,求:

(1) 子弹刚穿出时绳中的张力;

(2) 子弹在穿透过程中所受的冲量。

解:(1) $(m+M)$ 系统:子弹 m 穿透 M 过程中,系统水平方向不受外力,水平方向系统动量守恒,有

$$mv_0 = MV + mv$$

图 1-20 习题 1.17 用图

设子弹穿出时绳中的张力为 T,图 1-20(b)是 M 的受力分析图,竖直方向牛顿定律方程为

$$T - Mg = M\frac{V^2}{L}$$

联立以上两式,可得

$$T = Mg + \frac{m^2(v_0-v)^2}{ML} = 1.5 \times 9.8 + \frac{10^2 \times 10^{-6} \times (500-30)^2}{1.5 \times 1.25} \text{ N} = 26.5 \text{ N}$$

(2) 由质点冲量定理,子弹在穿透过程中所受的冲量为

$$\boldsymbol{I} = mv\boldsymbol{i} - mv_0\boldsymbol{i} = 10 \times 10^{-3} \times (30-500)\boldsymbol{i} = -4.7\boldsymbol{i} \text{ N} \cdot \text{s}$$

负号表示子弹在穿透过程中所受的冲量方向与子弹的飞行方向相反。

1.18 一质点受 x 轴向力 $F=1+2x+3x^2$(N),求在质点沿 x 轴从 $x_1=0$ 运动到 $x_2=2$ m 过程中力 F 的功。

解:在质点沿 x 轴从 $x_1=0$ 运动到 $x_2=2$ m 过程中力 F 的功为

$$A = \int \boldsymbol{F} \cdot \mathrm{d}\boldsymbol{r} = \int_0^2 F\mathrm{d}x = \int_0^2 (1+2x+3x^2)\mathrm{d}x$$

$$= (x+x^2+x^3) \Big|_0^2 = 14 \text{ J}$$

1.19 一个质点的运动函数为 $\boldsymbol{r}=5t^2\boldsymbol{i}$ m,$\boldsymbol{F}=(3t\boldsymbol{i}+3t^2\boldsymbol{j})$ N 是作用在质点上的一个力。求 $t=0$ 时刻到 $t=2$ s 时刻此力使质点获得的动能。

解:由动能定理,$t=0$ 时刻到 $t=2$ s 时刻此力使质点获得的动能为

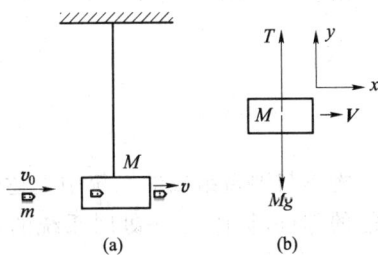

$$\Delta E_k = A = \int \boldsymbol{F} \cdot \mathrm{d}\boldsymbol{r} = \int_0^2 (3t\boldsymbol{i} + 3t^2\boldsymbol{j}) \cdot \mathrm{d}(5t^2\boldsymbol{i})$$

$$= \int_0^2 (3t\boldsymbol{i} + 3t^2\boldsymbol{j}) \cdot 10t\mathrm{d}t\boldsymbol{i} = \int_0^2 30t^2 \mathrm{d}t = 80 \text{ J}$$

1.20　图 1-21 的装置称为水平弹簧振子。质量为 m 的物体和劲度系数为 k 的轻质弹簧连在一起,放在一光滑的水平桌面上。坐标原点建立在物体的平衡位置,此时弹簧没有伸长。用手把物体沿 x 轴慢慢移动一段距离 A_0 后松手,物体就在平衡位置附近往复振动。求:

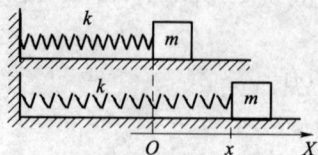

图 1-21　习题 1.20 用图

(1) 当物体由图 1-21 中原点运动到任意位置 x 处时,弹力的功和物体与弹簧系统的势能(取原点为弹性势能零点);

(2) 物体与弹簧系统的机械能。

解:(1)当物体由图 1-21 中原点运动到任意位置 x 处时弹力的功为

$$A = \int \boldsymbol{F} \cdot \mathrm{d}\boldsymbol{r} = \int_0^x F \mathrm{d}x \cos 180°$$

$$= \int_0^x -kx \mathrm{d}x = -\frac{1}{2}kx^2$$

物体与弹簧组成的系统中上述保守内力的功等于系统势能增量的负值,以原点为弹性势能的零点,物体在 x 处时系统的势能为

$$E_p = -A = \frac{1}{2}kx^2$$

(2) 物体与弹簧组成的系统:物体往复振动时,只有保守内力做功,系统机械能守恒。物体在 $x = A_0$ 处,其动能 $E_k = 0$,由上式系统势能 $E_p = \frac{1}{2}kA_0^2$,所以此系统的机械能为

$$E = E_k + E_p = \frac{1}{2}kA_0^2$$

1.21　一质点在某保守力场中的势能为 $E_p = \dfrac{k}{x^4}$,只是坐标 x 的函数,其中 k 为大于零的常量。求作用在质点上的保守力 $\boldsymbol{F}$。

解:作用在质点上的保守力 $\boldsymbol{F}$ 为

$$\boldsymbol{F} = -\frac{\mathrm{d}E_p}{\mathrm{d}x}\boldsymbol{i} = \frac{4k}{x^5}\boldsymbol{i}$$

1.22　一个质量 $M = 10$ kg 的物体放在光滑水平面上,并与一个水平轻质弹簧连接,如图 1-22 所示,弹簧的劲度系数为 1000 N/m。今有一质量 $m = 1$ kg 的小球以水平速度 $v_0 = 4$ m/s 飞来,与物体 M 相碰后以 $v = 2$ m/s 的速度反向弹回。M 起动后,弹簧将被压缩,求弹簧最大可压缩量,并说明这两个物体的碰撞不是完全弹性碰撞。(完全弹性碰撞是碰撞前后两物体总动能没有损失的碰撞)。

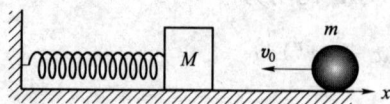

图 1-22　习题 1.22 用图

解:两物体组成的系统:碰撞过程中水平向外力为零,水平向动量守恒。设 m 的初始速度方向为正方向,有

$$mv_0 = Mv' - mv \qquad \text{①}$$

大物体与弹簧组成的系统：弹簧被压缩的过程中，只有弹性力做功，系统机械能守恒。设弹簧原长时系统势能为零，弹簧最大可压缩量为 $x_{\max}$，有

$$\frac{1}{2}Mv'^2 + 0 = \frac{1}{2}kx_{\max}^2 + 0 \qquad \text{②}$$

由式①②可求得弹簧最大可压缩量为

$$x_{\max} = \sqrt{\frac{M}{k}} \cdot \frac{m(v_0 + v)}{M} = \sqrt{\frac{10}{1000}} \times \frac{1 \times (4+2)}{10} \text{ m} = 0.06 \text{ m}$$

对于两个物体组成的系统，碰撞前系统动能为

$$E_{k1} = \frac{1}{2}mv_0^2 = \frac{1}{2} \times 1 \times 4^2 \text{ J} = 8 \text{ J}$$

式①给出碰撞后 M 的速度 $v' = \dfrac{m(v_0 + v)}{M} = 0.6$ m/s，则碰撞后系统动能为

$$E_{k2} = \frac{1}{2}Mv'^2 + \frac{1}{2}mv^2 = \frac{1}{2} \times 10 \times 0.6^2 \text{ J} + \frac{1}{2} \times 1 \times 2^2 \text{ J} = 3.8 \text{ J}$$

因为 $E_{k1} \neq E_{k2}$，所以此碰撞不是完全弹性碰撞，碰撞引起了 4.2 J 的动能损失。

1.23　如图 1-23 所示，系有细绳的一小球放在光滑的水平桌面上，细绳的另一端向下穿过桌面的一小竖直孔道并用手拉住。如果给予小球速度 v_0，使之在桌面上绕小孔 O 作半径为 r_0 的圆周运动，然后缓慢地往下拉绳，使小球最后作半径为 r 的圆周运动，试求小球作半径为 r 的圆周运动的速率和往下拉绳过程中力 $\boldsymbol{F}$ 做的功。

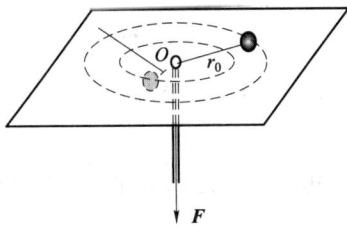

图 1-23　习题 1.23 用图

解：设小球作半径为 r 的圆周运动时的速率为 v。在向心力的作用下小球对小孔 O 的角动量守恒。有

$$mr_0 v_0 = mrv$$

由此得到所求小球速率为 $v = \dfrac{r_0 v_0}{r}$。由动能定理，往下拉绳过程中力 $\boldsymbol{F}$ 做的功为

$$A = \frac{1}{2}mv^2 - \frac{1}{2}mv_0^2 = \frac{1}{2}mv_0^2 \left(\frac{r_0^2}{r^2} - 1 \right)$$

1.24　哈雷彗星绕太阳运动的轨道是一个椭圆。它的近日点距离 $r_1 = 8.75 \times 10^{10}$ m，速率 $v_1 = 5.46 \times 10^4$ m/s；已知远日点时的速率 $v_2 = 9.08 \times 10^2$ m/s，求远日点的距离。

解：彗星在有心力（太阳的万有引力）下运动，对太阳的角动量守恒。对于近日点和远日点，有

$$mr_1 v_1 = mr_2 v_2$$

所求远日点的距离 r_2 为

$$r_2 = \frac{r_1 v_1}{v_2} = \frac{8.75 \times 10^{10} \times 5.46 \times 10^4}{9.08 \times 10^2} \text{ m} = 5.26 \times 10^{12} \text{ m}$$

1.25　圆盘绕一固定轴转动的转动惯量为 J，起初角速度为 ω_0。设它所受的阻力矩与转动角速度成正比，即 $M = -k\omega$（k 为正的常数）。求圆盘的角速度从 ω_0 变为 $\omega_0/2$ 时所需的时间。

解：刚体定轴转动的转动定律为

$$M = -k\omega = J\frac{\mathrm{d}\omega}{\mathrm{d}t}$$

分离变量有 $-\dfrac{k}{J}\mathrm{d}t = \dfrac{\mathrm{d}\omega}{\omega}$，两边分别积分为

$$-\frac{k}{J}\int_0^t \mathrm{d}t = \int_{\omega_0}^{\omega_0/2} \frac{\mathrm{d}\omega}{\omega}$$

有 $-\dfrac{k}{J}t = -\ln 2$，则圆盘的角速度从 ω_0 变为 $\omega_0/2$ 时所需时间为

$$t = \frac{J}{k}\ln 2$$

1.26　如图 1-24 所示。半径为 $r_1 = 0.3$ m 的 A 轮通过皮带被半径为 $r_2 = 0.75$ m 的 B 轮带动，B 轮以匀角加速度 $\pi(\mathrm{rad/s^2})$ 由静止启动，且轮与皮带无滑动发生。试求 A 轮达到转速 3000 r/min 所需的时间。

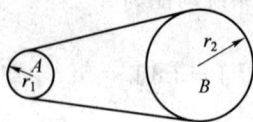
图 1-24　习题 1.26 用图

解：由于轮与皮带无滑动，因此两个轮的线速度相等，即

$$r_1\omega_A = r_2\omega_B$$

因此，A 轮达到转速 3000r/min 时 B 轮的角速度为

$$\omega_B = \frac{r_1}{r_2}\omega_A = \frac{0.3}{0.75}\times\frac{3000\times 2\pi}{60}\ \mathrm{rad/s} = 40\pi\ \mathrm{rad/s}$$

因 B 轮以匀角加速度 $\alpha_B = \pi(\mathrm{rad/s^2})$ 转动，所以有

$$\omega_B - \omega_0 = \alpha_B t$$

B 轮由 $\omega_0 = 0$ 达到上述 ω_B 所用时间 t，也就是所求 A 轮所需的时间，其为

$$t = \frac{\omega_B - \omega_0}{\alpha_B} = \frac{40\pi - 0}{\pi}\ \mathrm{s} = 40\ \mathrm{s}$$

1.27　质量为 5 kg 的一木桶系于绕在辘轳上的轻绳的下端，辘轳可看作一质量为 10 kg 的圆柱体。桶从井口由静止释放，忽略轴的摩擦，求桶下落过程中绳子的张力。辘轳的转动惯量为 $\dfrac{1}{2}MR^2$，R 为辘轳的半径。

解：图 1-25(a)中辘轳的物理模型为图 1-25(b)，图 1-25(c)是木桶的受力分析图，图 1-25(d)是辘轳的受力分析图，设竖直向下为 y 轴正向，垂直纸面向里为 z 轴正向。

图 1-25(c)给出

$$mg - T = ma$$

图 1-25(d)给出

$$TR = J\alpha = \frac{1}{2}MR^2\alpha$$

两个隔离体之间的关系给出

$$a = R\alpha$$

联立 3 个式子并代入数据可求得桶下落过程中绳中的张力为

$$T = \frac{mM}{2m+M}g = \frac{5\times 10}{2\times 5+10}\times 9.8\ \mathrm{N} = 24.5\ \mathrm{N}$$

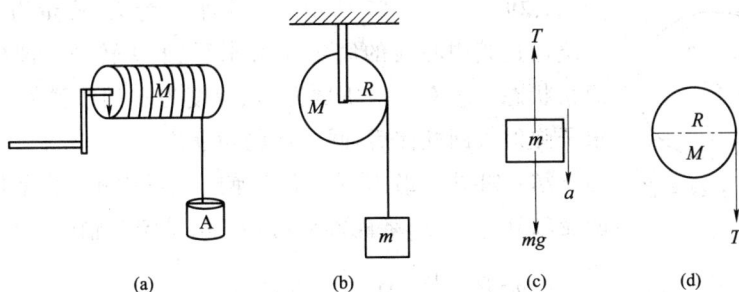

图 1-25 习题 1.27 用图

1.28 飞轮的质量 $m = 60$ kg,半径 $R = 0.25$ m,绕其水平中心轴转动,转速为 900 r/min。现利用一制动闸杆,在闸杆的一端加一竖直方向的制动力 F,可使飞轮减速。已知闸杆的尺寸如图 1-26 所示,闸瓦与飞轮之间的摩擦因数 $\mu = 0.4$,飞轮的转动惯量按匀质圆盘计算。设 $F = 100$ N,问飞轮在多长时间内停止转动?在此时间内飞轮转了多少转?

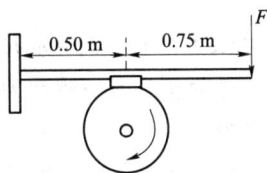

图 1-26 习题 1.28 用图

解:(1)对于制动闸杆:对端点杆所受的力矩平衡,设杆受到飞轮的支撑力为 F_N,力矩垂直纸面向里为正,有

$$F(0.5 + 0.75) - F_N \times 0.5 = 0 \qquad ①$$

对于飞轮:所受的摩擦力大小为 $F_f = \mu F_N$,设图 1-26 中垂直纸面向里为 z 轴正向,飞轮受到的摩擦轴力矩为

$$M_z = -R F_f = -R \mu F_N \qquad ②$$

根据刚体定轴转动的角动量定理,有

$$\int_0^t - R \mu F_N \, \mathrm{d}t = \int_{\omega_0}^0 J_z \, \mathrm{d}\omega$$

积分得

$$-R \mu F_N t = -J_z \omega_0 \qquad ③$$

其中,$J_z = \dfrac{1}{2} m R^2$,$\omega_0 = 2\pi n$(n 为转数),由式①②③可求得飞轮停止转动所用时间为

$$t = \frac{J_z \omega_0}{R \mu F_N} = \frac{1}{2} \frac{m R^2 \times 2\pi n}{R \mu (2.5 F)} = \frac{60 \times 0.25 \times (900/60)\pi}{0.4 \times 2.5 \times 100} \text{ s} = 7.07 \text{ s}$$

(2)由刚体定轴转动的动能定理,有

$$\int_{\theta_1}^{\theta_2} M_z \, \mathrm{d}\theta = \int_{\theta_1}^{\theta_2} - R \mu F_N \, \mathrm{d}\theta = -R \mu F_N \Delta\theta$$

$$= \frac{1}{2} J_z \omega^2 - \frac{1}{2} J_z \omega_0^2 = -\frac{1}{2} J_z \omega_0^2$$

得 $\Delta\theta = \left(\dfrac{1}{2} J_z \omega_0^2 \right) / (R \mu F_N)$。在此时间内飞轮的转数 n 为

$$n = \frac{\Delta\theta}{2\pi} = \frac{J_z \omega_0^2}{4\pi R \mu F_N} = \frac{m R^2 \omega_0^2}{8\pi R \mu F_N} = \frac{60 \times 0.25 \times 4 \times (900/60)^2 \pi}{8 \times 0.4 \times 2.5 \times 100} \text{ r} = 52.99 \text{ r}$$

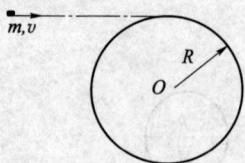

图 1-27　习题 1.29 用图

1.29　如图 1-27 所示。一个半径为 R、质量为 M 的圆柱体，可绕通过其中心线的固定光滑水平轴 O 转动。圆柱体原来处于静止状态。现有一颗质量为 m、速度为 v 的子弹射入圆柱体边缘。求子弹射入圆柱体后，圆柱体的角速度。

解：如图 1-27 所示，在子弹射入过程中，子弹和圆柱体系统所受轴外力矩(忽略重力影响)为零，系统对轴的角动量守恒，有

$$mvR = \left(\frac{1}{2}MR^2 + mR^2\right)\omega$$

因此，方向垂直纸面向里的圆柱体的角速度大小为

$$\omega = \frac{2mv}{(2m+M)R}$$

1.30　有一半径为 R 的水平圆转台，可绕通过其中心的竖直轴以匀角速度 ω_0 转动，转动惯量为 J。当一质量为 m 的人从转台中心沿半径向外跑到转台边缘时，转台的角速度变为多少？

解：对转台与人组成的系统：中心轴的轴向外力矩为零，轴向角动量守恒。对于始末状态有

$$J\omega_0 + 0 = (J + mR^2)\omega$$

所以，转台的角速度变为

$$\omega = \frac{J\omega_0}{J + mR^2}$$

1.31　长为 l 的均匀直棒，其质量为 M，上端用光滑水平轴吊起而静止下垂。今有一质量为 m 的子弹，以水平速度 v_0 射入杆的悬点下距离为 d 处而不复出。求子弹刚停在杆中时的角速度多大？

解：杆与子弹组成的系统：子弹射入过程中，无轴向力矩，轴向角动量守恒，设子弹刚停在杆中时角速度为 ω(见图 1-28)，有

$$mv_0 d = \left(\frac{1}{3}Ml^2 + md^2\right)\omega$$

则所求 ω 为

$$\omega = \frac{3mv_0 d}{3md^2 + Ml^2}$$

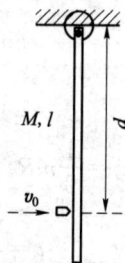

图 1-28　习题 1.31 用图

1.32　A 和 B 两飞轮的轴杆在同一中心线上。A 轮绕其轴的转动惯量 $J_A = 10 \text{ kg} \cdot \text{m}^2$，$B$ 轮绕其轴的转动惯量 $J_B = 20 \text{ kg} \cdot \text{m}^2$。开始时，$A$ 轮的转速为 600 r/min，B 轮静止。两轮通过一摩擦离合器 C 接触，通过摩擦，二者最终将有同样的转速，求这共同的角速度。在此过程中，两轮的机械能有何变化？

解：两飞轮组成的系统：中心轴向力矩为零，摩擦过程的轴向角动量守恒，对于开始接触和同样的转速状态(见图 1-29)有

$$J_A\omega_A + 0 = (J_A + J_B)\omega$$

则共同的角速度为

$$\omega = \frac{J_A \omega_A}{J_A + J_B} = \frac{10 \times 2\pi \times 600/60}{10 + 20} \text{ rad/s} = 20.9 \text{ rad/s}$$

在此过程中,两轮的机械能变化为

$$\Delta E = \frac{1}{2}(J_A + J_B)\omega^2 - \frac{1}{2}J_A \omega_A^2$$

$$= \frac{1}{2} \times (10 + 20) \times 20.9^2 - \frac{1}{2} \times 10 \times \left(2\pi \times \frac{600}{60}\right)^2 \text{ J}$$

$$= -1.32 \times 10^4 \text{ J}$$

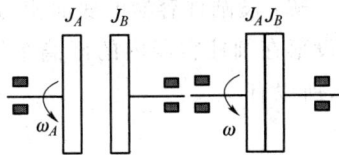

图 1-29 习题 1.32 用图

1.33 1643 年,意大利的托里拆利用他发明的水银气压计测量了大气压。先将一端封闭的长玻璃管充满水银,然后倒放于盛水银的容器中,长玻璃管中的水银柱下降了一定的高度,在玻璃管中留下的空间中除水银蒸气外没有其他气体(常温下水银蒸气压可忽略不计)。量得水银柱高为 76 cm,水银密度取 $\rho = 13\,595.1 \text{ kg} \cdot \text{m}^{-3}$,重力加速度 $g = 9.806\,65 \text{ m} \cdot \text{s}^{-2}$,求当地大气压。

解: 如图 1-30 所示,忽略水银蒸气压强,由流体静力学的基本公式

$$p_0 = p + \rho g h = \rho g h$$

代入数据可得

$$p_0 = \rho g h = 1.01325 \times 10^5 \text{ Pa}$$

1.34 一水库的水坝长 $L = 0.5 \text{ km}$,坡度角为 $\theta = 30°$,水深 $H = 10 \text{ m}$,如图 1-31 所示。求水对水坝的压力。取大气压 $p_0 = 1.013 \times 10^5 \text{ Pa}$,水的密度 $\rho = 10^3 \text{ kg} \cdot \text{m}^{-3}$。

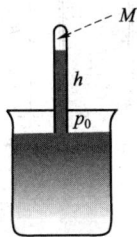

图 1-30 习题 1.33 用图

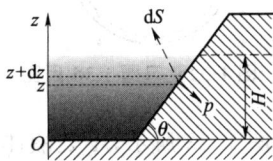

图 1-31 习题 1.34 用图

解: 在图 1-31 所示的坐标系中,z 处液体内部压强为

$$p = p_0 + \rho g(H - z)$$

图 1-31 中面积元 $\mathrm{d}S = L \dfrac{\mathrm{d}z}{\sin\theta}$,水对水坝的压力为

$$F = \int p \, \mathrm{d}S = \frac{L}{\sin\theta} \int_0^H [p_0 + \rho g(H - z)] \, \mathrm{d}z = \frac{L}{\sin\theta}\left(p_0 H + \frac{1}{2}\rho g H^2\right)$$

$$= \frac{0.5 \times 10^3}{\sin 30°} \times \left(1.013 \times 10^6 + \frac{1}{2} \times 10^3 \times 9.8 \times 10^2\right) \text{ N} = 1.5 \times 10^9 \text{ N}$$

1.35 一场大雨使得平底面积为 1.0 m^2 的圆柱容器积水达 50 mm。设下雨积水过程是等温的,而雨滴的平均半径是 1.0 mm,求释放的表面能。水的表面张力系数为 $\alpha = 7.3 \times 10^{-2} \text{N} \cdot \text{m}^{-1}$。

解：设圆柱容器的底面积为 S，容器积水高度为 h，水的密度为 ρ，r 为雨滴的平均半径。且设落在圆柱容器内的雨滴个数为 N。因为 N 个雨滴的质量与圆柱容器积水质量应相等，所以有

$$Sh\rho = N \cdot \frac{4}{3}\pi r^3 \rho$$

容器内水的表面积为 S，N 个雨滴的表面积为 $N \cdot 4\pi r^2$，释放的表面能应为

$$\Delta E_{表面} = \alpha \Delta S = \alpha(N \times 4\pi r^2 - S) = \alpha\left(\frac{3Sh}{r} - S\right)$$

$$= 7.3 \times 10^{-2} \times \left(\frac{3 \times 1.0 \times 50 \times 10^{-3}}{1.0 \times 10^{-3}} - 1.0\right) \text{J} = 11 \text{ J}$$

1.36 已知肥皂水的表面张力系数 $\alpha = 4.50 \times 10^{-2} \text{N} \cdot \text{m}^{-1}$，一个直径为 $d = 5.00 \times 10^{-2}$ m 的肥皂泡内外压强差是多少？

解：如图 1-32 所示，肥皂泡内外压强差为

$$p_A - p_C = \frac{4\alpha}{R} = \frac{4\alpha}{d/2} = \frac{4 \times 4.50 \times 10^{-2}}{5.00 \times 10^{-2}/2} \text{ Pa} = 7.20 \text{ Pa}$$

1.37 如图 1-33 所示，在内半径 $r = 0.30$ mm 的毛细管中注水，在管的下端形成一凸形球状液面，曲率半径 $R = 3.0$ mm；管内上部形成凹形球状液面，设其曲率半径与管的内半径相同。已知水的表面张力系数 $\alpha = 7.3 \times 10^{-2} \text{N} \cdot \text{m}^{-1}$，求管中水柱的高度 h。

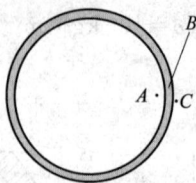

图 1-32　习题 1.36 用图

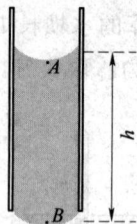

图 1-33　习题 1.37 用图

解：如图 1-33 所示，A 处液体内部压强为

$$p_A = p_0 - \frac{2\alpha}{r}$$

B 处液体内部压强为

$$p_B = p_0 + \frac{2\alpha}{R}$$

静止流体内部，流体静力学的基本公式给出 $p_B - p_A = \rho g h$（水的密度为 ρ），因此管中水柱的高度 h 为

$$h = \frac{p_B - p_A}{\rho g} = \frac{2\alpha}{\rho g}\left(\frac{1}{R} + \frac{1}{r}\right)$$

$$= \frac{2 \times 7.3 \times 10^{-2}}{1.00 \times 10^3 \times 9.8} \times \left(\frac{1}{3.0 \times 10^{-3}} - \frac{1}{0.30 \times 10^{-3}}\right) \text{m}$$

$$= 5.5 \times 10^{-2} \text{ m}$$

1.38 把一根毛细管竖直插入水中,在近似完全润湿下水上升的高度是 5.8×10^{-2} m。若将此管插入水银中,水银与玻璃的接触角为 $138°$,求管中水银下降的高度。已知水的表面张力系数为 7.3×10^{-2} N·m^{-1},水银的密度为 $\rho = 13.6 \times 10^3$ kg·m^{-3},水银表面张力系数为 49.0×10^{-2} N·m^{-1}。

解:毛细管插入水中,完全润湿下管中水上升的高度 $h_{水} = \dfrac{2\alpha_{水}}{\rho_{水} gr}$,则毛细管半径 r 为

$$r = \frac{2\alpha_{水}}{\rho_{水} gh_{水}}$$

把此管插入水银中,管中水银的高度为

$$h_{水银} = \frac{2\alpha_{水银}\cos\theta}{\rho_{水银}gr} = \frac{\alpha_{水银}\cos\theta\rho_{水} h_{水}}{\rho_{水银}\alpha_{水}}$$

$$= \frac{49.0 \times 10^{-2} \times \cos138° \times 1.0 \times 10^3 \times 5.8 \times 10^{-2}}{13.6 \times 10^3 \times 7.3 \times 10^{-2}} \text{ m}$$

$$= -2.1 \times 10^{-2} \text{ m}$$

负号表示管中水银下降的高度为 2.1×10^{-2} m。

1.39 设一株高 50m 的树的外层木质导管(树液传输管)为均匀圆管,其半径为 2.0×10^{-4} cm。导管中树液的表面张力系数为 5.0×10^{-2} N·m^{-1},密度近似于水的密度,它与管壁的接触角为 $45°$。问毛细作用能把树液输送多高?

解:毛细作用能把树液输送的高度为

$$h = \frac{2\alpha\cos\theta}{\rho gr} = \frac{2 \times 5.0 \times 10^{-2} \times \cos45°}{1.0 \times 10^3 \times 9.8 \times 2.0 \times 10^{-6}} \text{ m} = 3.5 \text{ m}$$

1.40 灭火筒每分钟喷出 6.0×10^{-2} m^3 的水,假定喷口处水柱的截面积为 1.5 cm^2,问水柱向上喷到 2 m 高时,其截面积有多大?

解:设喷口处水柱流量为 Q_1,喷口处水柱的截面积为 S_1,其流速为 v_1,有

$$Q_V = S_1 v_1$$

设水密度为 ρ,水柱喷口处高度为 h_1,水柱向上喷到 2 m 处的高度用 h_2 表示,此高处的流速为 v_2,那么此两处同一条流线的伯努利方程为

$$\frac{1}{2}\rho v_1^2 + \rho gh_1 = \frac{1}{2}\rho v_2^2 + \rho gh_2$$

再设高度 h_2 处水柱的截面积为 S_2,据连续性方程此处的流量应为

$$Q_V = S_2 v_2$$

解上述 3 个式子,得高度 h_2 处水柱的截面积 S_2 为

$$S_2 = \frac{Q_V}{v_2} = \frac{Q_V}{\sqrt{2g(h_2 - h_1) - v_1^2}} = \frac{Q_V}{\sqrt{2g\Delta h - (Q_V/S_1)^2}}$$

$$= \frac{6.0 \times 10^{-3}}{\sqrt{2 \times 9.8 \times 2 - [(6.0 \times 10^{-3})/(1.5 \times 10^{-4})]^2}} \text{ m}^2$$

$$= 4.37 \times 10^{-4} \text{ m}^2$$

1.41 一截面均匀的虹吸管从水库引水,虹吸管最高点比水库水面高出 1.0 m,虹吸管出水口又比水库水面低 0.6 m,求虹吸管内最高点处的压强及管内的流速。

解：如图 1-34 所示，流线 ABC 上 A，C 两点的伯努利方程为

$$p_0 = p_0 + \frac{1}{2}\rho v_C^2 + \rho g h_C$$

A，B 两点的伯努利方程为

$$p_0 = p_B + \frac{1}{2}\rho v_B^2 + \rho g h_B$$

虹吸管截面均匀，由连续性原理 $S_B v_B = S_C v_C$ 可知：

$$v_B = v_C$$

联解上面 3 个式子，虹吸管内最高点处的压强为

$$p_B = p_0 - \rho g(h_B - h_C) = 1.013 \times 10^5 \, \text{Pa} - 1.0 \times 10^3 \times 9.8 \times 1.6 \, \text{Pa} = 8.5 \times 10^4 \, \text{Pa}$$

虹吸管内最高点处管内的流速为

$$v_B = v_C = \sqrt{-2gh_C} = \sqrt{2 \times 9.8 \times 0.6} \, \text{m/s} = 3.4 \, \text{m/s}$$

1.42　如图 1-35 所示，水从圆管 1 流入，经支管 2，3 流入管 4，管 4 出口与大气相通，整个管道系统处于同一个水平面内。设管道系统各部分的横截面积分别为 $S_1 = 15 \, \text{cm}^2$，$S_2 = S_3 = 5 \, \text{cm}^2$，$S_4 = 10 \, \text{cm}^2$，且管 1 中水的流量为 $600 \, \text{cm}^3/\text{s}$。求各管中水的流速以及各管中压强与大气压强差。

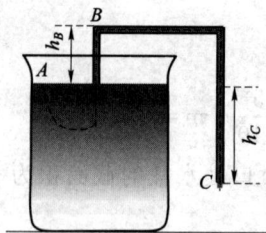

图 1-34　习题 1.41 用图　　　　图 1-35　习题 1.42 用图

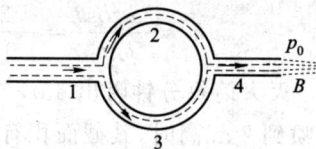

解：圆管 1 处，其流量 $Q_1 = v_1 S_1$，可得此处水的流速为

$$v_1 = Q_1/S_1 = (600/15) \, \text{cm/s} = 40 \, \text{cm/s}$$

由连续性原理，有

$$v_1 S_1 = v_2 S_2 + v_3 S_3 = v_4 S_4 \qquad \qquad ①$$

因为 $S_2 = S_3$，应有 $v_2 = v_3$，式①给出支管 2、3 处水的流速为

$$v_2 = v_3 = \frac{Q_1/2}{S_2} = \frac{300}{5} \, \text{cm/s} = 60 \, \text{cm/s}$$

同时，式①给出圆管 4 处的流速为

$$v_4 = \frac{Q_1}{S_4} = \frac{600}{10} \, \text{cm/s} = 60 \, \text{cm/s}$$

对于流线点 4 和 B，设 p_0 为大气压强，此两处水平流管的伯努利方程为

$$p_4 + \frac{1}{2}\rho v_4^2 = p_B + \frac{1}{2}\rho v_B^2 \qquad \qquad ②$$

连续性给出 $v_4 = v_B$，而 $p_B = p_0$，因此由式②得到圆管中 4 处压强与大气压强差为

$$p_4 - p_0 = 0$$

对于流线点 2 和 4，由式①可知 $v_2 = v_4$，流线点 2 和 4 的伯努利方程为

$$p_2 + \frac{1}{2}\rho v_2^2 = p_4 + \frac{1}{2}\rho v_4^2 \qquad ③$$

上面已给出 $p_4 = p_0$，因此得到支管中 2 处压强与大气压强差为

$$p_2 - p_0 = 0$$

支管中 3 处压强应等于支管中 2 处压强，所以支管中 3 处压强与大气压强差为

$$p_3 - p_0 = 0$$

对于流线点 1 和 4 的伯努利方程为

$$p_1 + \frac{1}{2}\rho v_1^2 = p_4 + \frac{1}{2}\rho v_4^2$$

上面已给出 v_1 和 v_4，且知 $p_4 = p_0$，圆管中 1 处压强与大气压强差为

$$p_1 - p_0 = \frac{1}{2}\rho(v_4^2 - v_1^2)$$

$$= \frac{1}{2} \times 1.0 \times 10^3 \times [(60 \times 10^{-2})^2 - (40 \times 10^{-2})^2] \text{ Pa}$$

$$= 1.0 \times 10^2 \text{ Pa}$$

1.43　密度为 $2.56 \times 10^3 \text{ kg/m}^3$、直径为 $5.0 \times 10^{-3} \text{ m}$ 的玻璃球在一盛有甘油的玻璃筒中静止下落。若测得小球的极限速度（收尾速度）为 $3.1 \times 10^{-2} \text{ m/s}$，求甘油的黏性系数。已知甘油的密度为 $1.26 \times 10^3 \text{ kg/m}^3$。

解：$\eta = \dfrac{2r^2}{9v}(\rho - \rho_0)g = \dfrac{d^2}{18v}(\rho - \rho_0)g$

$$= \frac{(5.0 \times 10^{-3})^2}{18 \times 3.1 \times 10^{-2}} \times (2.56 \times 10^3 - 1.26 \times 10^3) \times 9.8 \text{ Pa} \cdot \text{s}$$

$$= 0.57 \text{ Pa} \cdot \text{s}$$

1.44　血液是黏性流体，因此需压力差使之流动，心脏就是提供压力差的"液泵"。如果一人的动脉血管沉积物使血管实际内径减少了一半而血压尚未改变，求流经动脉的血液量是原来的多少？

解：由泊肃叶公式，设原来血管半径为 R_1，血压为 $P_1 - P_2$，原来血液量为

$$Q_{V1} = \frac{\pi(P_1 - P_2)}{8\eta l}R_1^4$$

血管内径减小后的半径用 R_2 表示，血压还是 $P_1 - P_2$，血液量为

$$Q_{V2} = \frac{\pi(P_1 - P_2)}{8\eta l}R_2^4$$

所以有

$$\frac{Q_{V2}}{Q_{V1}} = \frac{R_2^4}{R_1^4} = \left(\frac{1}{2}\right)^4 = \frac{1}{16}$$

阶段练习题

一、选择题

1. 某质点作直线运动的运动学方程为 $x = t - 7t^3 + 6$（式中 x 以 m 计，t 以 s 计），则该

质点作（　　　）。

  A. 匀加速直线运动，加速度沿 x 轴正方向

  B. 变加速直线运动，加速度沿 x 轴正方向

  C. 匀加速直线运动，加速度沿 x 轴负方向

  D. 变加速直线运动，加速度沿 x 轴负方向

  2. 图 1-36 中 p 是一圆的竖直直径 pc 的上端点，一质点从 p 开始分别沿着不同的弦无摩擦下滑，到达各弦的下端点所用的时间相比较，为（　　　）。

  A. 所用时间都一样   B. 到 a 用的时间最短

  C. 到 b 用的时间最短   D. 到 c 用的时间最短

  3. 一质点在平面上运动，已知质点运动方程为 $\boldsymbol{r}(t) = at^2\boldsymbol{i} + bt^2\boldsymbol{j}$（其中 a,b 为常量），则该质点作（　　　）。

  A. 一般曲线运动   B. 抛物线运动

  C. 变速直线运动   D. 匀速直线运动

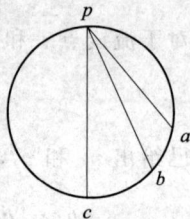

图 1-36　选择题 2 用图

  4. 一运动质点在某瞬时位于矢径 $\boldsymbol{r}(x,y)$ 的端点处，其速度大小为（　　　）。

  A. $\dfrac{\mathrm{d}r}{\mathrm{d}t}$ B. $\sqrt{\left(\dfrac{\mathrm{d}x}{\mathrm{d}t}\right)^2 + \left(\dfrac{\mathrm{d}y}{\mathrm{d}t}\right)^2}$

  C. $\dfrac{\mathrm{d}\boldsymbol{r}}{\mathrm{d}t}$ D. $\dfrac{\mathrm{d}|\boldsymbol{r}|}{\mathrm{d}t}$

  5. 以下 5 种运动形式中，$\boldsymbol{a}$ 保持不变的运动是（　　　）。

  A. 单摆的运动 B. 抛体运动 C. 圆锥摆运动   D. 匀速圆周运动

  E. 行星的椭圆轨道运动

  6. 质点作曲线运动，r 表示位置矢量，v 表示速度，v 表示速率，a 表示加速度，S 表示路程，a_t 表示切向加速度的大小，下列表达式中，正确的是（　　　）。

  (1) $\mathrm{d}v/\mathrm{d}t = a$；(2) $\mathrm{d}S/\mathrm{d}t = v$；(3) $\mathrm{d}r/\mathrm{d}t = v$；(4) $|\mathrm{d}\boldsymbol{v}/\mathrm{d}t| = a_t$。

  A. 只有(1)、(4)是对的   B. 只有(2)、(4)是对的

  C. 只有(2)是对的   D. 只有(3)是对的

  7. 质点作半径为 R 的变速圆周运动时，其加速度大小为（v 表示任一时刻质点的速率）（　　　）。

  A. $\dfrac{v^2}{R}$ B. $\dfrac{\mathrm{d}v}{\mathrm{d}t} + \dfrac{v^2}{R}$ C. $\left[\left(\dfrac{\mathrm{d}v}{\mathrm{d}t}\right)^2 + \left(\dfrac{v^4}{R^2}\right)\right]^{\frac{1}{2}}$ D. $\dfrac{\mathrm{d}v}{\mathrm{d}t}$

  8. 在相对地面静止的坐标系中，A,B 两船都以 5 m/s 速率匀速行驶，A 船沿 x 轴正向，B 船沿 y 轴正向。今在 A 船上设置与静止坐标系方向相同的坐标系（x 轴，y 轴方向单位矢量用 $\boldsymbol{i},\boldsymbol{j}$ 表示），那么在 A 船上的坐标系中，B 船的速度（以 m/s 为单位）为（　　　）。

  A. $5\boldsymbol{i} + 5\boldsymbol{j}$ B. $5\boldsymbol{i} - 5\boldsymbol{j}$ C. $5\boldsymbol{j} - 5\boldsymbol{i}$ D. $-5\boldsymbol{i} - 5\boldsymbol{j}$

  9. 一飞机相对空气的速度为 200 km/h，风速的大小为 56 km/h，风速的方向从西向东，地面雷达站测得飞机的速度为 192 km/h，方向是（　　　）。

  A. 南偏西 16.3°   B. 北偏东 16.3°   C. 东偏南 16.3°

  D. 西偏北 16.3°   E. 向正南或向正北

10. 如图 1-37 所示,在升降机天花板上拴有轻绳,其下端系一重物,当升降机以加速度 a_1 上升时,绳中的张力正好等于绳子所能承受的最大张力的一半,问升降机以多大加速度上升时,绳子刚好被拉断?(　　)

A. $2a_1$　　　　B. $2a_1+g$　　　　C. $2(a_1+g)$　　　　D. a_1+g

11. 质量为 m 的小球,放在光滑的木板和光滑的墙壁之间,并保持平衡,如图 1-38 所示。设木板和墙壁之间的夹角为 α,当 α 逐渐增大时,小球对木板的压力将(　　)。

A. 减小　　　　　　　　　　　B. 增加

C. 不变　　　　　　　　　　　D. 先是增加,后又减小

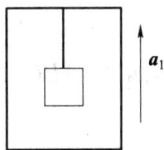

图 1-37　选择题 10 用图

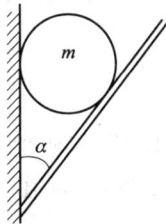

图 1-38　选择题 11 用图

12. 水平地面上放一物体 A,它与地面间的滑动摩擦因数为 μ。现加一恒力 F,如图 1-39 所示,欲使物体 A 有最大加速度,则恒力 F 与水平方向夹角 θ 应满足(　　)。

A. $\tan\theta=\mu$　　　　B. $\cos\theta=\mu$　　　　C. $\sin\theta=\mu$　　　　D. $\cot\theta=\mu$

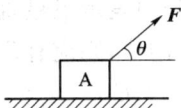

图 1-39　选择题 12 用图

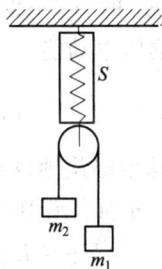

图 1-40　选择题 13 用图

13. 如图 1-40 所示,一轻绳跨过一个定滑轮,两端各系一质量分别为 m_1 和 m_2 的重物,且 $m_1 > m_2$。滑轮质量及轴上摩擦均不计,此时重物的加速度为 a。今用一竖直向下的恒力 $F=m_1g$ 代替质量为 m_1 的物体,可得质量为 m_2 的重物的加速度为 a',则(　　)。

A. $a'=a$　　　　B. $a'<a$　　　　C. $a'>a$　　　　D. 不能确定

14. 质量分别为 m 和 M 的滑块 A 和 B,叠放在光滑水平桌面上(A 在 B 的上面)。A,B 间静摩擦因数为 μ_s,滑动摩擦因数为 μ_k。系统原处于静止,今有一水平力作用于 A 上,要使 A,B 不发生相对滑动,则应有(　　)。

A. $F \leqslant \mu_s(m+M)g$　　　　　　B. $F \leqslant \mu_k(1+\dfrac{m}{M})mg$

C. $F \leqslant \mu_s(1+\dfrac{m}{M})mg$　　　　D. $F \leqslant \mu_s mg$

15. 如图 1-41 所示,半径为 R 的竖立的圆筒转笼,绕中心轴 OO' 转动,物块 A 紧靠在

圆筒的内壁上,物块与圆筒间的摩擦因数为 μ,要使物块 A 不下落,圆筒转动的角速度 ω 至少应为(   )。

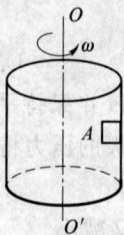

图 1-41   选择题 15 用图

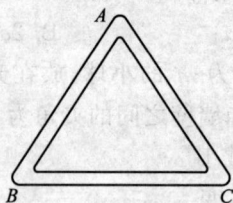

图 1-42   选择题 16 用图

A. $\sqrt{\mu g}$ B. $\sqrt{\dfrac{\mu g}{R}}$ C. $\sqrt{\dfrac{g}{R}}$ D. $\sqrt{\dfrac{g}{\mu R}}$

16. 如图 1-42 所示,质量为 m 的质点以不变速率 v 沿正三角形 ABC 的水平光滑轨道运动,质点越过 A 角时,轨道作用于质点的冲量大小为(   )。

A. $\sqrt{3}\,mv$ B. $2mv$ C. mv D. $\sqrt{2}\,mv$

17. 一炮弹由于特殊原因在水平飞行过程中突然炸裂成两块,其中一块自由下落,则另一块着地点(飞行过程中阻力不计)(   )。

A. 比原来更近   B. 比原来更远

C. 仍和原来一样远   D. 条件不足,不能判定

18. 动能为 E_k 的 A 物体与静止的 B 物体碰撞。设 $m_A = 2m_B$,若碰撞为完全非弹性碰撞,则碰撞后两物体总动能为(   )。

A. $\dfrac{1}{3}E_k$ B. $\dfrac{1}{2}E_k$ C. $\dfrac{2}{3}E_k$ D. E_k

19. 人造地球卫星绕地球作椭圆轨道运动,若用 A 和 B 分别表示卫星轨道近地点和远地点,用 L 和 E_k 分别表示卫星对地心的角动量及其动能的瞬间值,则应有(   )。

A. $L_A = L_B$,$E_{kA} < E_{kB}$ B. $L_A < L_B$,$E_{kA} < E_{kB}$

C. $L_A = L_B$,$E_{kA} > E_{kB}$ D. $L_A > L_B$,$E_{kA} > E_{kB}$

20. 一质点作匀速率圆周运动时,它的(   )。

A. 动量不变,对圆心的角动量不断改变

B. 动量不变,对圆心的角动量也不变

C. 动量不断改变,对圆心的角动量也不断改变

D. 动量不断改变,对圆心的角动量不变

21. 一个质点同时在几个力作用下的位移为:$\Delta r = 4i - 5j + 6k$(SI),其中一个力为恒力 $F = -2i - 5j + 7k$(SI),则此力在该位移过程中所做的功为(   )。

A. 75 J   B. 25 J   C. -59 J   D. 59 J

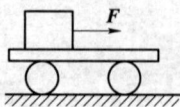

图 1-43   选择题 22 用图

22. 如图 1-43 所示,光滑水平地面上放着一辆小车,车上左端放着一只箱子。今用同样的水平恒力 F 拉箱子,使它由小车的左端移到右端,一次是小车被固定在水平地面上,另一次是小车没有固定。试以水平地面为参考系,判断下列结论,正确的是(   )。

A. 在两种情况下，F 做的功相等

B. 在两种情况下，箱子获得的动能相等

C. 在两种情况下，摩擦力对箱子做的功相等

D. 以上结论都不对

23. 对功的概念有以下几种说法。

(1) 保守力做正功时，系统内相应的势能增加。

(2) 作用力和反作用力大小相等、方向相反，所以两者所做功的代数和必为零。

(3) 质点运动经一闭合路径，保守力对质点做的功为零。

在上述说法中，只有（　　）。

　　A. (1)(3)是正确的　　　　　　　　　B. (2)(3)是正确的

　　C. (2)是正确的　　　　　　　　　　D. (3)是正确的

24. 一艘质量为 m 的宇宙飞船关闭发动机返回地球时，可认为飞船只在地球的引力场中运动。已知地球质量为 M，万有引力恒量为 G，则当飞船从距地球中心 R_1 处下降到 R_2 处时，飞船增加的动能应等于（　　）。

　　A. $\dfrac{GMm}{R_2}$　　　　B. $\dfrac{GMm}{R_2^2}$　　　　C. $GMm\,\dfrac{R_1-R_2}{R_1^2}$　　　　D. $GMm\,\dfrac{R_1-R_2}{R_1^2R_2^2}$

　　E. $GMm\,\dfrac{R_1-R_2}{R_1R_2}$

25. 在如图 1-44 所示系统中（滑轮质量不计，轴光滑），外力 F 通过不可伸长的绳子和一劲度系数 $k=200$ N/m 的轻质弹簧缓慢地拉地面上的物体。物体的质量 $m=2$ kg，初始时弹簧为自然长度，在把绳子拉下 20 cm 的过程中，F 所做的功为（重力加速度 g 取 10 m/s^2）（　　）。

　　A. 3 J　　　　　　B. 1 J　　　　　　C. 4 J　　　　　　D. 2 J

　　E. 20 J

26. 花样滑冰运动员绕通过自身的竖直轴转动，开始时两臂伸开，转动惯量为 J_0，角速度为 ω_0。然后其将两臂收回，使转动惯量减少为 $\dfrac{J_0}{3}$，这时转动的角速度变为（　　）。

　　A. $\dfrac{\omega_0}{3}$　　　　B. $3\omega_0$　　　　C. $\dfrac{1}{\sqrt{3}\,\omega_0}$　　　　D. $\sqrt{3}\,\omega_0$

27. 光滑的水平桌面上，有一长为 $2L$、质量为 m 的匀质细杆，可绕过其中点且垂直于杆的竖直光滑固定轴 O 自由转动，其转动惯量为 $\dfrac{1}{3}mL^2$，起初杆静止。桌面上有两个质量均为 m 的小球，各自在垂直杆的方向上，正对着杆的一端，以相同速率 v 相向运动，如图 1-45 所示。当两小球同时与杆的两个端点发生完全非弹性碰撞后，就与杆粘在一起转动，则这一系统碰撞后的转动角速度应为（　　）。

　　A. $\dfrac{4v}{5L}$　　　　B. $\dfrac{2v}{3L}$　　　　C. $\dfrac{8v}{9L}$　　　　D. $\dfrac{6v}{7L}$

28. 质量为 m 的小孩站在半径为 r 的水平平台边缘上。该平台可以绕通过其中心的竖直光滑固定轴自由转动，转动惯量为 J。平台和小孩开始时均静止。当小孩突然以相对于地面为 v 的速率在台边缘沿逆时针转向走动时，则此平台相对地面旋转的角速度和旋转方

向分别为（   ）。

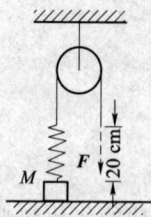

图 1-44   选择题 25 用图

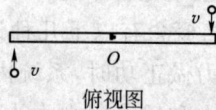

俯视图

图 1-45   选择题 27 用图

A. $\omega = \dfrac{mRv}{J}$,逆时针

B. $\omega = \dfrac{mRv}{J}$,顺时针

C. $\omega = \dfrac{mRv}{J + mR^2}$,逆时针

D. $\omega = \dfrac{mRv}{J + mR^2}$,顺时针

二、填空题

1. 一质点沿 x 方向运动,其加速度随时间变化的关系为 $a = 2 + 5t$(SI),如果质点的初速度 v_0 为 3 m/s,则当 t 为 4 s 时,质点的速度 $v =$ _____。

2. 在 x 轴方向作变加速直线运动的质点,已知其初始位置为 x_0,初速度为 v_0,加速度 $a = Ct + A$(其中 C,A 为常量),则其速度与时间的关系为 $v =$ _____,运动学方程为 $x =$ _____。

3. 一质点沿 x 轴运动,其位置坐标 x 与加速度 a 的关系为 $a = 2 + 3x^2$(SI),如果质点在原点处的速度为零,则其在任意位置处的速度为 _____。

4. 已知质点的运动学方程为 $\boldsymbol{r} = 4t^2 \boldsymbol{i} + (2t + 5)\boldsymbol{j}$ (SI),则该质点的轨道方程为 _____。

5. 质点沿半径为 R 的圆周运动,运动学方程为 $\theta = 2 + 3t^2$(SI),则 T 时刻质点的法向加速度大小 $a_n =$ _____;角加速度 $\alpha =$ _____。

6. 一质点作半径为 2 m 的圆周运动,其角位置的运动学方程为：$\theta = \dfrac{\pi}{2} + \dfrac{t^2}{4}$(SI),则其切向加速度 $a_t =$ _____。

7. 在 xOy 平面内有一运动质点,其运动学方程为：$\boldsymbol{r} = 3\cos5t\,\boldsymbol{i} + 3\sin5t\,\boldsymbol{j}$(SI),则它在 T 时刻的速度 $\boldsymbol{v} =$ _____,切向加速度 $a_t =$ _____;该质点运动的轨迹是 _____。

8. 如图 1-46 所示,在光滑水平桌面上,有两个物体 A 和 B 紧靠在一起。它们的质量分别为 $m_A = 2$ kg,$m_B = 1$ kg。今用一水平力 $F = 3$ N 推物体 B,则 B 推 A 的力等于 _____。如用同样大小的水平力从右边推 A,则 A 推 B 的力等于 _____。

9. 如图 1-47 所示,一个小物体 A 靠在一辆小车的竖直前壁上,A 和车壁间静摩擦因数是 μ_s。若要使物体 A 不沿接触面下滑,小车的加速度的最小值应为 $a =$ _____。

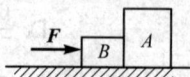

图 1-46   填空题 8 用图

图 1-47   填空题 9 用图

10. 如图 1-48 所示,一小珠可以在半径为 R 的竖直圆环上作无摩擦滑动。今使圆环以角速度 ω 绕圆环竖直直径转动。要使小珠离开环的底部而停在环上某一点,则角速度 ω 最小应大于_____。

11. 有两艘停在湖上的船,它们之间用一根很轻的绳子连接。水的阻力不计。设第一艘船和人的总质量为 250 kg,第二艘船的总质量为 500 kg。现在站在第一艘船上的人用 $F = 50$ N 的水平力来拉绳子,则 5 s 后第一艘船和第二艘船的速度大小分别为 _____和_____。

12. 如图 1-49 所示的圆锥摆,质量为 m 的小球在水平面内以角速度 ω 匀速转动。在小球转动一周的过程中:

(1) 小球动量增量的大小等于_____;

(2) 小球所受重力的冲量大小等于_____;

(3) 小球所受绳子拉力的冲量大小等于_____。

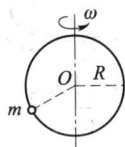

图 1-48 填空题 10 用图

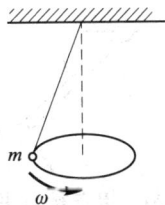

图 1-49 填空题 12 用图

13. 一个质量为 10 kg 的物体受到方向不变的力 $F = 30 + 40t$ (SI) 的作用,在开始的 2 s 内,此力冲量的大小等于_____;若物体的初速度为 10 m/s,方向与力 $\boldsymbol{F}$ 的方向相同,则在 2 s 末物体速度的大小等于_____。

14. 质量为 M 的平板车以速度 v 在光滑的水平面上滑行,一质量为 m 的物体从 H 高处竖直落到车子里。两者一起运动时的速度大小为_____。

15. 质量为 m 的质点以速度 v 沿一直线运动,则它对该直线上任一点的角动量为_____。

16. 已知地球半径为 R,质量为 M,一质量为 m 的火箭从地面上升到距地面高度为 $2R$ 处。在此过程中,地球引力对火箭做的功为_____。

17. 某质点在力 $\boldsymbol{F} = (4 + 5x)\boldsymbol{i}$ (SI) 的作用下沿 x 轴作直线运动,在从 $x = 0$ 移动到 $x = 10$ m 的过程中,力 $\boldsymbol{F}$ 所做的功为_____。

18. 某人拉住在河水中的船,使船相对于岸不动,以流水为参考系,人对船所做的功_____;以地面为参考系,人对船所做的功_____。(填 >0,$=0$ 或 <0)

19. 如图 1-50 所示,一人造地球卫星绕地球作椭圆运动。A,B 两点分别为近地点和远地点,距地心距离分别为 r_1,r_2。设地球质量为 M,万有引力常量为 G,卫星质量为 m,则卫星在 A,B 两点处的万有引力势能之差 $E_{pB} - E_{pA} = $_____;卫星在 A,B 两点的动能之差 $E_{kB} - E_{kA} = $_____。

20. 一长为 l 的质量均匀链条放在光滑的水平桌面上,若使其长度的 $\dfrac{1}{2}$ 悬于桌边下,然后由静止释放,任其滑动,则它全部离开

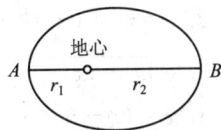

图 1-50 填空题 19 用图

桌面时的速率为_____。

21. 如图 1-51 所示,一长为 l,质量可以忽略的直杆,可绕通过其一端的水平光滑轴在竖直平面内作定轴转动,在杆的另一端固定着一质量为 m 的小球。现将杆由水平位置无初转速地释放,则杆刚被释放时的角加速度 $\alpha_0 =$ _____,杆与水平方向夹角为 60°时的角加速度 $\alpha =$ _____。

22. 一飞轮以角速度 ω_0 绕光滑固定轴旋转,飞轮对轴的转动惯量为 J_1;另一静止飞轮突然和上述转动的飞轮啮合,绕同一转轴转动,该飞轮对轴的转动惯量为前者的 2 倍。啮合后,整个系统的角速度 $\omega =$ _____。

23. 有一半径为 R 的匀质圆形水平转台,可绕通过盘心 O 且垂直于盘面的竖直固定轴 OO' 转动,转动惯量为 J。台上有一人,质量为 m。当其站在离转轴 r 处$(r < R)$时,转台和人一起以 ω_1 的角速度转动,如图 1-52 所示。若转轴处摩擦可以忽略,问当人走到转台边缘时,转台和人一起转动的角速度 $\omega_2 =$ _____。

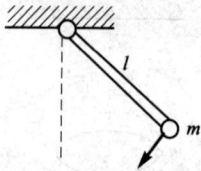

图 1-51　填空题 21 用图

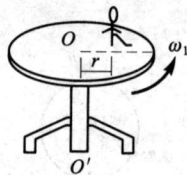

图 1-52　填空题 23 用图

24. 有一个长方形的水库,长 200 m,宽 150 m,水深 10 m,则水对水库底面和侧面的压力分别为_____和_____。

25. 在一直径很大的圆柱形水桶壁的近底部处有一直径为 0.04 m 的小孔,若桶内水的深度为 1.60 m,则此时从小孔中流出水的体积流量 $Q =$ _____。

26. 半径为 0.10 cm 的小空气泡在密度为 0.72×10^3 kg/m³、黏滞系数为 0.11 Pa·s 的液体中上升,其上升的终极速度为_____。

阶段练习题参考答案

一、选择题

1. D;　　2. A;　　3. C;　　4. B;　　5. B;　　6. C;　　7. C;

8. C;　　9. E;　　10. B;　　11. A;　　12. A;　　13. C;　　14. C;

15. D;　　16. A;　　17. B;　　18. C;　　19. C;　　20. D;　　21. D;

22. D;　　23. D;　　24. E;　　25. A;　　26. C;　　27. D;　　28. B

二、填空题

1. 51 m/s

2. $v = v_0 + Ct^2/2 + At$, $x = x_0 + v_0 t + Ct^3/6 + At^2/2$

3. $\sqrt{4x + 2x^3}$

4. $x = (y - 5)^2$

5. $36RT^2$ m/s²,6 rad/s²

6. 1 m/s^2

7. $15(-\sin 5t \, \boldsymbol{i} + \cos 5t \, \boldsymbol{j}) \text{m/s}, 0,$ 圆

8. $2 \text{ N}, 1 \text{ N}$

9. g/μ_s

10. $\sqrt{g/R}$

11. $1 \text{ m/s}, 0.5 \text{ m/s}$

12. （1）0；（2）$2\pi mg/\omega$；（3）$2\pi mg/\omega$

13. $140 \text{N} \cdot \text{s}, 24 \text{ m/s}$

14. $\dfrac{Mv}{M+m}$

15. 0

16. $-\dfrac{2GMm}{3R}$

17. 290 J

18. $>0, =0$

19. $GMm \dfrac{r_2 - r_1}{r_1 r_2}, GMm \dfrac{r_1 - r_2}{r_1 r_2}$

20. $\dfrac{\sqrt{3gl}}{2}$

21. $g/l, g/2l$

22. $\omega_0/3$

23. $\dfrac{(J + mr^2)\omega_1}{J + mR^2}$

24. $2.9 \times 10^9 \text{N}, 3.4 \times 10^8 \text{ N}$

25. $7.0 \times 10^{-3} \text{m}^3 \cdot \text{s}^{-1}$

26. $1.43 \times 10^{-2} \text{ m/s}$

第2章　狭义相对论基础

思考题参考解答

2.1 什么是伽利略相对性原理？什么是狭义相对性原理？

答：伽利略相对性原理又称力学相对性原理或牛顿相对性原理，是指一切彼此作匀速直线运动的惯性系，对于描述机械运动的力学定律来说完全等价，或者说力学定律在所有的惯性系中都具有相同的数学表达形式，即在伽利略变换下具有不变性。狭义相对性原理是指描述一切物理现象的物理学定律在所有的惯性系中都具有相同的数学表达形式，即在洛伦兹变换下具有不变性，或者说所有惯性系对于物理学定律都是等价的。

2.2 同时的相对性是什么意思？如果光速无限大，是否还会有同时的相对性？

答：同时的相对性是指在某一惯性系中同时发生的两个事件，在相对于此惯性系运动的另一个惯性系中观察，并不一定同时。如果光速是无限的，破坏了狭义相对论的基础，就不会再涉及同时的相对性。

2.3 什么是钟慢效应？什么是尺缩效应？

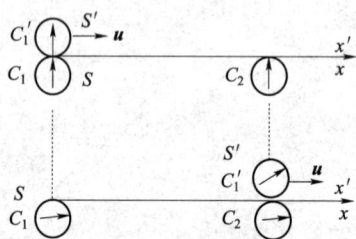

图 2-1　思考题 2.3 用图

答：如图 2-1 所示，在参考系 S' 中同一地点先后发生的两个事件之间的时间间隔称为固有时间 τ_0，是用当地的一个时钟 C_1' 测出的时间间隔。如果 C_1' 记录的第一事件发生的时间为零时，那么第二事件发生时 C_1' 的指针所指位置 t_2' 就是 C_1' 所测得的时间间隔 $\tau_0 = t_2' - t_1' = t_2'$。在其他惯性系 S 中，用第一事件发生处的 C_1 时钟记录第一事件发生的时刻 t_1，C_1 应和 S' 中的 C_1' 对齐（重合），此时 C_1 和 C_1' 可以校准，所以 t_1 也记为零；第二事件发生的地点在 S' 中还是 C_1' 所在处，不过在 S 中应用此时和 C_1' 对齐的另外一个时钟 C_2 记录第二事件发生的时刻，C_1，C_2 是同一参考系校准好的两个时钟，因此，此时的 C_2 指针位置就是 S 中对这两事件发生时间间隔 $\tau = t_2 - t_1 = t_2$ 的记录。由 $\tau = \gamma \tau_0$，$t_2 > t_2'$，即固有时间 τ_0 最短。从重合对齐的 C_2 和运动时钟 C_1' 的指针位置来比较，C_1' 的指针位置靠前，而 C_2 的指针位置靠后，惯性系 S 的 C_2 就说成是运动的 C_1' 时钟变慢了。上述的这种现象称为钟慢效应，又称为时间膨胀或时间延缓。

测得尺子静止时的长度称为它的固有长度 l_0，如果使尺子沿其长度方向以速度 u 运动，测量此运动尺子的长度 $l = \gamma^{-1} l_0$，$l < l_0$，即固有长度 l_0 最长。运动尺子沿运动方向的长度 l 的测量总比静止时测量的长度 l_0 要短，这种测量上的效应称为长度收缩，也称为尺缩效应。

2.4 狭义相对论的时间和空间概念与牛顿力学的有何不同？有何联系？

答：牛顿力学的时间和空间概念的基本出发点是任何过程所经历的时间不因参考系而差异，任何物体的长度（空间）测量不因参考系而不同，即牛顿力学的时空观是绝对时空观。爱因斯坦狭义相对论认为，时间测量和空间测量都是相对的，并且二者的测量互相不能分离而成为一个整体。牛顿力学的绝对时空观是爱因斯坦相对论时间和空间概念在低速世界的特例，是狭义相对论在低速情况下忽略相对论效应的很好近似。

2.5　能把一个粒子加速到光速 c 吗？为什么？

答：爱因斯坦狭义相对论给出的答案是不能。从质速关系可以看到，当速度 $u \rightarrow c$ 时，粒子质量 $m = \gamma m_0 \rightarrow \infty$，粒子的能量为 $mc^2 \rightarrow \infty$，在实验室中不会具备无穷能量把一个粒子加速到光速。光在真空中的速率 c 是一切物体运动的极限速度。

2.6　什么叫质量亏损？它和原子能的释放有何关系？

答：粒子反应中、反应后和反应前相比，如果存在粒子总的静质量的减少（Δm_0）称为质量亏损。原子能的释放是指核反应中所释放的能量，是反应后与反应前相比粒子总动能的增量（ΔE_k），它可以通过质量亏损计算。

以 m_{01} 和 m_{02} 分别表示反应粒子和生成粒子的总静止质量，以 E_{k1} 和 E_{k2} 分别表示反应粒子和生成粒子的总动能，能量守恒给出 $m_{01}c^2 + E_{k1} = m_{02}c^2 + E_{k2}$，由此可得

$$\Delta E_k = E_{k2} - E_{k1} = (m_{01} - m_{02})c^2 = \Delta m_0 c^2$$

2.7　在相对论的时空观中，以下的判断正确的是（　　　）。

A. 在一个惯性系中，两个同时的事件，在另一个惯性系中一定不同时

B. 在一个惯性系中，两个同时的事件，在另一个惯性系中一定同时

C. 在一个惯性系中，两个同时又同地的事件，在另一惯性系中一定同时又同地

D. 在一个惯性系中，两个同时不同地的事件，在另一惯性系中只可能同时不同地

答：C。惯性系 S 中两个事件的同时是说 $\Delta t = t_2 - t_1 = 0$，同地是说 $\Delta x = x_2 - x_1 = 0$；在另一个惯性系 S' 中，洛伦兹变换给出 $\Delta t' = \gamma[\Delta t - (u/c^2)\Delta x] = 0$，是说这两个事件也是同时，洛伦兹坐标变换给出 $\Delta x' = \gamma(\Delta x - u\Delta t) = 0$，是说这两个事件也是同地，所以 C 对。

由 C，在一个惯性系中，两个同时的事件，在另一个惯性系中有可能同时，所以 A 错。在一个惯性系 S 中，两个事件同时 $\Delta t = 0$，如果不同地 $\Delta x \neq 0$，在另一个惯性系 S' 中将有 $\Delta t' = \gamma[-(u/c^2)\Delta x] \neq 0$，即不同时，所以 B 错。一个惯性系 S 中，两个同时（$\Delta t = 0$）不同地（$\Delta x \neq 0$）的事件，洛伦兹变换给出 S' 中 $\Delta x' = \gamma(\Delta x - u\Delta t) = \gamma(\Delta x) \neq 0$ 和 $\Delta t' = \gamma[\Delta t - (u/c^2)\Delta x] = \gamma[-(u/c^2)\Delta x] \neq 0$，即 S' 中是既不同地也不同时，所以 D 错。

2.8　根据狭义相对论观点，下列说法正确的是（　　　　）。

A. 运动钟的钟慢效应是由于运动使得钟走得不准时了

B. 宇宙间任何速度都不能大于光速 c

C. 如果光速是无限大，同时的相对性就不会存在了

D. 运动棒的长度收缩效应是指棒沿运动方向受到了实际压缩

答：C。由洛伦兹变换 $\Delta t' = \gamma[\Delta t - (u/c^2)(x_2 - x_1)]$，当 $c \rightarrow \infty$ 时，有 $\Delta t' = \Delta t$，说明同时的相对性消失。

钟慢效应只是测量效应，时钟都是一样的，所以 A 错。按照爱因斯坦狭义相对论，物体或能量的速度（群速）不能超过真空中的光速 c。光在反常色散的透明物质中传播时的速度可能大于 c，自由下落的很长的细棒与水平线交点的移动速度（相速）可以大于 c，宇宙大爆

炸理论认为,宇宙的膨胀速度大于 c,所以 B 错。收缩效应也只是测量效应,不是棒沿运动方向受到了实际压缩,所以 D 错。

2.9 根据狭义相对论,有下列几种说法。

(1) 所有惯性系统对物理基本规律都是等价的。

(2) 在真空中,光的速度与光的频率、光源的运动状态无关。

(3) 在任何惯性系中,光在真空中沿任何方向的传播速度都相同。

对于这些说法,下述结论中正确的是( )。

A. 只有(1)、(2)是正确的　　　　　　　B. 只有(1)、(3)是正确的

C. 只有(2)、(3)是正确的　　　　　　　D. 3 种说法都是正确的

答:D。(1)是爱因斯坦狭义相对性原理,(2)、(3)是光速不变原理。

2.10 相对论中物体的质量 M 与能量 E 有一定的对应关系,这个关系是什么?静止质量为 M_0 的粒子,以速度 v 运动,其动能怎样表示?

答:这个关系是爱因斯坦狭义相对论的质能关系,$E = Mc^2$。静止质量为 M_0 的粒子以速度 v 运动,其动能为

$$E_k = Mc^2 - M_0 c^2 = (1/\sqrt{1 - v^2/c^2} - 1) M_0^2$$

习题参考解答

2.1 坐标轴分别平行的 $S(O, x, y, z)$ 和 $S'(O', x', y', z')$ 是两个惯性系,S' 相对 S 以 $0.8c$ 速度沿 x 轴负向作匀速直线运动,且 $t = t' = 0$ 时它们的坐标原点重合。在 S 系中,位于 $x = 2.0 \times 10^4$ m,$y = 1.5 \times 10^3$ m,$z = 1.0 \times 10^3$ m 处的一闪光灯在 $t = 5.0 \times 10^{-4}$ s 时发出一闪光,那么在 S' 中观测者测得这一事件的时空坐标(x', y', z', t') 是多少?

解:根据洛伦兹坐标变换,S' 中观测者测得这一事件的 x' 坐标为

$$x' = \gamma(x - ut)$$
$$= \frac{1}{\sqrt{1 - (0.8c/c)^2}} \times (2.0 \times 10^4 - (-0.8 \times 3.00 \times 10^8) \times 5.0 \times 10^{-4}) \text{ m}$$
$$= 2.3 \times 10^5 \text{ m}$$

S' 中观测者测得这一事件的 y' 和 z' 坐标分别为

$$y' = y = 1.5 \times 10^3 \text{ m} \text{ 和 } z' = z = 1.0 \times 10^3 \text{ m}$$

S' 中观测者测得这一事件发生的时间 t' 为

$$t' = \gamma \left(t - \frac{u}{c^2} x \right)$$
$$= \frac{1}{\sqrt{1 - 0.8^2}} \times \left(5.0 \times 10^{-4} - \frac{(-0.8 \times 3.00 \times 10^8) \times 2.0 \times 10^4}{(3.00 \times 10^8)^2} \right) \text{ s}$$
$$= 9.2 \times 10^{-4} \text{ s}$$

2.2 甲乙两人所乘飞行器沿 Ox 轴相对运动。甲测得两个事件的时空坐标分别为 $x_1 = 6 \times 10^4$ m,$y_1 = 0$,$z_1 = 0$,$t_1 = 2 \times 10^{-4}$ s 和 $x_2 = 12 \times 10^4$ m,$y_2 = 0$,$z_2 = 0$,$t_2 = 1 \times 10^{-4}$ s。若乙测得这两个事件同时发生在 t' 时刻,试求乙相对甲的运动速度以及乙测得这两个事件的空间间隔。

解：设乙相对甲以速度 u 沿 Ox 轴正向运动，由洛伦兹坐标变换，两个惯性系观测两事件的时间间隔为 $\Delta t' = \gamma\left(\Delta t - \dfrac{u}{c^2}\Delta x\right)$，由题意可得 $0 = \gamma\left(\Delta t - \dfrac{u}{c^2}\Delta x\right)$，有

$$u = \frac{c^2\Delta t}{\Delta x} = \frac{(3.00\times10^8)^2\times(1-2)\times10^{-4}}{(12-6)\times10^4}\ \text{m/s}$$
$$= -1.5\times10^8\ \text{m/s}$$

负号表示乙沿 Ox 轴负向运动。而乙测得这两个事件的空间间隔为

$$\Delta x' = \gamma(\Delta x - u\Delta t)$$
$$= \frac{1}{\sqrt{1-(-1.5/3.00)^2}}\times\left[(12-6)\times10^4 - (-1.5\times10^8)\times(1-2)\times10^{-4}\right]\ \text{m}$$
$$= 5.2\times10^4\ \text{m}$$

2.3　在惯性系中，两个光子火箭（以非常接近光速 c 运动的火箭）相向运动时，一个火箭相对于另一个火箭的速率（非常接近值）是多少？

解：设在惯性系 S 中，沿 x 轴相向运动的两个光子火箭的速度分别为 $v_{1x} = c$ 和 $v_{2x} = -c$。选 $v_{1x} = c$ 的光子火箭为惯性系 S'，有 $u = v_{1x} = c$，则由洛伦兹速度变换公式可得，S' 观测到另一光子火箭的速率为

$$v'_x = \frac{v_{2x} - u}{1 - uv_{2x}/c^2} = \frac{-c-c}{1-c(-c)/c^2} = -c$$

即一个火箭相对于另一个火箭的速率（非常接近值）是 c。

2.4　在折射率为 n 的静止连续介质水中，光速 c/n。当水管中的水以速率 v 流动时，相对水管而言，沿着水流方向水中的光速多大？

解：水管参考系为惯性系 S，沿 x 轴正向流动水为惯性系 S'，有 $u = v$，$v'_x = c/n$。根据洛伦兹速度变换，相对水管沿着水流方向的光速大小为

$$v_x = \frac{v'_x + u}{1 + uv'_x/c^2} = \frac{c/n + v}{1 + v(c/n)/c^2} = \frac{c+nv}{nc+v}c$$

2.5　一个在实验室中以 $0.8c$ 速度运动的粒子，飞行了 3 m 后衰变。求观察到的同样静止粒子的衰变时间。

解：选实验室为惯性系 S，设速度 $u = 0.8c$ 的运动粒子飞行了 $\Delta x = 3$ m 的衰变时间（衰变周期）为 Δt，有

$$\Delta t = \tau = \frac{\Delta x}{u}$$

设观测静止粒子的参考系为惯性系 S'，洛伦兹变换给出静止粒子的衰变时间 $\Delta t'$ 为

$$\Delta t' = \gamma\left(\Delta t - \frac{u}{c^2}\Delta x\right) = \frac{\Delta x/u - u\Delta x/c^2}{\sqrt{1-u^2/c^2}} = \frac{3/0.8c - 0.8c\times3/c^2}{\sqrt{1-0.8^2}} = 7.5\times10^{-9}\ \text{s}$$

S' 中记录的是静止粒子衰变时间，其为固有时间 τ_0；S 中是用两个时钟记录的衰变时间，用 τ 表示。直接由钟慢效应公式，有

$$\tau_0 = \gamma^{-1}\tau = \frac{\Delta x}{u}\sqrt{1-u^2/c^2} = \frac{3}{0.8c}\sqrt{1-(0.8c)^2/c^2} = 7.5\times10^{-9}\ \text{s}$$

2.6　天津和北京相距 120 km。某日上午 9 时整，北京有一工厂因过载而断电，天津于 9 时 0 分 0.0003 秒有一自行车与一卡车相撞。试求在以 $0.8c$ 速率沿北京到天津方向飞行

的飞行器中观测到哪一个事件先发生?

解:"断电"为第一事件,"车相撞"为第二事件。选地面为惯性系 S,有

$$\Delta t = t_2 - t_1 = 0.0003\ \text{s} > 0$$

"断电"先发生。设飞行器为惯性系 S',$\Delta t' = t_2' - t_1'$,由洛伦兹变换,有

$$\Delta t' = \gamma \left(\Delta t - \frac{u}{c^2} \Delta x \right) = \frac{1}{0.6} \times \left(3 \times 10^{-4} - \frac{0.8 \times 1.20 \times 10^5}{3 \times 10^8} \right)\ \text{s} = -3.3 \times 10^{-5}\ \text{s} < 0$$

$\Delta t_1' < 0$ 说明飞行器中观测到天津"车相撞"先发生,和地面观测出现了时序颠倒现象。

2.7 π^+ 介子是不稳定的粒子,在它自己的参考系中测得平均寿命是 2.6×10^{-8} s。如果它相对实验室以 $0.8c$(c 为真空中光速大小)的速率运动,那么实验室坐标系中测得的介子寿命是多少?

解:选 π^+ 介子参考系为惯性系 S',实验室参考系为惯性系 S,在 S' 中两事件发生在同地,测得的寿命为固有时间,由时间延缓效应实验室坐标系中测得的寿命应为

$$\tau = \gamma \tau_0 = \frac{\tau_0}{\sqrt{1 - u^2/c^2}} = \frac{2.6 \times 10^{-8}}{\sqrt{1 - 0.8^2}}\ \text{s} = 4.33 \times 10^{-8}\ \text{s}$$

2.8 静止时边长为 a 的正立方体,当它以速率 v 沿与它的一个边平行的方向运动时,测得它的运动体积将是多大?

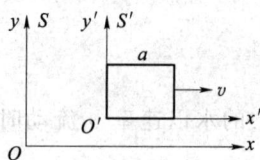

解:如图 2-2 所示,惯性系 S 中运动方向物体的边长为

$$l = l_0/\gamma = a\sqrt{1 - v^2/c^2}$$

垂直运动方向无尺缩效应,所以测得它的运动体积为

$$V = a\sqrt{1 - v^2/c^2} \cdot a^2 = a^3\sqrt{1 - v^2/c^2}$$

图 2-2　习题 2.8 用图

2.9 在惯性系 S 中观察到两个事件同时发生在 x 轴上,其间距离是 1 m。在惯性系 S' 中观察这两个事件之间的距离是 2 m。求在 S' 中这两个事件的时间间隔。

解:在 S 中,$\Delta x = 1$ m,$\Delta t = 0$。在 S' 中,$\Delta x' = 2$ m,由洛伦兹变换给出

$$\Delta x' = \gamma(\Delta x - u\Delta t) = \frac{\Delta x}{\sqrt{1 - u^2/c^2}}$$

求得 S' 相对 S 的速度 u 为

$$u = c\sqrt{1 - \frac{(\Delta x)^2}{(\Delta x')^2}} = c\sqrt{1 - \frac{1}{4}} = \frac{\sqrt{3}}{2}c$$

由此可得,S' 中这两个事件的时间间隔为

$$\Delta t' = \gamma(\Delta t - u\Delta x/c^2) = \frac{-u\Delta x/c^2}{\sqrt{1 - u^2/c^2}} = \frac{-\sqrt{3}/2}{3 \times 10^8 \times \sqrt{1 - 3/4}}\ \text{s} = 5.77 \times 10^{-9}\ \text{s}$$

2.10 静止质量为 m_0。以第二宇宙速度 $v = 11.2$ km/s 运动的火箭,其质量是多少?

解:由质速关系可得其质量为

$$m = \gamma m_0 = \frac{m_0}{\sqrt{1 - v^2/c^2}} = \frac{m_0}{\sqrt{1 - (11.2 \times 10^3/3 \times 10^8)^2}} = 1.000\,000\,000\,7 m_0$$

2.11 将一静止质量为 m_0 的电子从静止加速到 $0.8c$(c 为光在真空中的速率)的速率时,加速器对电子做的功是多少?

解：由动能定理，加速器对电子做的功等于电子动能的增量

$$A = \Delta E_k = mc^2 - m_0 c^2 = \left(\frac{m_0}{\sqrt{1 - v^2/c^2}} - m_0 \right) c^2 = \left(\frac{1}{0.6} - 1 \right) m_0 c^2 = 2m_0 c^2 / 3$$

2.12　两个静止质量为 m_0 的小球，其一静止，另一个以 $v = 0.8c$ 的速率运动。设它们作对心完全非弹性碰撞后粘在一起，求碰撞后它们的速率大小。

解：设两小球碰撞后质量为 M，速率为 V，根据动量守恒和能量守恒分别有

$$0 + \gamma m_0 v = MV$$

$$m_0 c^2 + \gamma m_0 c^2 = Mc^2$$

其中，$\gamma = 1/\sqrt{1 - v^2/c^2} = 1/\sqrt{1 - 0.8^2} = 5/3$。

由上面两式可得

$$V = \frac{\gamma}{1 + \gamma} v = \frac{5/3}{1 + 5/3} \times 0.8c = 0.5c$$

2.13　太阳发出的能量是由质子参与一系列反应产生的，其总结果相当于下述热核反应

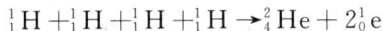

$$_1^1 H + _1^1 H + _1^1 H + _1^1 H \longrightarrow _4^2 He + 2 _0^1 e$$

已知一个质子（$_1^1 H$）的静质量是 $m_{H0} = 1.672\,6 \times 10^{-27}$ kg，一个氦核（$_4^2 He$）的静质量是 $m_{He0} = 6.642\,5 \times 10^{-27}$ kg，一个正电子（$_0^1 e$）的静质量是 $m_{e0} = 0.000\,9 \times 10^{-27}$ kg，求这一反应所释放的能量。

解：这一热核反应的质量亏损是

$$\begin{aligned} \Delta m &= 4m_{H0} - m_{He0} - 2m_{e0} \\ &= (4 \times 1.672\,6 - 6.642\,5 - 2 \times 0.000\,9) \times 10^{-27} \text{ kg} \\ &= 4.6 \times 10^{-29} \text{ kg} \end{aligned}$$

由原子能公式，这一反应释放的能量是

$$\Delta E_k = \Delta m_0 c^2 = 4.6 \times 10^{-29} \times (3 \times 10^8)^2 \text{ J} = 4.2 \times 10^{-12} \text{ J}$$

阶段练习题

一、选择题

1. 一宇宙飞船相对地面以 u 速度飞行。某一时刻，飞船头部信号发生器发出一光信号，光速为 c，经 Δt（飞船上的钟测量）时间后，被尾部接收器收到，飞船上的宇航员可测得飞船的固有长度为（　　　）。

　　A. $u \Delta t$　　　　　　B. $c \Delta t$　　　　　　C. $c \Delta t \sqrt{1 - (u/c)^2}$　　　　D. $c \Delta t / \sqrt{1 - (u/c)^2}$

2. 一宇宙飞船的固有长度为 L，相对于地面作匀速直线运动的速度为 v_1，若宇宙飞船的尾部有宇航员向飞船首部靶子以速度 v_2 发射一子弹，则在飞船上测得子弹从出射到击中靶的时间间隔为（　　　）。

　　A. $\dfrac{L}{v_2}$　　　　　　B. $\dfrac{L}{v_1 + v_2}$　　　　　　C. $\dfrac{L}{v_2} \sqrt{1 - \left(\dfrac{v_1}{c} \right)^2}$　　　　　D. $\dfrac{L}{v_1 + v_2} \sqrt{1 - \left(\dfrac{v_1}{c} \right)^2}$

3. 静止于某地的观测者甲测得该地发生的两个事件的时间间隔为 4 s,若乙相对于甲作匀速直线运动,乙观测这两个事件的时间间隔为 5 s,则乙相对于甲的运动速度是(c 表示真空中光速)(   )。

A. $4c/5$ B. $2c/5$ C. $3c/5$ D. $c/5$

4. 一根刚性棒静止在惯性系 S' 中,与 $O'x'$ 轴成 30°角,惯性系 S' 相对惯性系 S 沿 Ox 轴正方向匀速运动。今在惯性系 S 中观测得到该棒与 Ox 轴成 45°角,则惯性系 S' 相对于惯性系 S 的速度是(   )。

A. $(2/3)c$ B. $(1/3)c$ C. $(1/3)^{1/2}c$ D. $(2/3)^{1/2}c$

5. 惯性系 S 和 S',分别沿 x 轴和 x' 轴方向作匀速相对运动,相对速度为 u。设用固定在 S' 的钟测出该系某点先后发生两事件的时间间隔为 τ_0,而用固定在 S 的钟测出这两个事件的时间间隔为 τ。又在 S' 中的 x' 轴上固定于该系的长度为 L_0 的细杆,从 S 测得此杆的长度为 L,则(   )。

A. $\tau < \tau_0, L > L_0$ B. $\tau < \tau_0, L < L_0$

C. $\tau > \tau_0, L < L_0$ D. $\tau > \tau_0, L > L_0$

6. 实验室测得某微观粒子的总能量是它的静止能量的 R 倍,则其相对实验室的运动速度为(   )。

A. $\dfrac{c}{R-1}$ B. $\dfrac{c}{R}\sqrt{R^2-1}$ C. $\dfrac{c}{R}\sqrt{1-R^2}$ D. $\dfrac{c}{R}\sqrt{R+1}$

7. 在狭义相对论中,动能为 0.25 MeV 的电子(静止电子能量为 0.51 MeV),其运动速度约等于(   )。

A. $0.1c$ B. $0.75c$ C. $0.5c$ D. $0.85c$

二、填空题

1. 在参考系 S 中,有一个静止的面积为 200 cm² 的正方形。参考系 S' 中观测者以 $0.8c$ 的匀速度沿正方形的对角线运动。在参考系 S' 所测得的该图形的面积为_____。

2. 一个边长为 6 m 的正方形警示牌平行于铁路的墙上,一列高速火车以 210 km/h 的速度正好从旁经过此警示牌,在司机看来,此画形状是_____,所测得警示牌的面积为_____。

3. μ 粒子在它自己的参考系中测得其寿命为 2×10^{-6} s。如果 μ 粒子相对于实验室的速度为 $v = 0.988c$(c 为真空中光速),则在实验室参考系中测出 μ 粒子的寿命为_____。

4. 在加速器中 α 粒子被加速,当动能为其静止能量的 4 倍时,其质量为静止质量的_____倍。

5. 要使电子(电子静止质量 $m_e = 9.11 \times 10^{-31}$ kg)的速度从 $v_1 = 1.8 \times 10^8$ m/s 增加到 $v_2 = 2.4 \times 10^8$ m/s 必须用高能加速器对它做功_____。

阶段练习题参考答案

一、选择题

1. B;   2. A;   3. C;   4. D;   5. C;   6. B;   7. B

二、填空题

1. 120 cm^2

2. 正方形,36 m^2

3. 1.29×10^{-5} s

4. 5

5. $A = 3.4 \times 10^{-14}$ J

第3章 热力学基础

思考题参考解答

3.1 什么叫热力学,其理论基础是什么?

答:热力学是研究物体热现象的理论,它起源于人类对冷热现象的探索。其理论基础是相辅相成的宏观理论热力学和微观理论统计物理学。

热力学是从能量转化角度出发,不涉及物质结构和微观粒子的相互作用,依据对大量热现象的直接观测而总结出的基本规律(热力学第零、第一、第二和第三定律),采用逻辑推理方法探讨各种热过程中的热现象。统计物理是从"宏观物体是由大量微观粒子所构成"的基本事实出发,采用统计方法使宏观热现象得到微观层次上的解释。

3.2 平衡态和热平衡有什么区别和联系?怎样根据热平衡引进温度概念?

答:在不受外界影响的条件下,一个热力学系统的宏观性质不随时间改变的状态称为系统的平衡态。如果系统 A 和系统 B 直接接触,最后两个系统的状态不再变化共同达到平衡状态,就说它们处于热平衡。平衡态是对一个系统而言,而热平衡是指两个或多个系统而言的。处于热平衡时,几个热力学系统必有某种共同的宏观性质,这一共同的宏观性质称为系统的温度,即处于热平衡的系统具有相同的温度。

3.3 测量体温时,水银体温计在腋下的停留时间至少 5 min,为什么?

答:测量体温时,水银体温计在腋下要停留 5 min,为的是使腋下、玻璃管和管内水银三体有足够的时间达到热平衡。根据热力学第零定律,达到热平衡的三体具有共同的温度,即此时水银膨胀所表示出的温度就是人体腋下的温度。

3.4 英国化学家道尔顿的原子论的基本观点是什么?

答:1800 年前后,英国化学家道尔顿原子论的基本观点是:化合物由分子组成,分子由原子组成,原子不能用任何化学手段加以分割。

3.5 地面大气中,体积 $1 \ cm^3$ 中大概会有多少个空气分子?它们平均速率大概是多少?

答:通常温度和压强下,地面大气中体积 $1 \ cm^3$ 中大概会有 10^{19} 个气体分子,它们的平均速率为 $400\sim500 \ m/s$。

3.6 在室温下,气体分子平均速率既然可达几百米每秒,为什么打开一酒精瓶塞后,离它几米远的人不能立刻闻到酒精的气味?

答:由于在 $1 \ s$ 之内一个分子和其他分子的碰撞次数的数量级达 $10^9\sim10^{10}$ 次(几十亿次),碰撞使它们的速度大小和方向瞬息万变,使它们不能直接到达远处,即使几米远的距离也需花费一定的时间。所以打开一酒精瓶塞后,尽管酒精分子平均速率可达几百米每秒,离它几米远的人也不能立刻闻到酒精的气味。

3.7　什么是热力学系统的宏观量和微观量？

答：宏观量是整体上对系统状态(宏观性质)加以描述的物理量，又称为系统的状态参量，是实验中可以用仪器直接测得的量。例如，处于平衡状态的气体的压强、体积和温度。描述热力学系统内一个气体分子(或原子)运动状态的物理量，如分子质量、动量、能量等称为微观量。

3.8　伽尔顿板实验中，怎样理解偶然事件与统计规律之间的关系？其分布函数的意义何在？

答：伽尔顿板实验如图 3-1 所示，如果投入一个小球，小球与铁钉多次碰撞后会落入某一狭槽，重复几次发现一个小球最后落入哪个狭槽完全是偶然的，是一个偶然事件。如取少量小球一起从入口投入，经小球之间、小球与铁钉之间碰撞后，它们落入各个狭槽，形成小球按狭槽的分布。重复几次同样发现，少量小球按狭槽的分布也是完全不定的，也带有明显的偶然性。如果把大量(足够多)的小球从入口倒入，靠近入口的狭槽内的小球数较多，占总数的百分比较大，而远些狭槽内的小球数与小球总数的百分比较小，重复几次这样的实验，虽然各槽内小球数不尽相同，但各次小球按狭槽分布情况几乎相同(小球数越多，其分

图 3-1　伽尔顿板实验

布的相同性越好)，说明大量小球在伽尔顿板中按狭槽分布遵从着某种确定的规律，这确定的规律就是大量偶然事件的整体所遵从的一个统计规律。

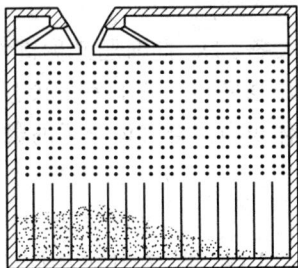

如果一方面增加狭槽的数目，另一方面使水平方向任意 x 处狭槽的宽度 Δx 都趋于零(理论上)，在各狭槽内小球累积的高度将描绘出一条连续曲线，因此可以用数学函数表示伽尔顿板实验中小球按狭槽的分布，分布函数就是数学上反映小球沿 x 位置分布的这种统计规律性，它表示小球落入 x 处附近单位区间的概率，是小球落在 x 处的概率密度。

3.9　在推导理想气体压强公式中，气体分子的 $\overline{v_x^2}=\overline{v_y^2}=\overline{v_z^2}$ 是由什么假设得到的？对非平衡态它是否成立？

答：对于平衡态气体，其分子速度按方向的分布是均匀的，也就是分子沿各个方向运动的概率是相等的，因此速度的每个分量的平方平均值应是相等的，即有 $\overline{v_x^2}=\overline{v_y^2}=\overline{v_z^2}$。对于非平衡态它不成立。

3.10　为什么对几个或十几个气体分子根本不能谈及压强概念？温度也失去了意义？

答：气体压强和温度都是宏观物理量，是统计平均量，统计平均的基础是大量个体的偶然事件。气体压强反映的是大量分子对器壁碰撞产生的集体效果(个体分子撞击力的统计平均)，温度反映的是大量分子热运动的激烈程度(平动动能的统计平均)的统计量，因此脱离了大量分子而仅对几个或几十个气体分子谈及温度是无意义的。

3.11　试从分子动理论的观点解释：为什么当气体的温度升高时，只要适当地增大容器的容积，就可以使气体的压强保持不变？

答：压强公式是 $p=2n\varepsilon_t/3$，而 $\varepsilon_t=3kT/2,p=nkT$。温度升高时，分子的平均平动动能增大，每个分子对器壁碰撞的贡献增大；容器的容积增大时，单位体积内的分子数减小，单位时间内器壁单位面积受到的碰撞分子数减少。所以，当气体的温度升高时，只要适当地增大容器的容积，就可以使气体的压强保持不变。

3.12 在铁路上行驶的火车,在海面上航行的船只,在空中飞行的飞机各有几个运动自由度?

答:在铁路上行驶的火车,有一个平动自由度。在风平浪静的海面上航行的船只,有两个平动自由度,两个转动自由度,共 4 个自由度。在空中飞行的飞机有 3 个平动自由度,3 个转动自由度,共 6 个自由度。

3.13 在一密闭容器中,储有 A,B,C 3 种理想气体,处于平衡状态的 A 种气体的分子数密度为 n_1,它产生的压强为 p_1;B 种气体的分子数密度为 $2n_1$;C 种气体的分子数密度为 $3n_1$,则混合气体的压强 p 为(　　)。

A. $3p_1$ 　　　　　 B. $4p_1$ 　　　　　 C. $5p_1$ 　　　　　 D. $6p_1$

答:D。此命题又称道尔顿分压定律,即混合气体的压强等于组成混合气体的各成分的分压强之和。处于平衡状态的 3 种理想气体,它们的温度相同,分子平均平动能相同。设单位体积内混合气体分子的数量为 n,有

$$p = 2n\varepsilon_t/3 = 2(n_1 + n_2 + n_3)\varepsilon_t/3 = 2n_1\varepsilon_t/3 + 2n_2\varepsilon_t/3 + 2n_3\varepsilon_t/3$$
$$= 2n_1\varepsilon_t/3 + 2(2n_1\varepsilon_t/3) + 3(2n_1\varepsilon_t/3) = p_1 + 2p_1 + 3p_1 = 6p_1$$

3.14 温度、压强相同的氦气和氧气,它们分子的平均动能 ε_k 和平均平动动能 ε_t 的关系为(　　)。

A. ε_k 和 ε_t 都相等 　　　　　　　　 B. ε_k 相等,而 ε_t 不相等

C. ε_t 相等,而 ε_k 不相等 　　　　　　 D. ε_k 和 ε_t 都不相等

答:C。由 $\varepsilon_t = 3kT/2$,温度相同分子的 ε_t 相等;$\varepsilon_k = ikT/2$,单原子氦气的自由度 i 为 3,双原子刚性氧气的自由度 i 为 5,它们的 ε_k 不相等。所以选 C。

3.15 试指出下列各式所表示的物理意义。

(1) $\dfrac{1}{2}kT$;(2) $\dfrac{i}{2}RT$;(3) $\dfrac{i}{2}\nu RT$(ν 为物质的量);(4) $\dfrac{3}{2}kT$。

答:(1) $\dfrac{1}{2}kT$:温度为 T 时,物质分子每个自由度的平均动能。

(2) $\dfrac{i}{2}RT$:温度为 T 时,1 mol 理想气体的内能。

(3) $\dfrac{i}{2}\nu RT$:温度为 T 时,物质的量为 ν 摩尔理想气体的内能。

(4) $\dfrac{3}{2}kT$:温度为 T 时,一个物质分子的平均平动动能。

3.16 一容器内装有 N_1 个单原子理想气体分子和 N_2 个刚性双原子理想气体分子,当该系统处在温度为 T 的平衡态时,其内能为(　　)。

A. $(N_1 + N_2)\left(\dfrac{3}{2}kT + \dfrac{5}{2}kT\right)$ 　　　　 B. $\dfrac{1}{2}(N_1 + N_2)\left(\dfrac{3}{2}kT + \dfrac{5}{2}kT\right)$

C. $N_1\dfrac{3}{2}kT + N_2\dfrac{5}{2}kT$ 　　　　　　　 D. $N_1\dfrac{5}{2}kT + N_2\dfrac{3}{2}kT$

答:C。单原子理想气体分子的能量是它的平均平动动能 $3kT/2$,N_1 个分子的能量是 $N_1 3kT/2$;刚性双原子理想气体分子能量是 $5kT/2$,N_2 个分子的能量是 $N_2 5kT/2$。因此,容器内分子内能为 C。

3.17　设有一恒温的容器,其内储有某种理想气体。若容器发生缓慢漏气,则气体的压强是否变化? 容器内气体分子的平均平动动能是否变化? 气体的内能是否变化?

答:恒温的容器,其内温度 T 不变。若容器发生缓慢漏气,则单位体积内的分子数减少, $p=nkT$,所以恒温容器内气体的压强减少。气体分子的平均平动动能为 $3kT/2$,只与温度有关,故恒温容器内气体分子的平均平动动能不变。气体的内能为 $i\nu RT/2$,漏气使得物质的量 ν 减小,故恒温容器内气体内能减少。

3.18　说平衡态气体的分子速率正好是某一确定的速率是没有意义的,为什么?

答:平常所说的平均速率或方均根速率都是统计平均值,是针对大量气体分子的,不是针对某个分子或某些少数分子的。一个分子的速度瞬时变化,某一时刻的分子速率实验是测不出的,从速率分布函数也得不到。平衡态速率分布是统计分布,可以给出 $v\sim v+\mathrm{d}v$ 的 $\mathrm{d}v$ 区间分子数的统计平均值, $\mathrm{d}v$ 区间分子数是不断变化的,所以 $\mathrm{d}v$ 区间应是宏观小微观大,微观上大到其内的分子数要满足统计平均的要求。如果 $\mathrm{d}v$ 是微观小,当然就可以说 $\mathrm{d}v$ 区间的分子速率具有某一确定的速率 v,不过这样区间很少的分子数使得其失去了统计意义。故"平衡态气体的分子速率正好是某一确定的速率"之说是没有意义的。

3.19　图 3-2 所示的是氢气和氦气在同一温度下的麦克斯韦速率分布曲线。哪一条对应的是氢气? 氢气分子的最概然速率是多少?

答:因为 $v_\mathrm{p}=1.41\sqrt{RT/M_\mathrm{mol}}$,反比于 M_mol 的平方根。因为 $M_{\mathrm{mol,H_2}}<M_\mathrm{mol,He}$, $v_\mathrm{p,H_2}>v_\mathrm{p,He}$,所以图 3-2 中右侧较平缓的那条分布曲线对应的是氢气。因为 $v_\mathrm{p,He}=1000\ \mathrm{m/s}$,由

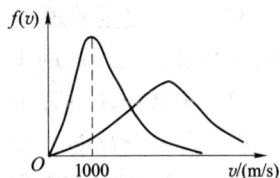

图 3-2　思考题 3.19 用图

$$\frac{v_\mathrm{p,H_2}}{v_\mathrm{p,He}}=\frac{\sqrt{M_\mathrm{mol,He}}}{\sqrt{M_\mathrm{mol,H_2}}}=\frac{\sqrt{4}}{\sqrt{2}}=\sqrt{2}$$

得到有氢气分子的最概然速率 $v_\mathrm{p,H_2}=\sqrt{2}\times1000\ \mathrm{m/s}=1414\ \mathrm{m/s}$。

3.20　已知 $f(v)$ 为麦克斯韦速率分布函数, N 为总分子数, v_p 为分子的最概然速率。说出 $\int_0^\infty vf(v)\mathrm{d}v$ 、 $\int_{v_\mathrm{p}}^\infty vf(v)\mathrm{d}v$ 、 $\int_{v_\mathrm{p}}^\infty Nf(v)\mathrm{d}v$ 各式的物理意义。

答: $\int_0^\infty vf(v)\mathrm{d}v$ 表示在 $0\sim\infty$ 速率所有分子的平均速率。

$\int_{v_\mathrm{p}}^\infty vf(v)\mathrm{d}v$ 表示在 $v_\mathrm{p}\sim\infty$ 速率所有分子的速率之和除以总分子数。

$\int_{v_\mathrm{p}}^\infty Nf(v)\mathrm{d}v$ 表示速率在 $v_\mathrm{p}\sim\infty$ 的分子数。

3.21　如果用分子总数 N 、气体分子速率 v 和它们的速率分布函数 $f(v)$ 表示,则速率分布在 $v_1\sim v_2$ 区间内的分子的平均速率是什么?

答:分布在 $v_1\sim v_2$ 速率区间内的分子的平均速率为 $\int_{v_1}^{v_2}vf(v)\mathrm{d}v/\int_{v_1}^{v_2}f(v)\mathrm{d}v$ 。

3.22　当体积不变而温度降低时,一定量理想气体的分子平均碰撞频率 $\overline{Z}$ 和平均自由程 $\overline{\lambda}$ 怎样变化?

答:平均碰撞频率 $\overline{Z}=\sqrt{2}\pi d^2\overline{v}n$,体积不变即 n 不变,温度降低使得 $\overline{v}=1.60\sqrt{kT/m}$ 变

小,故理想气体分子平均碰撞频率 $\bar{Z}$ 将减少。

平均自由程 $\bar{\lambda}=1/(\sqrt{2}\pi d^2 n)=V/(\sqrt{2}\pi d^2 N)$,$V$ 是体积。对于一定量的气体,分子数 N 不变,体积也不变,故平均自由程 $\bar{\lambda}$ 不变。

3.23 有可能对物体加热而不升高物体的温度吗?有可能不做任何热交换,而使系统的温度发生变化吗?

答:有可能对物体加热而不升高物体的温度,如理想气体的准静态的等温膨胀过程,实际的熔化、汽化过程。也有可能不做任何热交换,而使系统的温度发生变化,如理想气体的准静态的绝热过程,汽缸内的气体急速压缩和膨胀。

3.24 一定量理想气体的内能从 E_1 增大到 E_2 时,分别对应等体、等压、绝热 3 种过程的温度变化是否相同?吸热是否相同?为什么?

答:因为 $\Delta E=E_2-E_1=\nu C_V \Delta T$,$C_V$ 是常量,理想气体 3 个过程的 ΔE 相同,所以它们的温度变化 ΔT 相同。

绝热过程 $Q=0$,等体过程 $Q_V=\nu C_V \Delta T$,等压过程 $Q_p=\nu C_p \Delta T=\nu(C_V+R)\Delta T$,所以 3 个过程吸热各不相同。

3.25 一定量的理想气体,如图 3-3 所示,从 $p\text{-}V$ 图上同一初态 A 开始,分别经历 3 种不同过程过渡到不同的末态,但末态的温度相同。其中 $A \rightarrow C$ 是绝热过程,问:

(1) 在 $A \rightarrow B$ 过程中气体是吸热还是放热?为什么?

(2) 在 $A \rightarrow D$ 过程中气体是吸热还是放热?为什么?

答:3 个过程,初态温度相同,终态温度相同,它们的内能变化 ΔE 一样。$A \rightarrow C$ 绝热过程中 $Q_{AC}=\Delta E+A_Q=0$。

(1) 在 $A \rightarrow B$ 过程:图 3-3 中 $A \rightarrow B$ 曲线下的面积小于 $A \rightarrow C$ 曲线下的面积,有 $A_{AB}<A_Q$,所以有 $Q_{AB}=\Delta E+A_{AB}=Q_{AC}-A_Q+A_{AB}=A_{AB}-A_Q<0$,过程是放热的。

(2) 在 $A \rightarrow D$ 过程:$A \rightarrow D$ 曲线下的面积大于 $A \rightarrow C$ 曲线下的面积,有 $A_{AD}>A_Q$,所以有 $Q_{AD}=\Delta E+A_{AD}=Q_{AC}-A_Q+A_{AD}=A_{AD}-A_Q>0$,过程是吸热的。

3.26 讨论理想气体在下述过程中,ΔE、ΔT、A 和 Q 的正负。

(1) 图 3-4(a)中的 $1-2-3$ 和 $1-2'-3$ 过程(1、3 是等温线上两点);

(2) 图 3-4(b)中的 $1-2-3$ 和 $1-2'-3$ 过程(1、3 是绝热线上两点)。

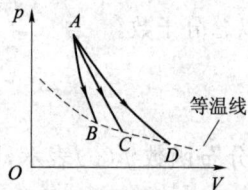

图 3-3　思考题 3.25 用图

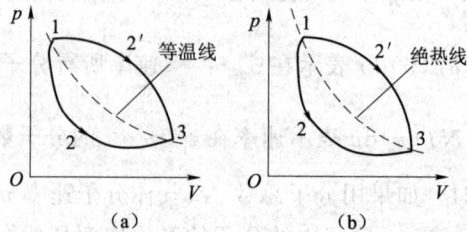

图 3-4　思考题 3.26 用图

答:(1) 图 3-4(a)中,1 和 3 状态在同一等温线上,温度相同,内能相同。

$1 \rightarrow 3$ 过程:$\Delta T=0$;$\Delta E=0$;体积膨胀有 $A_{13}>0$;$Q_{13}=\Delta E+A_{13}=A_{13}>0$。

$1-2-3$ 过程:$\Delta T=0$,$\Delta E=0$;体积膨胀有 $A_{123}>0$;$Q_{123}=\Delta E+A_{123}=A_{123}>0$。

$1-2'-3$ 过程:$\Delta T=0$,$\Delta E=0$;体积膨胀有 $A_{12'3}>0$;$Q_{12'3}=\Delta E+A_{12'3}=A_{12'3}>0$。

(2) 图 3-4(b)中,1 和 3 状态在同一绝热线上,热交换为零。

1→3 过程:体积膨胀有 $A_{13}>0$;绝热有 $Q_{13}=\Delta E_{13}+A_{13}=0$;$\Delta E_{13}=-A_{13}<0$;内能减少,$\Delta T_{13}<0$。

1—2—3 过程:$\Delta E_{123}=\Delta E_{13}<0$,$\Delta T_{123}=\Delta T_{13}<0$,体积膨胀 $A_{123}>0$;由图 3-4 中曲线下的面积,$A_{13}>A_{123}$,$Q_{123}=\Delta E_{123}+A_{123}=\Delta E_{13}+A_{123}=-A_{13}+A_{123}<0$。

1—2′—3 过程:$\Delta E_{12'3}=\Delta E_{13}<0$,$\Delta T_{12'3}=\Delta T_{13}<0$,体积膨胀 $A_{12'3}>0$;由图 3-4 中曲线下的面积,$A_{13}<A_{12'3}$,$Q_{12'3}=\Delta E_{13}+A_{12'3}=-A_{13}+A_{12'3}>0$。

3.27 $pV^\gamma=$ 常量,此方程(γ 为摩尔热容比)是否可用于理想气体自由膨胀的过程?为什么?

答:不能用于理想气体自由膨胀的过程,因为理想气体自由膨胀的过程不是准静态绝热过程。$pV^\gamma=$ 常量,这是理想气体准静态绝热过程的方程。

3.28 理想气体卡诺循环过程的两条绝热线下的面积大小(见图 3-5 中阴影部分)分别为 S_1 和 S_2,则二者的大小关系是( )。

A. $S_1>S_2$ B. $S_1=S_2$

C. $S_1<S_2$ D. 无法确定

答:B。在图 3-5 中,对于 S_1 绝热过程有 $0=\Delta E_1+A_1$,对于 S_2 的绝热过程有 $0=\Delta E_2+A_2$,因卡诺循环过程只涉及两个热源,两个绝热过程内能变化一定是 $|\Delta E_1|=|\Delta E_2|$,因此有 $|A_1|=|A_2|$。因为两条绝热线下的面积大小分别代表两过程中气体对外做功多少,所以有 $S_1=S_2$。

3.29 有人想设计一台卡诺热机,每循环一次可从 400 K 的高温热源吸热 1800 J,向 300 K 的低温热源放热 800 J,同时对外做功 1000 J。你认为设计者能成功吗?

答:不能成功。因为用热量来计算其效率为 $\eta=1-Q_2/Q_1=1-800/1800=44.4\%$,超出了一切实际热机效率的上限即可逆卡诺机效率 $\eta=1-T_2/T_1=1-300/400=25\%$。

3.30 有两个卡诺机分别使用同一个低温热库(温度 T_2),但高温热库的温度不同(分别为 T_1 和 T_1')。在图 3-6 的 p-V 图中,它们的循环曲线所包围的面积相等,那它们对外所做的净功是否相同?热循环效率是否相同?

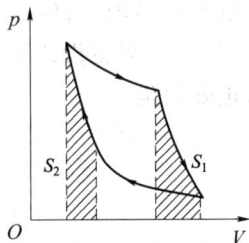

图 3-5　思考题 3.28 用图

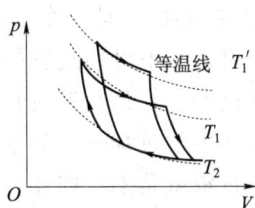

图 3-6　思考题 3.30 用图

答:整个循环过程中系统对外做的净功等于循环曲线所包围的面积。两个卡诺机在 p-V 图中,它们的循环曲线所包围的面积相等,那它们对外所做的净功相同。卡诺循环的效率只由热库的温度确定,$\eta=1-T_2/T_1$。这两个卡诺机分别使用同一个低温热库,但高温热库的温度不同,故它们的热循环的效率不相同。

3.31 一个人说:"系统经过一个正的卡诺循环后,系统本身没有任何变化。"又一个人说:"系统经过一个正的卡诺循环后,不但系统本身没有任何变化,而且外界也没有任何变化。"这两个人谁说得对?

答:系统经过一个正的卡诺循环后,系统本身没有任何变化是正确的。但此时系统对外界做功了,外界是有变化的。

3.32　在一个房间里,有一台家用电冰箱正在工作。如果打开冰箱的门,会不会使房间降温?夏天用的空调器为什么能使房间降温?

答:如果打开正在工作的冰箱的门,不但不会使房间降温,反而会使房间升温。因为对于电冰箱,两个热库都在房间,向高温热源放热 Q_1 大于从低温热源吸的热 Q_2,$Q_1 = Q_2 + A$,A 是冰箱消耗的电功。夏天空调器的高温热源是室外,低温热源是房间,逆循环从低温热源(房间)吸热在室外放热,使房间降温。

3.33　怎样理解"自然过程的方向性"?

答:一个孤立系统内部的自然过程也就是不需外界的干预而自发进行的过程,其方向性是说它们的相反的过程不能自动发生。

3.34　"理想气体和单一热源接触做等温膨胀时,吸收的热量全部用来对外做功。"对此说法,有这样的评论:"它不违反热力学第一定律,但违反了热力学第二定律。"你认为怎样?

答:评论是欠妥的。此说法不违反热力学第一定律,也不违反热力学第二定律。理想气体作为一个封闭系统,等温膨胀时 $\Delta E = 0$,由热力学第一定律 $Q = \Delta E + A = A$,表明吸收的热量全部用来对外做功并不违反能量转化与守恒的热力学第一定律。热力学第二定律所说唯一效果是热全部转化为功的过程是不可能的,此说法虽然是热全部转化为功,但由于做功对外界产生了影响,所以也不违反热力学第二定律。

3.35　下列过程为可逆过程的是(　　　　)。

A. 用活塞缓慢地压缩绝热容器中的理想气体

B. 用缓慢地旋转的叶片使绝热容器中的水温上升

C. 一滴墨水在水杯中缓慢弥散开

D. 一个不受空气及其他耗散作用的单摆的摆动

答:D。A 是不可逆过程,因为存在摩擦耗散因素;B 是不可逆过程,因为涉及功热转换不可逆因素;C 是不可逆过程,涉及分子扩散(不平衡性)的不可逆因素;D 是可逆过程,因为不涉及任何不可逆因素,摆动一个周期,摆回到原来状态,同时外界也没留下任何影响。

3.36　关于可逆和不可逆过程的判断,下述说法中,正确的是(　　　　)。

(1) 准静态过程一定是可逆过程

(2) 可逆的热力学过程一定是准静态过程

(3) 不可逆过程就是不能向相反方向进行的过程

(4) 凡无摩擦的过程,一定是可逆过程

(5) 凡是有热接触的物体,它们之间进行热交换的过程都是不可逆过程

答:(2)。(1)错,因为没有摩擦等耗散的准静态过程才是可逆过程。(3)错,因为不可逆过程不是不能向相反方向进行的过程,不可逆过程是用任何方法都不能同时使系统和外界都恢复到原来状态。(4)错,因为只有无摩擦等耗散因素的准静态过程才是可逆过程,无摩擦非准静态过程显然是不可逆的。(5)错,实际的热交换都是不可逆的,但如果有热交换的两个物体温度差无限小,它们之间的热交换在理论上是可逆的。

3.37　根据热力学第二定律判断,下列说法正确的是(　　)。

A. 热量能从高温物体传到低温物体,但不能从低温物体传到高温物体

B. 功可以全部变为热,但热不能全部变为功

C. 热力学第二定律可表述为效率等于100％的热机是不可能制造成功的

D. 有序运动的能量能够变为无序运动的能量,但无序运动的能量不能变为有序运动的能量

答：C。A 错,因为通过外力做功是可以把热量从低温物体传给高温物体的,制冷机就是这样。B 错,因为热可以全部转化为功,不过要引起其他影响,如等温膨胀过程中,系统吸收的热量全部转化为功,但体积的膨胀对外界产生了影响。D 错,无序运动的能量(热能)是可以变为有序运动的能量(功)的,热机就是这样。

3.38　一定量气体经历绝热自由膨胀。既然是绝热的,有 $dQ=0$,那么熵变也应该为零。对吗？为什么？

答：不对。因为一定量气体经历绝热自由膨胀是孤立系统的不可逆过程,熵是增加的,$\Delta S>0$。对于一定量气体的绝热膨胀的可逆过程,才有 $\Delta S=0$。

3.39　如果玻耳兹曼熵写成 $S=\ln\Omega$,为了等价,克劳修斯熵公式的表述应有什么变化？

答：克劳修斯熵和玻耳兹曼熵 $S=k\ln\Omega$ 在计算系统平衡态熵变时是等价的。$S=k\ln\Omega$ 给出了熵的微观意义,并包括了常数 k,使得后继公式中完全消去了该常量。如果玻耳兹曼熵写成 $S=\ln\Omega$,为保持等价,克劳修斯熵公式的表述应增加一个 $1/k$ 因子,变为 $dS=dQ/kT$(可逆过程),变成无量纲的数,但它还是状态函数。

3.40　热力学第二定律的微观意义和统计意义是什么？

答：热力学第二定律的微观意义是揭示了自然界的一切实际过程都是单方向进行的不可逆过程,总是沿着大量分子热运动的无序性增大的方向进行,反映的是不可逆过程的微观性质。

热力学第二定律的统计意义是孤立系统内自然过程的方向总是沿着使系统热力学概率增大的方向进行,直至热力学概率的最大值。反向的过程原则上不是不可能,只是概率极小,实际上观测不到。

3.41　一杯热水置于空气中,它总是要冷却到与周围环境相同的温度。在这一自然过程中,水的熵减少了,与熵增原理矛盾吗？说明理由。

答：不矛盾。熵增原理是指一个孤立系统内发生任何不可逆过程都会导致熵增加。而置于空气中的这杯水,因与周围环境有热量交换,因此它不是孤立系统,在冷却过程中其熵是减少了,但周围环境熵却增加了。如果水和环境作为整体,那它们组成了一孤立系统,其总熵(水减少的熵加上环境增加的熵)仍然是增加了。

3.42　热力学第三定律的说法是：热力学绝对零度不能达到。试说明：如果这一结论不成立,则热力学第二定律开尔文表述也将不成立。

答：由卡诺热机效率,如果低温热源可以达到零度,效率可以达到100％,意味着可以制造一种循环热机,不需要向冷源放热,从单一热源吸热就可以做功,效果就是热可以全部转化为功而不产生其他影响,即热力学第二定律开尔文表述将不成立。

3.43　热力学系统向外排熵,等于从外界吸收负熵。有人说,"人们在地球上的日常活动中并没有消耗能量,而是不断地消耗负熵"。此话对吗？

答：对。人体是开放系统，自身内部的不可逆过程会引起熵的不断增加，为了保持人体的低熵状态（健康）就必须不断地与周围环境进行物质或能量的交换。交换过程中，人体对物质流或能量流是收支平衡，不消耗能量（能量守恒），但人体从外界输入的是高品质低熵的物质能量，输出的是低品质高熵的物质能量，因此周围环境的熵是不断增加的。外界熵的不断增加相当于向人体不断供应"负熵"，或者说人们在地球上的日常活动中（维持生命过程中）不断地从周围环境中吸取"负熵"。

习题参考解答

3.1 技术上真空度常用 Toor（托）表示，它代表 1 mmHg 水银柱高的压强，1 atm ＝ 760 托。如果在 100 K 温度时得到一容器的真空度为 1.00×10^{-15} 托，容器内体积 1 cm^3 中还有多少气体分子？

解：根据理想气体状态方程 $p = nkT$，有

$$n = p/(kT)$$

$$= \frac{(1.00 \times 10^{-15}/760) \times 1.01 \times 10^5}{1.38 \times 10^{-23} \times 100} \text{ m}^{-3}$$

$$= 9.63 \times 10^7 \text{ m}^{-3} = 96.3 \text{ cm}^{-3}$$

3.2 一体积为 1.0×10^{-3} m^3 的容器中，含有 4.0×10^{-5} kg 氦气和 4.0×10^{-5} kg 氢气，它们的温度为 27℃，试求容器中混合气体的压强。

解：容器中氦气分子数密度 n_1 和容器中氢气分子数密度 n_2 分别为

$$n_1 = \frac{N_{He}}{V} = \frac{M_{He}}{M_{He,mol}} N_A/V = \frac{4.0 \times 10^{-5}}{4 \times 10^{-3}} \times \frac{6.02 \times 10^{23}}{1.0 \times 10^{-3}} \text{ m}^{-3} = 6.02 \times 10^{24} \text{ m}^{-3}$$

$$n_2 = \frac{N_{H2}}{V} = \frac{M_{H2}}{M_{H2,mol}} N_A/V = \frac{4.0 \times 10^{-5}}{2 \times 10^{-3}} \times \frac{6.02 \times 10^{23}}{1.0 \times 10^{-3}} \text{ m}^{-3} = 12.0 \times 10^{24} \text{ m}^{-3}$$

由气体压强公式和道尔顿分压定律，容器中混合气体的压强 p 为

$$p = n_1 kT + n_2 kT$$

$$= (6.03 + 12.0) \times 10^{24} \times 1.38 \times 10^{-23} \times (27 + 273) \text{ Pa}$$

$$= 7.46 \times 10^4 \text{ Pa}$$

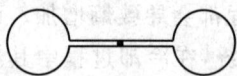

图 3-7 习题 3.3 用图

3.3 在图 3-7 中，用光滑细管相连通的两个容器的容积相等，并分别储有相同质量的 N$_2$ 和 O$_2$ 气体，而它们具有 40 K 的温差。管子中置一小滴水银，当水银滴在正中不动时，N$_2$ 和 O$_2$ 的温度各为多少？它们的摩尔质量分别为 $M_{mol,N_2} = 28 \times 10^{-3}$ kg·mol^{-1} 和 $M_{mol,O_2} = 32 \times 10^{-3}$ kg·mol^{-1}。

解：N$_2$ 的状态方程为

$$p_{N_2} V_{N_2} = (m_{N_2}/M_{mol,N_2})RT_{N_2}$$

O$_2$ 的状态方程为

$$p_{O_2} V_{O_2} = (m_{O_2}/M_{mol,O_2})RT_{O_2}$$

因 $V_{N_2} = V_{O_2}$，$p_{N_2} = p_{O_2}$，上两式的右边相等。又因 $m_{N_2} = m_{O_2}$，$M_{mol,N_2} < M_{mol,O_2}$，所以 $T_{N_2} < T_{O_2}$，有 $T_{O_2} - T_{N_2} = 40$ K。可得

$$\frac{T_{N_2}}{M_{mol,N_2}} = \frac{T_{O_2}}{M_{mol,O_2}} = \frac{T_{N_2}+40}{M_{mol,O_2}}$$

把 $M_{mol,N_2}=28\times10^{-3}\ kg\cdot mol^{-1}$ 和 $M_{mol,O_2}=32\times10^{-3}\ kg\cdot mol^{-1}$ 代入,有

$$\frac{T_{N_2}}{7} = \frac{T_{N_2}+40}{8}$$

得到 $T_{N_2}=280\ K$,$T_{O_2}=280+40=320\ K$ 为所求。

3.4 一正方体容器,内有质量为 m 的理想气体分子,分子数密度为 n。可以设想,容器的每壁都有 1/6 的分子数以速率 v(平均值)垂直地向自己运动,气体分子和容器壁的碰撞为完全弹性碰撞,则:

(1) 每个分子作用于器壁的冲量大小 ΔI 是多少?

(2) 每秒碰撞在一器壁单位面积上的分子数 N_0 是多少?

(3) 作用于器壁上的压强 p 又是多大?

解:(1) 在图 3-8 中 A 面,每个分子碰撞一次,其动量增量为

$$\Delta I = (-mv-mv)i = -2mvi$$

它等于器壁给予分子的冲量。因此,每个分子作用于器壁的冲量大小 $\Delta I_{分子\to器壁}=2mv$。

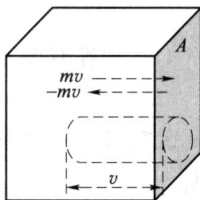

图 3-8　习题 3.4 用图

(2) 设想容器内有一个底面(面积为 $1\ m^2$)在器壁 A 面上、侧面与 A 面垂直的圆柱体,其高就是分子数速率 v。圆柱体体积内的分子数为 nv,根据题意每秒碰在器壁 A 单位面积上的分子数为 $N_0=nv/6$。

(3) 一个分子给予器壁的冲量大小是 $2mv$,每秒 $N_0=nv/6$ 个分子给予器壁,即器壁单位面积上所受到的垂直冲力(单位时间的冲量)即压强为

$$p = N_0\times2mv = nmv^2/3$$

3.5 温度为 0 ℃的分子平均平动动能为多少? 温度为 100 ℃时的分子平均平动动能为多少? 欲使分子的平均平动动能等于 0.1 eV,气体的温度需多高? ($1\ eV=1.60\times10^{-19}\ J$)

解:温度为 0 ℃时的分子平均平动动能为

$$\varepsilon_t = 3kT/2 = (3\times1.38\times10^{-23}\times273/2)\ J = 5.65\times10^{-21}\ J$$

温度为 100℃时的分子平均平动动能为

$$\varepsilon_t = 3kT/2 = (3\times1.38\times10^{-23}\times373/2)\ J = 7.72\times10^{-21}\ J$$

欲使分子的平均平动动能等于 0.1 eV,需要气体的温度为

$$T = 2\varepsilon_t/(3k) = 2\times0.1\times1.60\times10^{-19}\ K/(3\times1.38\times10^{-23}) = 773\ K$$

3.6 容器内储有氮气,其温度为 27℃,压强为 $1.013\times10^5\ Pa$。把氮气看作刚性理想气体,求:

(1) 氮气的分子数密度;

(2) 氮气的质量密度;

(3) 氮气分子质量;

(4) 氮气分子的平均平动动能;

(5) 氮气分子的平均转动动能;

(6) 氮气分子的平均动能。(摩尔气体常量 $R=8.31\ J\cdot mol^{-1}\cdot K^{-1}$,玻耳兹曼常量 $k=1.38\times10^{-23}\ J\cdot K^{-1}$。)

解:(1) 由 $p=nkT$ 可得,氮气的分子数密度为

$$n = p/(kT) = 1.013 \times 10^5 \text{ m}^{-3}/(1.38 \times 10^{-23} \times 300) = 2.45 \times 10^{25} \text{ m}^{-3}$$

(2) 由理想气体状态方程 $pV = \nu RT$,得 $V = \nu RT/p$。所以,氮气的质量密度为

$$\rho = M/V = \nu M_{mol}/V = \nu M_{mol}/(\nu RT/p)$$

$$= pM_{mol}/(RT) = [1.013 \times 10^5 \times 28 \times 10^{-3}/(8.31 \times 300)] \text{ kg/m}^3 = 1.14 \text{ kg/m}^3$$

(3) 氮气分子质量为

$$m = M_{mol}/N_A = 28 \times 10^{-3} \text{ kg}/6.02 \times 10^{23} = 4.65 \times 10^{-26} \text{ kg}$$

(4) 氮气分子的平均平动动能为

$$\varepsilon_t = 3kT/2 = (3 \times 1.38 \times 10^{-23} \times 300/2) \text{ J} = 6.21 \times 10^{-21} \text{ J}$$

(5) 刚性氮气分子为双原子分子,有 2 个转动自由度。所以,其平均转动动能为

$$\varepsilon_r = 2kT/2 = 1.38 \times 10^{-23} \times 300 \text{ J} = 4.14 \times 10^{-21} \text{ J}$$

(6) 刚性双原子分子氮气有 5 个自由度。所以,氮气分子的平均动能为

$$\varepsilon_k = 5kT/2 = (5 \times 1.38 \times 10^{-23} \times 300/2) \text{ J} = 1.04 \times 10^{-20} \text{ J}$$

3.7　1 mol 氧气储于一氧气瓶中,温度为 27℃。假设把它视为刚性双原子分子的理想气体。

(1) 求氧气分子的平均动能;

(2) 求这些氧气分子的总平均动能和其内能;

(3) 分子总平均动能又称为内动能即理想气体的内能,若运输氧气瓶的运输车正以 10 m/s 的速率行驶,这些氧气分子的内能又是多少?

解:(1) 刚性双原子分子有 5 个自由度,所以,氧气分子的平均动能为

$$\varepsilon_k = 5kT/2 = (5 \times 1.38 \times 10^{-23} \times 300/2) \text{ J} = 1.04 \times 10^{-20} \text{ J}$$

(2) 刚性双原子分子的理想气体内能 E 就是所有分子的总平均动能 E_k。有

$$E_k = E = i\nu RT/2 = (5 \times 8.31 \times 300/2) \text{ J} = 6.23 \times 10^3 \text{ J}$$

(3) 理想气体内能是所有氧气分子的热运动能量,只与温度有关,与气体的有序运动无关,故这些氧气分子的内能还是

$$E = i\nu RT/2 = 6.23 \times 10^3 \text{ J}$$

3.8　若某容器内温度为 300 K 的二氧化碳气体(刚性分子理想气体)的内能为 3.74×10^3 J,则该容器内气体分子总数是多少?

解:刚性二氧化碳分子有 5 个自由度。如设气体分子总数为 N,则二氧化碳气体的内能为 $E = N \cdot (5kT/2)$,所以有

$$N = 2E/(5kT) = (2 \times 3.74 \times 10^3) \text{ 个}/(5 \times 1.38 \times 10^{-23} \times 300) = 3.60 \times 10^{23} \text{ 个}$$

3.9　金属导体中的自由电子在金属内部作无规则运动,与容器中的气体分子很类似,称为电子气。设金属中共有 N 个自由电子,其中电子的最大速率为 v_F(称为费米速率)。已知电子速率在 $v \sim v + dv$ 之间的概率为

$$\frac{dN}{N} = \begin{cases} Av^2 dv, & 0 \leqslant v \leqslant v_F \\ 0, & v > v_F \end{cases}$$

式中,A 为常数。

(1) 用分布函数归一化条件定出常数 A。

(2) 求出 N 个自由电子的平均速率。

解：（1）根据分布函数归一化条件，有

$$\int_0^\infty f(v)\mathrm{d}v = \int_0^{v_F} Av^2\mathrm{d}v = Av^3/3 \mid_0^{v_F} = Av_F^3/3 = 1$$

得 $A = 3/v_F^3$。

（2）N 个自由电子的平均速率为

$$\bar{v} = \int_0^\infty vf(v)\mathrm{d}v = \int_0^{v_F}(3/v_F^3)v^3\mathrm{d}v = (3/v_F^3)v^4/4 \mid_0^{v_F} = 3v_F/4$$

3.10 有 N 个分子，设其速率分布曲线如图 3-9 所示，求：

（1）其速率分布函数；

（2）速率分别大于 v_0 和小于 v_0 的分子数；

（3）分子的平均速率；

（4）分子的方均根速率和分子的最概然速率。

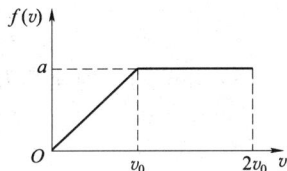

图 3-9 习题 3.10 用图

解：（1）在 $0 \leqslant v \leqslant v_0$ 速率区间，分布函数为 $f(v) = \dfrac{a}{v_0}v$；

当 $v \geqslant v_0$ 时，分布函数为 $f(v) = a$。由分布函数归一化条件，有

$$\int_0^{v_0}(a/v_0)v\mathrm{d}v + \int_{v_0}^{2v_0}a\,\mathrm{d}v = 1$$

积分整理得 $a = 2/(3v_0)$。所以，速率分布函数为

$$f(v) = \begin{cases} 2v/(3v_0^2), & 0 \leqslant v \leqslant v_0 \\ 2/(3v_0), & v_0 \leqslant v \leqslant 2v_0 \\ 0, & v \geqslant 2v_0 \end{cases} .$$

（2）速率大于 v_0 的分子数为

$$\Delta N_1 = \int_{v_0}^{2v_0} Nf(v)\mathrm{d}v = \int_{v_0}^{2v_0} N(2/3v_0)\mathrm{d}v$$

$$= N(2/3v_0)v \mid_{v_0}^{2v_0} = 2N/3$$

总分子数为 N，速率小于 v_0 的分子数 $\Delta N_2 = N - 2N/3 = N/3$。

或者由积分计算，有

$$\Delta N_2 = \int_0^{v_0} N2v/(3v_0^2)\mathrm{d}v = Nv^2/(3v_0^2) \Big|_0^{v_0} = N/3$$

（3）分子的平均速率为

$$\bar{v} = \int_0^\infty vf(v)\mathrm{d}v = \int_0^{v_0}(2v^2/3v_0^2)\mathrm{d}v + \int_{v_0}^{2v_0}(2v/3v_0)\mathrm{d}v$$

$$= 2v_0/9 + v_0 = 11v_0/9$$

（4）分子速率平方的平均值为

$$\overline{v^2} = \int_0^\infty v^2 f(v)\mathrm{d}v = \int_0^{v_0}(2v^3/3v_0^2)\mathrm{d}v + \int_{v_0}^{2v_0}(2v^2/3v_0)\mathrm{d}v$$

$$= v^4/(6v_0^2) \Big|_0^{v_0} + 2v^3/(9v_0) \Big|_{v_0}^{2v_0} = 31v_0^2/18$$

所以，分子的方均根速率 $\sqrt{\overline{v^2}} = \sqrt{31v_0^2/18} = 1.31v_0$。因为速率分布函数 $f = f(v)$ 的极大值不存在，所以分子的最概然速率也不存在。

3.11 氧气在温度为 27℃、压强为 1 atm 时,分子的均方根速率为 485 m/s,那么在温度为 27℃、压强为 0.5 atm 时,分子的均方根速率是多少? 分子的最概然速率是多少? 分子的平均速率是多少?

解:(1) 由 $\sqrt{\overline{v^2}} = \sqrt{3RT/M_{mol}}$ 可知,同种分子的方均根速率只与温度有关,所以温度为 27℃,压强为 0.5 atm 时分子的均方根速率仍然为 485 m/s。

(2) 均方根速率 $\sqrt{\overline{v^2}} = \sqrt{3RT/M_{mol}}$,最概然速率 $v_p = \sqrt{2RT/M_{mol}}$,所以有

$$v_p = \sqrt{2/3}\sqrt{\overline{v^2}} = \sqrt{2/3} \times \sqrt{485} \text{ m/s} = 396 \text{ m/s}$$

(3) 分子的平均速率为

$$\bar{v} = \sqrt{8RT/(\pi M_{mol})} = \sqrt{8/3\pi}\sqrt{\overline{v^2}}$$
$$= \sqrt{8/3\pi} \times \sqrt{485} \text{ m/s} = 447 \text{ m/s}$$

3.12 一真空管的线度为 10^{-2} m,真空度为 1.33×10^{-3} Pa。设空气分子的有效直径为 3×10^{-10} m,近似计算 27℃ 时管内空气分子的平均自由程和平均碰撞频率。

解:空气的分子数密度为 $n = p/(kT)$,一般情况下空气分子的平均自由程为

$$\bar{\lambda} = \frac{1}{\sqrt{2}\pi d^2 n} = \frac{kT}{\sqrt{2}\pi d^2 p} = \frac{1.38 \times 10^{-23} \times 300}{\sqrt{2}\pi \times (3 \times 10^{-10})^2 \times 1.33 \times 10^{-3}} \text{ m} = 7.82 \text{ m}$$

不过,真空管的线度只有 10^{-2} m,气体分子相互之间很少发生碰撞,只是不断地来回碰撞真空管的壁,因此气体分子的平均自由程应该是容器的线度,即 $\bar{\lambda} = 10^{-2}$ m。

空气分子的平均碰撞频率为

$$\bar{Z} = \frac{\bar{v}}{\bar{\lambda}} = \frac{1}{\bar{\lambda}}\sqrt{\frac{8RT}{\pi M_{mol}}} = \frac{1}{10^{-2}} \times \sqrt{\frac{8 \times 8.31 \times 300}{2.9 \times 10^{-2}\pi}} \text{ s}^{-1} = 4.68 \times 10^4 \text{ s}^{-1}$$

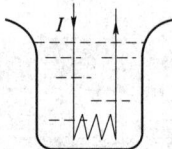

图 3-10 习题 3.13 用图

3.13 如图 3-10 所示,开口薄玻璃杯内盛有 1.0 kg 的水,用"热得快"(电热丝)加热。已知在通电使水从 25℃ 升高到 75℃ 的过程中,电流做功为 4.2×10^5 J,忽略薄玻璃杯的吸热,那么水从周围环境吸收的热量是多少? 设水的比热容为 4.2×10^3 J/(kg·K)。

解:水从 25℃ 升高到 75℃ 需要吸收的热量为

$$Q = cm\Delta T$$

设电流做功为 A,水从周围环境吸收的热量为 Q',根据能量守恒定律,水从周围环境吸收的热量是

$$Q' = Q - A = cm\Delta T - A$$
$$= 4.2 \times 10^3 \times 1.0 \times (75 - 25) \text{ J} - 4.2 \times 10^5 \text{ J}$$
$$= -2.1 \times 10^5 \text{ J}$$

负号表示水向周围环境放热。

3.14 理想气体经历某一过程,其过程方程为 $pV = C$(C 为正的常数),气体体积从 V_1 膨胀到 V_2,求气体所做的功。

解:理想气体体积从 V_1 膨胀到 V_2 所做的功为

$$A = \int_{V_1}^{V_2} p\,dV = \int_{V_1}^{V_2} (C/V)\,dV = C\ln(V_2/V_1)$$

3.15 如图 3-11 所示，一系统由状态 a 沿 acb 过程到达状态 b 时，吸收了 650 J 的热量且对外做了 450 J 的功。

(1) 如果它沿 adb 过程到达状态 b 时，对外做了 200 J 的功，它吸收了多少热量？

(2) 当它由状态 b 沿曲线 ba 返回状态 a 时，外界对它做了 330 J 的功，它吸收了多少热量？

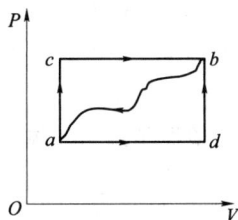

图 3-11　习题 3.15 用图

解：对于 acb 过程，根据热力学第一定律 $Q_{acb}=\Delta E_{acb}+A_{acb}$ 得内能增量为

$$\Delta E_{acb}=Q_{acb}-A_{acb}=650\text{ J}-450\text{ J}=200\text{ J}$$

(1) adb 过程中，$\Delta E_{adb}=\Delta E_{acb}=200\text{ J}$，$A_{adb}=200\text{ J}$。由热力学第一定律得

$$Q_{adb}=\Delta E_{adb}+A_{adb}=200\text{ J}+200\text{ J}=400\text{ J}$$

(2) ba 过程中，$\Delta E_{ba}=-\Delta E_{acb}=-200\text{ J}$，$A_{ba}=-330\text{ J}$，由热力学第一定律得

$$Q_{ba}=\Delta E_{ba}+A_{ba}=-200\text{ J}-330\text{ J}=-530\text{ J}$$

3.16 某种理想气体的比热容比 $\gamma=1.33$，求其摩尔等体热容和摩尔等压热容。

解：比热容比 $\gamma=C_{p,\text{m}}/C_{V,\text{m}}$，迈耶公式 $C_{p,\text{m}}=C_{V,\text{m}}+R$，摩尔等体热容为

$$C_{V,\text{m}}=R/(\gamma-1)=[8.31/(1.33-1)]\text{ J/mol}=25.2\text{ J/mol}$$

摩尔等压热容为

$$C_{p,\text{m}}=\gamma C_{V,\text{m}}=33.5\text{ J/mol}$$

3.17 一定量的理想气体对外做了 500 J 的功。

(1) 如果过程是等温的，气体吸了多少热？

(2) 如果过程是绝热的，气体的内能改变了多少？

解：(1) 等温过程 $\Delta E=0$，气体吸收的热量为

$$Q=\Delta E+A=A=500\text{ J}$$

(2) 绝热过程 $Q=0$，气体的内能增量为

$$\Delta E=Q-A=-A=-500\text{ J}$$

3.18 试由绝热过程的过程方程推导理想气体从状态 1 变化到状态 2 的绝热过程中，系统对外做功的表达式。

解：由绝热过程的过程方程 $pV^{\gamma}=C$，可得

$$A=\int_{V_1}^{V_2}p\,\mathrm{d}V=\int_{V_1}^{V_2}(C/V^{\gamma})\,\mathrm{d}V=(CV_2^{1-\gamma}-CV_1^{1-\gamma})/(1-\gamma)$$

$$=(p_2V_2^{\gamma}V_2^{1-\gamma}-p_1V_1^{\gamma}V_1^{1-\gamma})/(1-\gamma)$$

$$=(p_1V_1-p_2V_2)/(\gamma-1)$$

3.19 一定量的某单原子理想气体的初态为 $p_1=1.0$ atm、$V=1.0$ L。在无摩擦及无其他耗散的情况下，理想气体在等压过程中体积变为初态的 2 倍，接着在等体过程中压强又变为初态的 2 倍，最后在绝热膨胀过程中温度下降到初态温度。设这些过程都是准静态过程。（1 atm $=1.013\times10^5$ Pa，1 m³ $=1000$ L。）

(1) 在 p-V 图上画出整个过程；

(2) 求整个过程中气体内能的改变、所吸收的热量及气体所做的功。

解：(1) $p\text{-}V$ 图如图 3-12 所示。

(2) 气体末态与初态温度一样，气体内能的增量 $\Delta E = 0$。单原子理想气体定压摩尔热容 $C_{p,m} = 5R/2$，所以 $a \to b$ 等压过程中气体吸热为

$$Q_{ab} = \nu C_{p,m}(T_b - T_a) = 5R\nu(T_b - T_a)/2$$
$$= 5(P_b V_b - P_a V_a)/2 = 5p_1 V/2$$

单原子理想气体 $C_{V,m} = 3R/2$，$b \to c$ 等体过程中气体吸热为

$$Q_{bc} = \nu C_{V,m}(T_c - T_b) = 3\nu R(T_c - T_b)/2$$
$$= 3(P_c V_c - P_b V_b)/2 = 3p_1 V$$

$c \to d$ 绝热过程中气体吸热 $Q_{cd} = 0$。所以，整个过程中气体吸热为

$$Q = Q_{ab} + Q_{bc} + Q_{cd} = 5p_1 V/2 + 3p_1 V = (11/2)p_1 V$$
$$= (11/2) \times (1.013 \times 10^5 \times 1.0 \times 10^{-3}) \, \text{J} = 557 \, \text{J}$$

由热力学第一定律，整个过程气体所做的功为

$$A = Q - \Delta E = Q = 557 \, \text{J}$$

3.20 1 mol 单原子分子理想气体，进行如图 3-13 所示的循环。试求循环的效率。

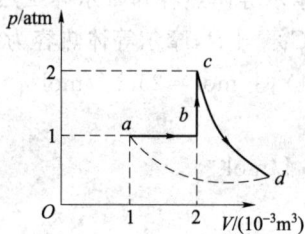

图 3-12　习题 3.19 用图　　　　图 3-13　习题 3.20 用图

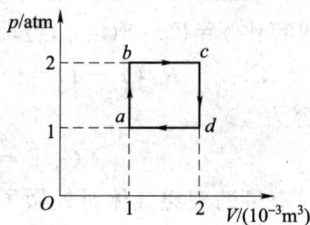

解：$a \to b$ 等体过程中，有

$$Q_{ab} = \nu C_V(T_b - T_a) = 3R(T_b - T_a)/2$$
$$= 3(p_b V_b - p_a V_a)/2 = (3/2)p_a V_a > 0$$

$b \to c$ 等压过程中，有

$$Q_{bc} = \nu C_p(T_c - T_b) = 5R(T_c - T_b)/2$$
$$= 5(p_c V_c - p_b V_b)/2 = (5/2)p_b V_b = 5p_a V_a > 0$$

$c \to d$ 等体过程中，有

$$Q_{cd} = \nu C_V(T_d - T_c) = 3R(T_d - T_c)/2$$
$$= 3(p_d V_d - p_c V_c)/2 = -3p_a V_a < 0$$

$d \to a$ 等压过程中，有

$$Q_{da} = \nu C_p(T_a - T_d) = 5R(T_a - T_d)/2$$
$$= 5(p_a V_a - p_d V_d)/2 = -(5/2)p_a V_a < 0$$

循环过程的效率为

$$\eta = 1 - \frac{Q_2}{Q_1} = 1 - \frac{|Q_{cd}| + |Q_{da}|}{Q_{ab} + Q_{bc}} = 1 - \frac{3 + 5/2}{5 + 3/2}$$
$$= 1 - \frac{11}{13} = 15.4\%$$

3.21　1 mol 单原子理想气体的循环过程如图 3-14 所示,其中 c 点的温度为 $T_c =$ 600 K,试求循环效率。($\ln 2 \approx 0.693$。)

解:图 3-14 中 $c \to a$ 为等温过程,有 $T_a = T_c = 600$ K。图 3-14 中 $a \to b$ 为等压过程,有 $V_a/T_a = V_b/T_b$,且 $V_a = 2V_b$,所以 $T_b = T_a/2 = 300$ K。

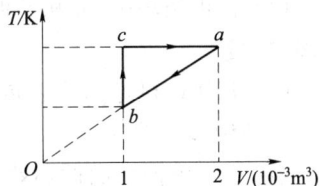

图 3-14　习题 3.21 用图

$a \to b$ 等压过程中,有

$$Q_{ab} = C_p(T_b - T_a) = 5R(300 - 600)/2 = -750R < 0$$

$b \to c$ 等体过程中,有

$$Q_{bc} = C_V(T_c - T_b) = 3R(600 - 300)/2 = 450R > 0$$

$c \to a$ 等温过程中,有

$$Q_{ca} = RT_a \ln(V_a/V_c) = R \times 600 \times \ln(2 \times 10^{-3}/1 \times 10^{-3}) = 600R\ln2 > 0$$

所以,循环过程效率为

$$\eta = 1 - \frac{Q_2}{Q_1} = 1 - \frac{|Q_{ab}|}{Q_{bc} + Q_{ca}} = 1 - \frac{750R}{450R + 600R\ln2} = 13.4\%$$

3.22　卡诺热机工作于 50℃ 的低温热源和 100℃ 的高温热源之间,在一个循环中做功 10.5×10^5 J。试求热机在一个循环中吸收和放出的热量至少应为多少?

解:工作于这两个热源的热机效率 $\eta = A/Q_1$,而无摩擦准静态卡诺循环的热机效率 $\eta_卡 = 1 - T_2/T_1$ 最高。因此,在一个循环中热机吸收的热量至少应为

$$Q_1 = A/\eta = A/\eta_卡 = AT_1/(T_1 - T_2)$$
$$= 1.05 \times 10^5 \times (100 + 273.15) \text{J}/(100 - 50)$$
$$= 7.84 \times 10^5 \text{ J}$$

一个循环中热机放出的热量至少应为

$$-Q_2 = -(Q_1 - A) = -(7.84 \times 10^5 - 1.05 \times 10^5) \text{J} = -6.79 \times 10^5 \text{ J}$$

3.23　一热机由温度为 727℃ 的高温热源吸热,向温度为 527℃ 的低温热源放热。若热机在最大效率下工作,且每一循环吸热 2000 J,则此热机每一循环做功多少?

解:工作于这两个热源的最大热机效率为

$$\eta = A/Q_1 = 1 - T_2/T_1 = 1 - (527 + 273)/(727 + 273) = 0.200$$

则此热机每一循环做功为

$$A = \eta Q_1 = 0.200 \times 2000 \text{ J} = 400 \text{ J}$$

3.24　一卡诺热机工作于温度为 727℃ 与 27℃ 的两个热源之间,如果将高温热源的温度提高 100℃,或者将低温热源的温度降低 100℃,试问理论上热机的效率各增加多少?

解:改变热源温度前,热机的效率为

$$\eta_卡 = 1 - T_2/T_1 = 1 - (27 + 273)/(727 + 273) = 70\%$$

将高温热源的温度提高 100℃ 以后,热机的效率为

$$\eta_卡 = 1 - T_2/T_1' = 1 - (27 + 273)/(727 + 100 + 273) = 72.7\%$$

此时热机的效率增加了 2.7%。

将低温热源的温度降低 100℃ 以后,热机的效率为

$$\eta_卡 = 1 - T_2'/T_1 = 1 - (27 - 100 + 273)/(727 + 273) = 80\%$$

此时热机的效率增加了 10%。

3.25 一理想卡诺热机工作于温度为 27℃ 和 127℃ 两个热源之间。

（1）在正循环中，如从高温热源吸收 1200 J 的热量，将向低温热源放出多少热量？对外做多少功？

（2）若使该机逆循环运转，如从低温热源吸收 1200 J 的热量，将向高温热源放出多少热量？对外做多少功？

解：（1）正循环的循环效率为

$$\eta_卡 = A/Q_1 = 1 - T_2/T_1$$

完成一个循环对外做功为

$$A = \eta_卡 Q_1 = [1 - (27 + 273)/(127 + 273)] \times 1200\,\text{J} = 300\,\text{J}$$

向低温热源放出的热量为

$$-Q_2 = -(Q_1 - A) = -(1200 - 300)\,\text{J} = -900\,\text{J}$$

（2）逆循环的制冷系数为

$$w_c = Q_2/A_{\text{out}} = T_2/(T_1 - T_2) = (27 + 273)/(127 + 273 - 27 - 273) = 3$$

完成一个循环对外做功为

$$A = -A_{\text{out}} = -Q_2/w_c = -1200\,\text{J}/3 = -400\,\text{J}$$

向高温热源放出的热量为

$$-Q_1 = -(A_{\text{out}} + Q_2) = -(400 + 1200)\,\text{J} = -1600\,\text{J}$$

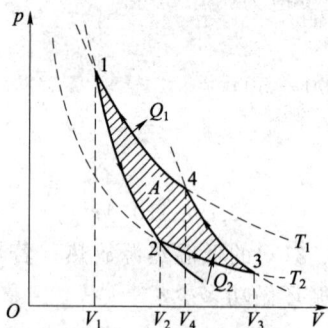

图 3-15　习题 3.26 用图

3.26 对于工作于高温热源（温度 T_1）和低温热源（温度 T_2）之间以理想气体为工质的卡诺制冷机，证明工质完成一卡诺制冷循环的制冷系数为 $w_c = \dfrac{T_2}{T_1 - T_2}$。

证明：卡诺制冷循环过程如图 3-15 所示。2→3 等温过程，有

$$Q_{23} = \nu R T_2 \ln(V_3/V_2) = Q_2 > 0$$

4→1 等温过程，有

$$Q_{41} = \nu R T_1 \ln(V_1/V_4) = -Q_1 < 0$$

1→2 和 3→4 绝热过程，有

$$Q_{12} = Q_{34} = 0$$

由此，卡诺制冷循环的制冷系数可写为

$$w_c = \frac{Q_2}{Q_1 - Q_2} = \frac{T_2 \ln(V_3/V_2)}{T_1 \ln(V_4/V_1) - T_2 \ln(V_3/V_2)}$$

1→2 绝热过程有 $T_1 V_1^{\gamma-1} = T_2 V_2^{\gamma-1}$，3→4 绝热过程有 $T_2 V_3^{\gamma-1} = T_1 V_4^{\gamma-1}$，将两式相比得 $V_2/V_1 = V_3/V_4$，或者说是 $V_4/V_1 = V_3/V_2$。把它代入上式证题得证，有

$$w_c = \frac{T_2}{T_1 - T_2}$$

3.27 对于工作于高温热源（温度 T_1）和低温热源（温度 T_2）之间以理想气体为工质的卡诺热泵，证明工质完成一卡诺循环时热泵的供热效率为 $w_h = \dfrac{T_1}{T_1 - T_2}$。

证明：参考图 3-15，此时只不过是变为正循环。与题 3.26 对应可知，$Q_{4\rightarrow3} = Q_{2\rightarrow1} = 0$，

$1 \rightarrow 4$ 吸热为

$$Q_{1 \rightarrow 4} = -Q_{41} = \nu R T_1 \ln(V_4/V_1) > 0$$

$3 \rightarrow 2$ 放热为

$$Q_{3 \rightarrow 2} = -Q_{23} = \nu R T_2 \ln(V_2/V_3) < 0$$

所以,工质完成一卡诺制冷循环时热泵的供热效率为

$$w_{\mathrm{h}} = \frac{Q_1}{Q_1 - Q_2} = \frac{Q_{1 \rightarrow 4}}{Q_{1 \rightarrow 4} - (-Q_{3 \rightarrow 2})} = \frac{T_1 \ln(V_4/V_1)}{T_1 \ln(V_4/V_1) - T_2 \ln(V_3/V_2)}$$

和题 3.26 一样,通过两个绝热过程可得 $V_4/V_1 = V_3/V_2$,代入上式,此题得证,有

$$w_{\mathrm{h}} = \frac{T_1}{T_1 - T_2}$$

3.28　家用冰箱的箱内要保持 270 K,箱外空气的温度为 300 K。试按卡诺制冷循环计算冰箱的制冷系数。

解:按卡诺制冷循环冰箱的制冷系数为

$$w_{\mathrm{c}} = \frac{T_2}{T_1 - T_2} = \frac{270}{300 - 270} = 9$$

3.29　一台电冰箱,为了制冰从 260 K 的冷冻室取走热量 209 kJ。如果室温是 300 K,试问电流做功至少应为多少(假定冰箱为理想卡诺制冷机)? 如果此冰箱能以 0.209 kJ/s 的速率取出热量,试问所需压缩机的功率至少多大?

解:冰箱的制冷系数为

$$w_{\mathrm{c}} = \frac{Q_2}{A_{\mathrm{out}}} = \frac{T_2}{T_1 - T_2} = \frac{260}{300 - 260} = 6.50$$

电流做功至少应为

$$A_{\mathrm{out}} = Q_2/w_{\mathrm{c}} = 209/6.50 = 32.2 \text{ kJ}$$

如果冰箱以 0.209 kJ/s 速率取出热量,由 $w = \dfrac{\Delta Q_2/\Delta t}{\Delta A_{\mathrm{out}}/\Delta t}$,压缩机的功率至少应为

$$P = \frac{\Delta A_{\mathrm{out}}}{\Delta t} = \frac{\Delta Q_2}{\Delta t \cdot w} = \frac{0.209 \times 10^3}{6.50} \text{W} = 32.2 \text{ W}$$

3.30　以可逆卡诺循环方式工作的制冷机,在某环境下它的制冷系数为 $w_{\mathrm{c}} = 30.3$,在同样环境下把它用作为热机,则其效率为多大?

解:由 $w_{\mathrm{c}} = T_2/(T_1 - T_2)$,可得

$$T_2/T_1 = w_{\mathrm{c}}/(w_{\mathrm{c}} + 1)$$

由此可得,同样环境下热机的效率为

$$\eta_{\mathrm{卡}} = 1 - T_2/T_1 = 1 - w_{\mathrm{c}}/(w_{\mathrm{c}} + 1) = 1 - 30.3/(30.3 + 1) = 3.3\%$$

3.31　冬天室外温度设为 $-10\,^{\circ}\mathrm{C}$,室内温度为 $18\,^{\circ}\mathrm{C}$。设工作于这两个温度之间以卡诺制冷循环为基础的热泵的供热效率 w_{h} 是多大? 如果消耗 4.0 kJ 的电能,室内从室外最多获得的热量是多少?

解:热泵的供热效率为

$$w_{\mathrm{h}} = Q_1/A_{\mathrm{out}} = T_1/(T_1 - T_2) = (18 + 273)/(18 + 10) = 10.4$$

室内得到的热能是电能和从室外泵进的热能之和,有

$$Q_1 = A_{\mathrm{out}} w_{\mathrm{h}} = 4.0 \times 10^3 \times 10.4 \text{ J} = 4.16 \times 10^4 \text{ J}$$

室内从室外最多获得的热量为

$$Q = Q_1 - A_{out} = 4.16 \times 10^4 \text{ kJ} - 4.0 \times 10^3 \text{ kJ} = 37.6 \text{ kJ}$$

3.32 设物质的量为 ν(mol)的某种物质,该物质在某过程中具有恒定的摩尔热容 C_m。

(1) 试求此物质由温度 T_1 变化到 T_2 时熵的变化;

(2) 讨论升温和降温过程中该物质熵的变化。

解:(1) 设此物质由温度 T_1 变化到 T_2 平衡态经历一可逆过程,所以其熵变为

$$\Delta S = S_2 - S_1 = \int \frac{\mathrm{d}Q}{T} = \int_{T_1}^{T_2} \frac{\nu C_m \mathrm{d}T}{T} = \nu C_m \ln \frac{T_2}{T_1}$$

(2) 升温 $T_2 > T_1$,$\Delta S > 0$,熵增加;降温 $T_2 < T_1$,$S_2 < S_1$,熵减少。

3.33 设在温度为 600 K 与温度为 500 K 的两个恒温热源之间产生不可逆的热传递,传递的热量为 1000 kJ。试计算热传递过程中两个热源的熵变和总熵变。

解:设高温热源放出热量过程为某一可逆等温过程,所求高温热源的熵变为

$$\Delta S_1 = \int \frac{\mathrm{d}Q}{T_1} = \frac{1}{T_1} \int \mathrm{d}Q = \frac{\Delta Q_1}{T_1} = \frac{-1000 \times 10^3}{600} \text{ J/K} = -1.67 \times 10^3 \text{ J/K}$$

同样,设低温热源吸收热量过程为某一可逆等温过程,所求低温热源的熵变为

$$\Delta S_2 = \int \frac{\mathrm{d}Q}{T_2} = \frac{1}{T_2} \int \mathrm{d}Q = \frac{\Delta Q_2}{T_2} = \frac{1000 \times 10^3}{500} \text{ J/K} = 2.00 \times 10^3 \text{ J/K}$$

两热源的总熵变为

$$\Delta S = \Delta S_1 + \Delta S_2 = 3.33 \times 10^2 \text{ J/K}$$

3.34 水蒸气在 24℃时的饱和气压为 0.0298×10^5 Pa。在此条件下,1 kg 的蒸汽凝结成水放热 2.44×10^6 J,求此过程中相变的熵增。

解:设蒸汽等温凝结成水的过程是一可逆等温过程,所求相变的熵增为

$$\Delta S = \int \frac{\mathrm{d}Q}{T} = \frac{1}{T} \int \mathrm{d}Q = \frac{\Delta Q}{T} = \frac{-2.44 \times 10^6}{24 + 273} \text{ J/K} = -8.22 \times 10^3 \text{ J/K}$$

3.35 设比热为 c,质量为 m 的一定量固态物质被缓慢加热,由温度 T_0 上升为 T_m 时开始溶化。T_m 为其熔点,设熔解热为 L。假设继续缓慢加热,使供给物质的热量恰好使其全部溶化,试求整个过程熵的变化。

解:设物质由温度 T_0 上升到 T_m 经历某一可逆过程,其熵增为

$$\Delta S_1 = \int_{T_0}^{T_m} \frac{\mathrm{d}Q}{T} = \int_{T_0}^{T_m} \frac{cm \mathrm{d}T}{T} = cm \ln \frac{T_m}{T_0}$$

设从开始熔化到全部熔化为一等温可逆过程,其熵增为

$$\Delta S_2 = \int \frac{\mathrm{d}Q}{T_m} = \frac{1}{T_m} \int \mathrm{d}Q = \frac{\Delta Q}{T_m} = \frac{mL}{T_m}$$

所以,整个过程熵的变化为

$$\Delta S = \Delta S_1 + \Delta S_2 = cm \ln \frac{T_m}{T_0} + \frac{mL}{T_m}$$

3.36 一个人的体温为 37℃,环境温度为 0℃时大约一天向周围散发 8×10^6 J 热量。如果忽略进食带进体内的熵,试估算一天之内的熵产生(人体和环境熵增之和)?

解:设人体经一等温可逆散发热量,所求其熵变为

$$\Delta S_1 = \int \frac{\mathrm{d}Q}{T_1} = \frac{1}{T_1} \int \mathrm{d}Q = \frac{\Delta Q_1}{T_1} = \frac{-8 \times 10^6}{37 + 273} \mathrm{J/K} = -2.58 \times 10^4 \ \mathrm{J/K}$$

同样,设环境经一等温可逆吸收热量,所求其熵变为

$$\Delta S_2 = \int \frac{\mathrm{d}Q}{T_2} = \frac{1}{T_2} \int \mathrm{d}Q = \frac{\Delta Q_2}{T_2} = \frac{8 \times 10^6}{0 + 273} \mathrm{J/K} = 2.93 \times 10^4 \ \mathrm{J/K}$$

一天之内人体和环境的熵产生为

$$\Delta S = \Delta S_1 + \Delta S_2 = 3.5 \times 10^3 \ \mathrm{J/K}$$

3.37 一实际制冷机工作于两恒温热源之间,热源温度分别为 $T_1 = 400 \ \mathrm{K}$ 和 $T_2 = 200 \ \mathrm{K}$。设工作物质在每一循环中,从低温热源吸收热量为 200 J,向高温热源释放热量为 600 J。

(1) 在工作物质进行的每一循环中,外界对制冷机做了多少功? 实际制冷机制冷系数是多少?

(2) 实际制冷机经过一循环后,热源和工作物质熵增及总熵变化是多少?

(3) 如果上述制冷机为可逆卡诺机,制冷系数是多少? 仍从低温热源吸收热量 200 J,则经过一循环后,外界对制冷机做了多少功? 热源和工作物质熵的总变化是多少?

解:(1) 由热力学第一定律,每一循环中外界对制冷机做功为

$$A_{\mathrm{out}} = Q - \Delta E = Q_1 - Q_2 = 600 \ \mathrm{J} - 200 \ \mathrm{J} = 400 \ \mathrm{J}$$

实际制冷机的制冷系数为

$$w_c = \frac{Q_2}{A_{\mathrm{out}}} = \frac{200}{400} = 0.5$$

(2) 设高温热源经一等温可逆过程吸热,那么高温热源每一循环的熵变为

$$\Delta S_1 = \int \frac{\mathrm{d}Q}{T_1} = \frac{1}{T_1} \int \mathrm{d}Q = \frac{\Delta Q_1}{T_1} = \frac{600}{400} \ \mathrm{J/K} = 1.5 \ \mathrm{J/K}$$

同样,设低温热源放热为一等温可逆过程,那么低温热源每一循环的熵变为

$$\Delta S_2 = \int \frac{\mathrm{d}Q}{T_2} = \frac{1}{T_2} \int \mathrm{d}Q = \frac{\Delta Q_2}{T_2} = \frac{-200}{200} \ \mathrm{J/K} = -1.0 \ \mathrm{J/K}$$

工作物质每一循环中从初态又回到初态,所以工质每一循环的熵增 $\Delta S_{\mathrm{T}} = 0$。所以,所求总熵变为

$$\Delta S = \Delta S_1 + \Delta S_2 + \Delta S_{\mathrm{T}} = 0.5 \ \mathrm{J/K}$$

(3) 可逆卡诺机的制冷系数为

$$w_c = \frac{Q_2}{A_{\mathrm{out}}} = \frac{T_2}{T_1 - T_2} = \frac{200}{400 - 200} = 1$$

外界对可逆卡诺制冷机做功为

$$A'_{\mathrm{out}} = \frac{Q'_2}{w_c} = \frac{200}{1} \ \mathrm{J} = 200 \ \mathrm{J}$$

由能量守恒定律,此过程中高温热源吸热 $Q'_1 = A'_{\mathrm{out}} + Q'_2 = 200 \ \mathrm{J} + 200 \ \mathrm{J} = 400 \ \mathrm{J}$。同样,设其经一等温可逆过程完成吸热,此时每一循环它的熵变为

$$\Delta S'_1 = \int \frac{\mathrm{d}Q}{T_1} = \frac{1}{T_1} \int \mathrm{d}Q = \frac{\Delta Q'_1}{T_1} = \frac{400}{400} \ \mathrm{J/K} = 1 \ \mathrm{J/K}$$

同样,设低温热源经一等温可逆过程完成放热,此时低温热源每一循环的熵变为

$$\Delta S'_2 = \int \frac{\mathrm{d}Q}{T_2} = \frac{1}{T_2} \int \mathrm{d}Q = \frac{\Delta Q'_2}{T_2} = \frac{-200}{200} \mathrm{J/K} = -1 \mathrm{J/K}$$

由于工质每一循环的熵增 $\Delta S_{\mathrm{I}} = 0$,所以此时总熵变化为

$$\Delta S' = \Delta S'_1 + \Delta S'_2 + \Delta S_{\mathrm{I}} = (1-1+0) \mathrm{J/K} = 0 \mathrm{J/K}$$

阶段练习题

一、选择题

1. 在标准状态下,若氢气和氦气(均视为刚性分子理想气体)的体积比 $V_1/V_2 = 1/2$,则其内能之比 E_1/E_2 为(　　)。

A. 1/2　　　　　　B. 5/6　　　　　　C. 5/3　　　　　　D. 3/10

2. 氧气和氦气(均视为刚性分子理想气体)盛放在不同的容器中,两容器体积相同,开始时它们的压强和温度都相等。现将 6 J 热量传给氦气,使之升高到一定温度。若使氧气也升高同样的温度,则应向氧气传递热量(　　)。

A. 10 J　　　　　　B. 6 J　　　　　　C. 12 J　　　　　　D. 5 J

3. 在一个盛有理想气体的封闭容器内,若容器容积不变,该气体分子平均速率提高为原来的 2 倍,则(　　)。

A. 温度和压强都提高为原来的 2 倍

B. 温度和压强都提高为原来的 4 倍

C. 温度提高为原来的 2 倍,压强提高为原来的 4 倍

D. 温度提高为原来的 4 倍,压强提高为原来的 2 倍

4. 已知 $\int_{v_1}^{v_2} mv^2 N f(v)/2 \mathrm{d}v$,其中 $f(v)$ 为气体分子速率分布函数,N 为分子总数,m 为分子质量,它表示的物理意义是(　　)。

A. 速率为 v_2 的各分子的总平均动能与速率为 v_1 的各分子的总平均动能之差

B. 速率为 v_2 的各分子的总平动动能与速率为 v_1 的各分子的总平动动能之和

C. 速率处在速率间隔 $v_1 \sim v_2$ 之内的分子的平均平动动能

D. 速率处在速率间隔 $v_1 \sim v_2$ 之内的分子平动动能之和

5. 如图 3-16 所示的各个分子速率分布曲线,哪一个图表示的是两条曲线同一温度下氮气和氦气的分子速率分布曲线?(　　)

A. (a)图　　　　　B. (b)图　　　　　C. (c)图　　　　　D. (d)图

6. 一定量的某种理想气体若体积保持不变,则其平均自由程 $\bar{\lambda}$ 和平均碰撞频率 $\bar{z}$ 与温度的关系是(　　)。

A. 温度升高,$\bar{\lambda}$ 减少而 $\bar{z}$ 增大　　　　　B. 温度升高,$\bar{\lambda}$ 增大而 $\bar{z}$ 减少

C. 温度升高,$\bar{\lambda}$ 和 $\bar{z}$ 均增大　　　　　D. 温度升高,$\bar{\lambda}$ 保持不变而 $\bar{z}$ 增大

7. 一定量的理想气体,如图 3-17 所示,a,b 两态处于同一条绝热线上(图 3-17 中虚线是绝热线),初态 a 经历①或②过程到达末态 b,则气体在(　　)。

A. ①过程中吸热,②过程中放热　　　　　B. 两种过程中都吸热

C. ①过程中放热,②过程中吸热　　　　　D. 两种过程中都放热

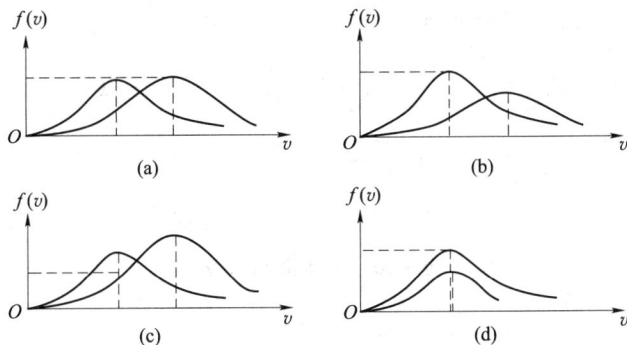

图 3-16 选择题 5 用图

8. 如图 3-18 所示,一绝热密闭的容器,用隔板分成相等的两部分,左边盛有一定量的理想气体,压强为 p_0,右边为真空。今将隔板抽去,气体自由膨胀,则( )。

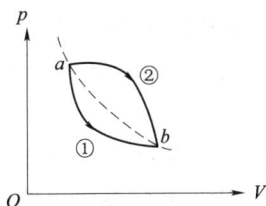

图 3-17 选择题 7 用图

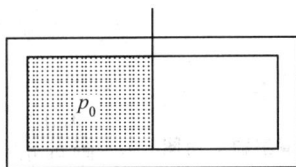

图 3-18 选择题 8 用图

A. 膨胀后,温度不变,压强减小

B. 膨胀后,温度降低,压强减小

C. 膨胀后,温度升高,压强减小

D. 膨胀后,温度不变,压强不变

9. 摩尔数都相同的氦、氮、水蒸气(均视为理想气体),它们初始状态都相同,若使它们在体积不变情况下吸收相等的热量,则( )。

A. 它们的温度升高相同,压强增加相同

B. 它们的温度升高相同,压强增加不相同

C. 它们的温度升高不相同,压强增加不相同

D. 它们的温度升高不相同,压强增加相同

10. 如图 3-19 所示,一定量理想气体,从图 3-19 上 A 开始,分别经历了 3 种不同的过程:$A \rightarrow B$ 等压过程;$A \rightarrow C$ 等温过程;$A \rightarrow D$ 绝热过程。其中,吸热最多的过程是( )。

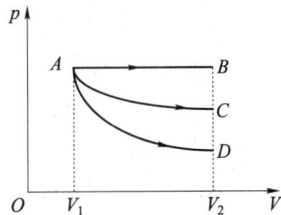

图 3-19 选择题 10 用图

A. $A \rightarrow B$

B. $A \rightarrow C$

C. $A \rightarrow D$

D. $A \rightarrow B$,也是 $A \rightarrow C$,两过程吸热一样多

11. 如图 3-20 所示,一定量的理想气体经历 acb 过程时吸热 800 J,则经历 $acbda$ 过程时,吸热为( )。

A. -1200 J

B. -700 J

C. -400 J

D. 700 J

12. 理想气体向真空作绝热自由膨胀,体积由 V_1 增大到 $2V_1$,在此过程中气体的( )。

A. 内能不变,熵不变

B. 内能不变,熵减少

C. 内能不变,熵增加

D. 内能增加,熵增加

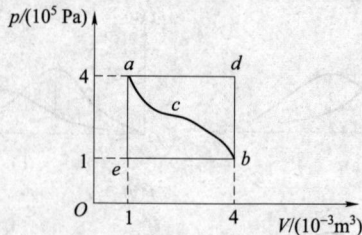

图 3-20　选择题 11 用图

二、填空题

1. 氢气（视作刚性双原子分子的理想气体）的质量为 M，热力学温度为 T，则该氢分子的平均平动动能为_____，氢分子的平均动能为_____，该氢气的内能为_____。

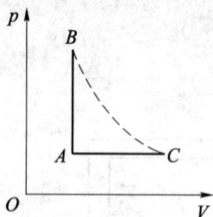

图 3-21　填空题 2 用图

2. 如图 3-21 所示，一热力学系统由状态 A 经准静态等容过程变到状态 B，将从外界吸收热量 416 J；若经准静态等压过程变到与状态 B 有相同温度的状态 C，将从外界吸收热量 582 J。所以，从状态 A 变到状态 C 的准静态等压过程中系统对外界所做的功为_____。

3. 设高温热源的热力学温度是低温热源的热力学温度的 n 倍，则理想气体在一次卡诺循环中，从高温热源吸取的热量是传给低温热源的热量的_____倍。

4. 一个做卡诺循环的热机效率为 $\eta_卡$，它的逆循环过程：制冷机的制冷系数 $w_c = T_2/(T_1 - T_2)$，则 $\eta_卡$ 与 w_c 的关系为_____。

5. 1 mol 单原子理想气体，在恒定压强下（普适气体常量 $R = 8.31\,\text{J}\cdot\text{mol}^{-1}\cdot\text{K}^{-1}$）经一准静态过程从 0℃ 加热到 100℃，该气体的熵变为_____。

6. 所谓第二类永动机，是指_____，它不可能制成是因为违背了_____。

阶段练习题参考答案

一、选择题

1. B；　　2. A；　　3. B；　　4. D；　　5. B；　　6. D；

7. C；　　8. A；　　9. C；　　10. A；　　11. C；　　12. C

二、填空题

1. $\dfrac{3}{2}kT$，$\dfrac{5}{2}kT$，$\dfrac{5}{2}MRT/M_{\text{mol}}$

2. 166 J

3. n

4. $\eta_卡 = \dfrac{1}{w_c + 1}$

5. 6.48 J/K

6. 从单一热源吸热，在循环中不断对外做功的热机；热力学第二定律

第4章 电磁学基础

思考题参考解答

4.1 电场强度的物理意义是单位正电荷所受的力。如果说某点的电场强度等于在该点放一个电量为 1 C 的电荷所受的力，对吗？为什么？

答：此说法有不妥之处。电荷分正负，如果所说的"电量为 1 C 的电荷"是正电荷，且满足试验电荷的条件，由 $E = F/q_0$，说明此说法才是对的。

4.2 如何判断负电荷在外电场中的受力方向？在地球表面上方通常有一竖直方向的电场，如果电子在此电场中受到一个向上的力，那么电场强度的方向是朝上还是朝下？

答：$f_e = qE$，如果 $q < 0$ 是负电荷，负电荷的受力 f_e 和外电场中该点的电场强度 E 方向相反。在地球表面上方的电场中，带负电荷的电子在此电场中受到一个向上的力，说明地球表面上方存在竖直方向向下的地球电场，地球表面带有负电荷，地球表面上方是密度不同的正电荷的区域，如图 4-1 所示。

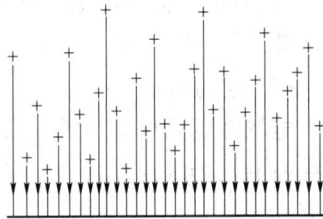

图 4-1　思考题 4.2 用图

4.3 点电荷的电场公式为 $E = \dfrac{q}{4\pi\varepsilon_0 r^2} e_r$。从形式上看，当场点与点电荷无限接近时，场强 $E \to \infty$，对吗？为什么？

答：$E = \dfrac{q}{4\pi\varepsilon_0 r^2} e_r$ 是点电荷的电场公式。点电荷是理想物理模型，当场点距离带电体足够远，带电体本身的形状、大小、电荷分布等因素影响都可以忽略时，在所要求的精度范围内，可将带电体视为一个点电荷。当场点与电荷载体无限接近时，任何带电体都不能视为点电荷，上述公式将不再成立，也就谈不上由点电荷公式得出"当场点与点电荷无限接近时，场强 $E \to \infty$"的推论了。

4.4 电场线代表点电荷在电场中的运动轨迹吗？为什么？在两个相同的点电荷的连线中点，电场线是否相交？

答：电场线是为了形象地描述电场而引进的一系列曲线，曲线上每点切线只表示此场点电场方向，曲线疏密程度表示场强大小，它与在场中运动的电荷无关，不是电荷在电场中的运动轨迹。场中运动电荷的轨迹是由与电荷有关的 $f_e = qE$ 电力所确定。在两个相同的点电荷的连线中点，它们的合电场强度为零，不会存在电场线，也就谈不上电场线相交问题。其他场点也不存在电场线相交问题，因为如果有电场线相交，相交处的场点就会存在两个沿曲线的切线，说明此处会出现两个场强，这是电场为空间的单值函数所不允许的。

4.5　3个相等的点电荷放在等边三角形的3个顶点上,问是否可以以三角形中心为球心做一个球面,利用高斯定理直接求出它们所产生的场强? 对此球面高斯定理是否成立?

答:由于等边三角形的3个顶点上的3个相等的点电荷对三角形中心不具有球对称性,因此它们的电场也不具有球对称性,在以三角形中心为球心所做的任何球面上,各点的场强无论其大小还是与球面面元的夹角都不是常数,因此对以三角形中心为球心的球面不能利用高斯定理直接求出它们所产生的场强。但高斯定理适用于一切静电场,故对上述球面高斯定理是成立的。

4.6　如果高斯面为空间任意闭合曲面,下列说法是否正确? 请举一例加以说明。

(1) 如果高斯面上电场强度处处为零,则该面内一定没有电荷。

(2) 如果高斯面内无电荷,则高斯面上电场强度处处为零。

(3) 如果高斯面上电场强度处处不为零,则该面内必有净电荷。

(4) 如果高斯面内有净电荷,则高斯面上电场强度处处不为零。

答:(1)这句话不正确。例如,两个同心球面,它们各均匀带有等量相反电荷,在它们外部任何同心的高斯球面上的场强处处为零,但面内有着电荷,只不过面内的电荷代数和为零,所以只能说面上电场强度处处为零的高斯面内一定没有净电荷,而不能说该面内一定没有电荷。

(2) 这句话不正确。例如,点电荷的球对称的电场中,做一高斯面,高斯面内无电荷,但面上电场强度处处不为零。高斯面内无电荷只是说通过高斯面的电通量为零,穿出和穿入高斯面的电场线的数目一样多,只要有穿出和穿入的电场线,高斯面上电场强度就不会处处为零。

(3) 这句话不正确。高斯面上电场强度处处不为零,通过此高斯面的电通量却可能为零。上面(2)中的点电荷电场中的高斯面,高斯面上电场强度处处不为零,此高斯面的电通量为零,面内无净电荷。

(4) 这句话也不正确。对于电量为 q 的两个点电荷的空间电场,以其中一个 q 为中心,以两电荷距离的一半为半径做一高斯球面,则此高斯面内有净电荷 q,但高斯面上的两电荷连线的中点处的电场强度为零,所以此说法也不正确。

4.7　关于高斯定理,以下说法对吗? 为什么?

(1) 高斯面上各点的电场强度仅由高斯面内的电荷决定。

(2) 通过高斯面的电通量仅由高斯面内的电荷决定。

答:(1)这句话的说法不正确。因为高斯面上各点的电场强度是空间所有的电荷在该点产生的电场强度的矢量和,不仅只是由高斯面内的电荷所决定。

(2) 这句话是正确的。高斯定理表明,通过高斯面的电通量仅由高斯面内的净电荷决定,高斯面外的电荷对通过高斯面的电通量贡献为零。

4.8　以点电荷 q 为中心做一球形高斯面,讨论在下列几种情况下,穿过高斯面的电通量是否改变?

(1) 将 q 移离高斯面的球心,但仍在高斯面内。

(2) 在高斯面外附近放置第二个点电荷。

(3) 在高斯面内放置第二个点电荷。

答:(1)高斯定理表明,通过高斯面的电通量等于面内所有电荷的代数和除以 ε_0,不管电荷处于面内的什么位置。所以,q 虽移离高斯面的球心,但仍处在高斯面内,穿过高斯面的电通量不会发生改变。

(2)因为通过高斯面的电通量仅取决于面内的净电荷,面外的电荷对通过高斯面的电通量贡献为零,所以此种情况下穿过高斯面的电通量不会发生改变。

(3)此种情况下穿过高斯面的电通量会发生改变,因为面内的净电荷发生了变化。

4.9 在真空中有两个相对放置的平行板,相距为 d,板面积均为 S,分别带电量 $+q$ 和 $-q$。则两板之间的作用力大小为(　　)。

A. $q^2/4\pi\varepsilon_0 d^2$ 　　　　B. $q^2/\varepsilon_0 S$ 　　　　C. $q^2/2\varepsilon_0 S$ 　　　　D. $q^2/8\pi\varepsilon_0 d^2$

答:C。两个平板之间的作用力为一个平板在空间中激发的电场对另外一个带电平板上的电荷产生的作用力。一个平行板产生的均匀电场 $E=\sigma/2\varepsilon_0=q/2S\varepsilon_0$,另外一个平行板上所有均匀分布的电荷都处于此均匀电场中,在此平板上取一面积元 $\mathrm{d}S$,其带电 $\mathrm{d}q=\sigma \mathrm{d}S=(q/S)\mathrm{d}S$,受电场力为

$$\mathrm{d}f = E\mathrm{d}q = (q/2S\varepsilon_0)\cdot(q/S)\mathrm{d}S = q^2\mathrm{d}S/(2S^2\varepsilon_0)$$

此平行板所有电荷受力方向相同,受力大小为

$$F = \int_q \mathrm{d}f = \int_s \frac{q^2}{2S^2\varepsilon_0}\mathrm{d}S = \frac{q^2}{2S^2\varepsilon_0}\int_s \mathrm{d}S = \frac{q^2}{2S\varepsilon_0}$$

4.10 有一个球形的橡皮气球,电荷均匀分布在表面上。在此气球被吹大的过程中,下列说法中正确的是(　　)。

A. 始终在气球内部的点的场强变小

B. 始终在气球外部的点的场强不变

C. 被气球表面掠过的点的场强变大

答:B。由高斯定理可知,高斯面内场强为零,高斯面外的场强相当于橡皮气球表面上电荷集中于其球心处的点电荷所产生的场强。因此,在气球吹大的过程中,始终在气球外部的点的场强不变;而始终在气球内部的点的场强一直为零不会发生改变,所以 A 错。被气球表面掠过的点,是由气球外部到内部的一个变化,在外部时场强不为零,变为内部点时其场强为零,经历的是场强由大到零的变化,所以 C 错。

4.11 带电粒子在均匀外电场中运动时,它的轨迹一般是抛物线,试问在何种情况下其轨迹是直线?

答:带电粒子在均匀外电场中运动时,它受到重力和均匀外电场力的作用,这两个力是常力,合力也是常力,常合力下带电粒子具有常加速度,常加速度的运动轨迹一般是抛物线。当场中带电粒子由静止出发,带电粒子则按常合力方向直线运动:当初始速度不为零,则或者要求重力和电场力大小相等、方向相反,即所受常合力为零,或者初始速度方向与常合力方向平行(同向或反向)时,带电粒子在场中的运动轨迹是一直线。

4.12 下列说法是否正确?请举一例加以说明。

(1)场强相等的区域,电势也处处相等。

(2)场强为零处,电势一定为零。

(3)电势为零处,场强一定为零。

(4)场强大处,电势一定高。

答:(1)不一定。例如,均匀带电球面内部场强处处相等为零,内部电势也处处相等。

但在不为零的均匀电场中,场强处处相等,但沿着电场线的方向是电势降低的方向,所以笼统地说场强相等的区域,电势也处处相等是不妥的。

(2) 不一定。场强与电势无直接关系,$E=-\nabla U$,若 $E=0$,只说明电势 U 是常数,但不一定是零。例如,均匀带电球面内的场强为零,若取无穷远为电势零点,其球内电势不为零。

(3) 不一定。$U=0$,但 U 的变化率不一定为零,$E=-\nabla U$,即场强 E 不一定是零。例如,取无穷远为电势零点,那么电偶极子中心处的电势为零,但是此处场强不为零。当然,在 $U=0$ 的等势区域 U 的变化率等于零,此区域场强也为零。

(4) 不一定。$E=-\nabla U$ 场强大处,只能说明此处电势的变化率大,电势不一定高。例如,负点电荷产生的电场中,离电荷越近场强越大,而对相对无穷远的电势零点来说,电势反而越低。

4.13 是否存在这样的静电场:其电场强度方向处处相同,而其大小在与电场强度垂直的方向上逐渐增加?

答:存在。如图 4-2(a)所示,电偶极子中垂线上各点的电场方向处处垂直中垂线,电场强度方向处处相同,在两电荷连线中点处场强最强,离中点越远场强越弱。因此,沿中垂线指向它们连线中点方向上就存在满足题 4.13 中所要求条件的静电场。

但要注意图 4-2(b)所示的电场是不存在的,因为它违反了静电场的环路定理。沿与电场强度垂直的 x 轴方向电场强度逐渐增加,有 $E_2>E_1$,因而有所取环路 L 上电场强度的线积分为

$$\oint_L \boldsymbol{E} \cdot \mathrm{d}\boldsymbol{l} = \int_b^c E_2 \mathrm{d}l + \int_d^a -E_1 \mathrm{d}l = (E_2 - E_1)\overline{bc} \neq 0$$

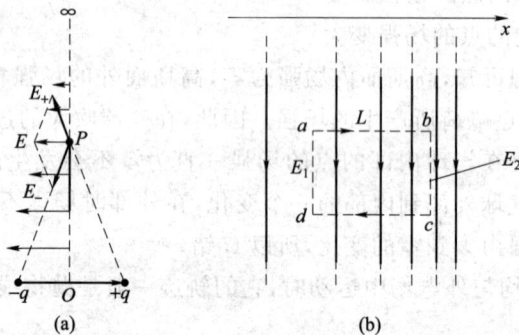

图 4-2 思考题 4.13 用图

4.14 在技术工作中常把整机机壳作为电势零点。若机壳未接地,能不能说机壳电势为零,人站在地上是否可以任意接触机壳?若机壳接地则如何?

答:若机壳未接地,可以说机壳电势为零,因为电势本身只是一个相对量,说机壳电势为零,只是说把整机机壳作为电势参考点。但人站在地上不能随意接触机壳,因为很可能机壳与大地之间有电势差。若机壳接地,机壳和大地及站在地上的人是同电势,不存在电势差,此时人可以任意接触机壳。

4.15 两个不同电势的等势面是否可以相交?为什么?

答:两个不同电势的等势面不能相交。因为确定的电场中,描述电场的电势只能是场点的单值函数,如果两个不同电势的等势面相交,相交处每点必存在两个电势,这是不允

许的。

4.16 在空间的匀强电场区域内,下列说法中正确的是(   )。

A. 电势差相等的各等势面距离不等

B. 电势差相等的各等势面距离不一定相等

C. 电势差相等的各等势面距离一定相等

D. 电势差相等的各等势面一定相交

答：C。设空间匀强电场中两个等势面的距离为 d，场强大小为 E，两个等势面的电势差为 $\Delta U = Ed$，电势差 ΔU 相等的各等势面之间距离 d 一定相等，所以 A,B 错,C 正确。电势差相等的各等势面具有不同的电势,根据题 4.15,两个不同电势的等势面是不能相交的,所以 D 错。

4.17 电荷面密度为 σ 的无限大均匀带电平面两侧场强为 $\sigma/2\varepsilon_0$，而处于静电平衡的导体表面(该处表面面电荷密度为 σ)附近场强为 σ/ε_0,为什么两者相差一倍?

答：如图 4-3 所示,设 p 点是紧邻导体表面的外面的一点,又设图 4-3 中 p' 点是从导体内部和 p 点相对应的紧邻导体表面的内部的另一点,图 4-3 中 ΔS 是它们紧邻的导体表面上的面元。因为紧邻,相对 p 与 p' 面元 ΔS 可以被看作是电荷面密度为 σ 的无限大均匀带电平面,它在导体内外 p 与 p' 点产生如图 4-3 所示的垂直面元的电场 $E_1 = \dfrac{\sigma}{2\varepsilon_0}\boldsymbol{n}$ 和 $E_1' = -\dfrac{\sigma}{2\varepsilon_0}\boldsymbol{n}$，$\boldsymbol{n}$ 是面元 ΔS 的外法线方向。

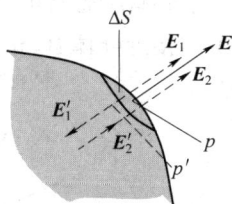

图 4-3 思考题 4.17 用图

p 点与 p' 点的场强应是导体表面上所有电荷产生的场强的叠加。设导体表面上除面元 ΔS 的电荷以外的其他电荷在 p 点产生的场强为 E_2，那 p 点的总场强应为 $E_p = E_1 + E_2$。设其他电荷在 p' 点产生的场强为 E_2'，因 p' 是静电平衡导体内一点,其场强一定为零,有 $E_1' + E_2' = 0$，$E_2' = -E_1' = \dfrac{\sigma}{2\varepsilon_0}\boldsymbol{n}$。又因其他电荷在面元 ΔS 附近的场强应具有连续性,即对于内外紧邻的 p 与 p' 对应点应有 $E_2' = E_2$。那 p 点的总场强为

$$E_p = E_1 + E_2 = \frac{\sigma}{2\varepsilon_0}\boldsymbol{n} + \frac{\sigma}{2\varepsilon_0}\boldsymbol{n} = \frac{\sigma}{\varepsilon_0}\boldsymbol{n}$$

可见,处于静电平衡的导体表面(该处表面电荷面密度为 σ)附近的场强为 σ/ε_0，其中 $\sigma/(2\varepsilon_0)$ 来自面元 ΔS 上电荷的贡献,$\sigma/(2\varepsilon_0)$ 来自导体表面上除面元 ΔS 的电荷以外的其他电荷的贡献。如果电荷面密度为 σ 的无限大均匀带电平面两侧场强也按上述分析,场强 $\sigma/2\varepsilon_0$ 只是面元 ΔS 电荷的贡献,因对称性除面元 ΔS 的电荷以外的其他电荷的贡献为零。所以处于静电平衡的导体表面(该处电荷面密度为 σ)附近场强是电荷面密度为 σ 的无限大均匀带电平面两侧场强大小的 2 倍。

4.18 若一带电导体表面上某点附近电荷面密度为 σ，这时该点外侧附近场强为 σ/ε_0。如果将另一带电体移近,该点场强是否改变? 公式 $E = \sigma/\varepsilon_0$ 是否仍成立?

答：该处场强改变。但场强与该处导体表面的电荷面密度的关系仍具有 $E = \sigma/\varepsilon_0$ 的形式。只不过 σ 将发生变化,因为另一带电体的移近会引起导体表面的电荷分布的变化。

4.19 把一个带电体移近一个导体壳,带电体单独在导体空腔内产生的电场是否为零?

静电屏蔽效应是怎样体现的?

答：把一个带电物体移近一个导体壳,带电体单独在导体空腔内产生的电场并不为零。在把带电物体移近导体壳的过程中,导体空腔的外表面将出现感应电荷,感应电荷产生的电场与带电体在导体空腔内产生的电场大小相等、方向相反、相互抵消。不管导体壳外带电体的位置发生何种变化,因导体空腔的外表面感应电荷分布都会跟着变化,其结果是在导体壳空腔内两者的场强叠加始终保持为零,导体壳起到屏蔽外部电荷在腔内的电场作用。同样,导体壳也会起到屏蔽腔内电荷在导体壳外面的电场作用。

4.20　把一个带正电的导体 A 移近另一个接地导体 B,导体 B 是否维持零电势? B 上是否带电? 导体 A 的电势会如何变化? 如果 A 带负电情况又如何?

答：把一个带正电的导体 A 移近另一个接地导体 B,因导体 B 接地而维持零电势。因感应导体 B 上带有感应的负电荷,如图 4-4(a)所示,导体 A 移近导体 B 时,因感应加强导体 B 上的感应负电荷会增加,如图 4-4(b) 所示,这些负电荷使得导体 A 的电势会越来越低。若导体 A 带负电,导体 B 因接地仍然维持零电势,因感应导体 B 带有感应正电荷,导体 A 越接近导体 B,导体 B 上的感应正电荷会越来越多,这些正电荷会使导体 A 的电势越来越高。

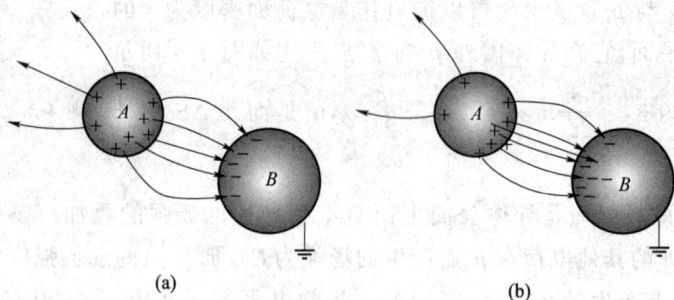

(a)　　　　　　　　　　　(b)

图 4-4　思考题 4.20 用图

4.21　内外半径分别为 R_1 和 R_2 的同心金属薄球壳,如果外球壳所带电量为 Q,内球壳接地,则内球壳上带电量为(　　　)。

A. 0　　　　　　B. $-Q$　　　　　　C. $-\dfrac{R_1}{R_2}Q$　　　　　　D. $\dfrac{R_1}{R_2-2R_1}Q$

答：C。内球壳接地,则内球壳电势为零,设内球壳所带电量为 Q', Q' 和 Q 分布具有球对称性。根据电势叠加原理,有

$$\frac{Q}{4\pi\varepsilon_0 R_2}+\frac{Q'}{4\pi\varepsilon_0 R_1}=0$$

所以, $Q'=-R_1Q/R_2$。

4.22　电动势与电势差有何区别与联系?

答：电动势 ε 表示将单位正电荷经电源内部从负极移到正极过程中,非静电力对其做的功,表征的是电源中非静电力做功的本领,是表征电源本身特征的量。

电势差 ΔU 为恒定电场中两点之间的电势之差,表征的是单位正电荷在这两点间移动时,恒定电场力对其所做的功,反映的是恒定电场力对电荷做功的本领。如果用电压表接触电源两极,电压表显示的是电源两极的电势差,有 $\Delta U=\varepsilon-Ir$,只有忽略电源内阻 r 时,电

源两极的电势差才等于其电动势。

4.23 两块平行的金属板相距为 d,用一电源充电,两极板间的电势差为 ΔU。将电源断开,在两板间平行地插入一块厚度为 $l(l<d)$ 的金属板,且与极板不接触,忽略边缘效应,两金属板间的电势差改变多少? 插入的金属板的位置对结果有无影响?

答: 如图 4-5 所示,设插入金属板前充电板上电荷面密度为 σ,则极板间匀场的电场强度为 $E=\sigma/\varepsilon_0$,两极板间的电势差 $\Delta U=Ed=\sigma d/\varepsilon_0$。断开电源,插入金属板,两极板上的电荷分布不会发生变化。因此,在极板之间内部区域,静电平衡的金属板内部场强为零,其余空间的电场强度仍为 $E=\sigma/\varepsilon_0$,此时两极板之间的电势差 $\Delta U'=E(d-l)=\sigma(d-l)/\varepsilon_0$。因此,所求电势差的改变量为

$$\Delta U - \Delta U' = \sigma l/\varepsilon_0 = l\,\Delta U/d$$

可以看出,插入的金属板的位置对结果没有影响。

4.24 一带电为 Q 的导体球壳中心放一点电荷 q,若此球壳电势为 U_0,有人说:"根据电势叠加,任一距中心为 r 的 P 点的电势为 $q/4\pi\varepsilon_0 r+U_0$"。这一说法对吗? 如果不对,那么各区域的电势是多少?

答: 不对。根据静电感应和电荷守恒定律,体系的电荷分布如图 4-6 所示。设无限远为电势零点,$(q/4\pi\varepsilon_0 r+U_0)$ 中 $q/4\pi\varepsilon_0 r$ 是点电荷 $-q$ 在 P 点产生的电势,球壳电势 U_0 是点电荷 q,球壳内表面电荷 $-q$,球壳外表面电荷 $Q+q$ 共同产生的,这并不意味着这些电荷在球壳内外空间各场点产生的电势也是 U_0,所以根据电势叠加而得出任一距中心为 r 的电势为 $q/4\pi\varepsilon_0 r+U_0$ 是不对的。

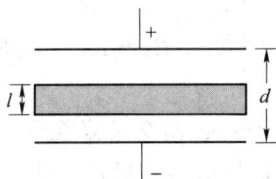

图 4-5 思考题 4.23 用图

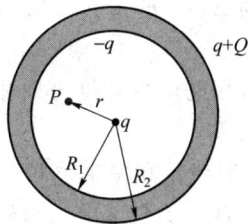

图 4-6 思考题 4.24 用图

设球壳内外半径分别为 R_1 和 R_2,在 $R_1\leqslant r\leqslant R_2$ 区域的球壳电势 U_0 为

$$U_0 = \frac{q}{4\pi\varepsilon_0 r} + \frac{-q}{4\pi\varepsilon_0 r} + \frac{q+Q}{4\pi\varepsilon_0 R_2} = \frac{q+Q}{4\pi\varepsilon_0 R_2}$$

在 $r>R_2$ 区域的 P 点电势为

$$U_P = \frac{q+Q}{4\pi\varepsilon_0 r}$$

在 $0<r<R_1$ 区域的 P 点电势为

$$U_P = \frac{-q}{4\pi\varepsilon_0 R_1} + \frac{q+Q}{4\pi\varepsilon_0 R_2} + \frac{q}{4\pi\varepsilon_0 r} = \frac{-q}{4\pi\varepsilon_0 R_1} + \frac{q}{4\pi\varepsilon_0 r} + U_0$$

4.25 电介质的极化和导体的静电感应的微观过程有什么不同?

答: 电介质在外电场作用下在垂直外场的两个表面上出现束缚电荷的现象,称为电介质的极化,其微观过程是电介质的分子电偶极子在外电场的作用下转向或正负电荷中心发生相对位移的过程。静电感应是外电场作用下引起导体表面电荷重新分布的现象,其微观

过程是导体中的自由电子在电场力作用下发生宏观定向运动而达到新的静电平衡的过程。

4.26   给平行板电容器充电后,在不拆除电源的条件下,给电容器充满介电常数为 ε 的各向同性均匀电介质,则极板上的电量变为原来未充介质时的几倍? 电场强度为原来的几倍? 若充电后拆除电源,然后充入电介质,情况如何?

答:给充电后的电容器充满各向同性均匀电介质时,不拆除电源是指电容器两个极板的电势差保持不变,而拆除电源是指电容器两个极板上的电荷保持不变。

不拆除电源时,设平行板电容器极板面积为 S,极板间距为 d,充电后两个极板的电势差为 ΔU_0,极板电量为 Q_0,平行板电容器电容 $C_0 = Q_0/\Delta U_0 = \varepsilon_0 S/d$,其中 ε_0 是真空介电常数。充满各向同性均匀电介质时,电容 $C = Q/\Delta U_0 = \varepsilon S/d$,$Q$ 是此时极板电量,有

$$Q/Q_0 = \varepsilon/\varepsilon_0 = \varepsilon_r$$

式中,ε_r 为介质的相对介电常数。此种情况下的电量变为原来未充介质时的 $\varepsilon/\varepsilon_0$ 倍,因匀场中 $\Delta U_0 = Ed$,电势差不变,电场强度也不变,$E/E_0 = 1$。

充电后拆除电源,极板上的电量不变,仍为 Q_0,有 $Q/Q_0 = 1$。电量不变时,充满各向同性均匀电介质中的场强变为原来的 $1/\varepsilon_r$ 倍,所以有 $E/E_0 = 1/\varepsilon_r = \varepsilon_0/\varepsilon$,同时因 $\Delta U = Ed$,$\Delta U/\Delta U_0 = E/E_0 = \varepsilon_0/\varepsilon$,电势差也变为原来的 $\varepsilon_0/\varepsilon$ 倍。

4.27   真空中两个静电场单独存在时,它们的电场能量密度相等,现将它们叠加在一起,若使它们的电场强度相互垂直或方向相反,则合电场的电场能量密度分别为多少?

答:真空中电场能量密度公式为 $w_e = (1/2)\varepsilon_0 E^2$。设真空中两个静电场的场分别为 E_1 和 E_2,它们的电场能量密度相等,有 $E_1 = E_2 = E_0$。当电场强度方向相互垂直时,场点的合场强大小为 $E = \sqrt{E_1^2 + E_2^2} = \sqrt{2}E_0$,因此真空中合电场的能量密度为

$$w_e = (1/2)\varepsilon_0 E^2 = \varepsilon_0 E_0^2$$

当两分静电场的电场强度方向相反时,有 $\boldsymbol{E} = \boldsymbol{E}_1 + \boldsymbol{E}_2 = \boldsymbol{E}_0 - \boldsymbol{E}_0 = 0$,所以叠加电场的电场能量密度为零。

4.28   宇宙射线是高速带电粒子流(基本上是质子),它们交叉来往于星际空间并从各个方向撞击着地球。为什么宇宙射线穿入地球磁场时,接近两磁极比其他任何地方都容易?

答:图 4-7 显示了地磁场分布。因为地球磁场不均匀,除两极外的其他地方磁感应强度沿平行于地面的分量较强,而在两磁极附近磁感应强度近似与地面垂直。当宇宙射线从

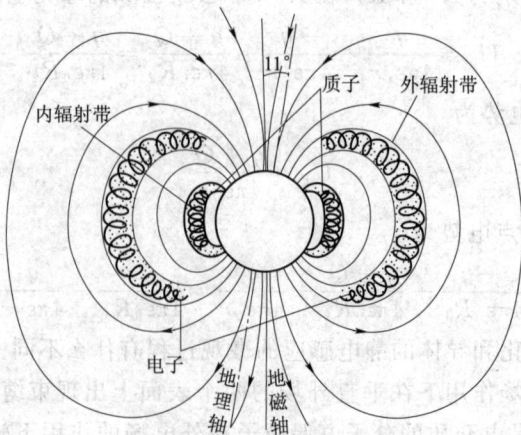

图 4-7 思考题 4.28 用图

两极接近地球时,粒子流的速度方向与地磁场方向接近平行,所受的洛伦兹力很小,速度方向几乎不变,因此粒子可从两极直射地球表面。

4.29　考虑一个闭合的面,它包围磁铁棒的一个磁极。问通过该闭合面的磁通量是多少?

答:因为磁感应线总是闭合线,通过该闭合面的磁通量一定为零,这是静磁场高斯定理所决定的。磁铁棒的磁感应线是由 N 磁极发出,经外部到达 S 极,再由 S 极通过磁铁棒内部回到 N 磁极以形成闭合的磁感应线。

4.30　磁场是不是保守场?为什么?

答:磁场不是保守场。静磁场的磁场线总是闭合的,磁感应强度 $\boldsymbol{B}$ 沿闭合的磁场线路径的环流 $\oint_L \boldsymbol{B} \cdot \mathrm{d}\boldsymbol{l} \neq 0$,所以磁场力为非保守力,磁场为非保守场。

4.31　在无电流的空间区域内,如果磁场线是平行直线,那么磁场一定是均匀场。为什么?若存在电流,上述结论是否正确?

答:如图 4-8 所示,在磁场线是平行直线的磁场内做如图 4-8 所示的矩形环路 $abcd$,在无电流的空间区域内任意选取的 ab 平行于磁场线,ad 垂直于磁场线。因磁场线是平行直线,磁场沿平行线一定具有平移对称性,$\overline{ab}$ 上各点的磁感应强度应相等,$\boldsymbol{B}_a = \boldsymbol{B}_b$。同样,$\overline{cd}$ 上各点的磁感应强度也应相等,有 $\boldsymbol{B}_c = \boldsymbol{B}_d$。根据安培环路定理,有

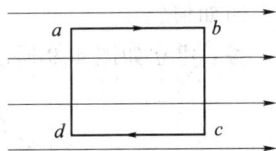

图 4-8　思考题 4.31 用图

$$\oint_{abcd} \boldsymbol{B} \cdot \mathrm{d}\boldsymbol{l} = B_a \overline{ab} - B_c \overline{cd} = 0$$

得 $B_a = B_c$,且平行的磁场线说明它们方向相同,有 $\boldsymbol{B}_a = \boldsymbol{B}_c$。由于矩形回路 $\overline{ad}$ 的长度在无电流的空间区域内可以任意选取,所以垂直平行直线方向各处磁感应强度相同,平行的磁感应线应该是等间距的,磁场一定是均匀场。

若空间存在电流,在磁场线是平行直线的磁场内,只要上述 $\overline{ab}$ 与 $\overline{ad}$ 的选取不通过电流所在区域,结论和上述是一样的,即除去电流存在的空间,磁场线是平行直线的磁场区域也是均匀场。

4.32　库仑电场公式与毕奥-萨伐尔定律表达式有何类似与不同之处?

答:这两个公式都是电磁学中的基本公式,都具有平方反比关系。利用叠加原理应用库仑电场公式可以在静电场中计算出任意带电体的电场,同样利用叠加原理应用毕奥-萨伐尔定律表达式可以在静磁场中计算出任意载流导线的磁场。不同之处在于,库仑电场公式给出的是静止电荷周围的电场,电场方向只与场点位矢有关,而毕奥-萨伐尔定律表达式给出的是运动电荷(电流元)周围的磁场,所以磁场方向不仅与场点位矢有关,而且还与运动电荷速度有关。

设电流元 $I\mathrm{d}\boldsymbol{l}$ 的截面为 S,其中载流子数密度为 n,且共有 $nS\mathrm{d}l$ 个载流子,每个载流子的电荷为 q,并且都以相同的速度 v 沿 $\mathrm{d}\boldsymbol{l}$ 的方向匀速漂移。因 v 与 $\mathrm{d}\boldsymbol{l}$ 的方向相同,所以有 $I\mathrm{d}\boldsymbol{l} = qnSv\mathrm{d}\boldsymbol{l} = qnSv\mathrm{d}l$。由电流元的毕奥-萨伐尔定律,有

$$\boldsymbol{B} = \frac{\mu_0}{4\pi} \frac{I\mathrm{d}\boldsymbol{l} \times \boldsymbol{e}_r}{r^2} = \frac{\mu_0}{4\pi} \frac{qnSv\mathrm{d}\boldsymbol{l} \times \boldsymbol{e}_r}{r^2} = \frac{\mu_0}{4\pi} \frac{qnS\mathrm{d}l\boldsymbol{v} \times \boldsymbol{e}_r}{r^2}$$

所以,一个以速度 v 匀速运动的电荷 q 周围的磁场可写为

$$\boldsymbol{B} = \frac{\mu_0}{4\pi} \frac{q\boldsymbol{v} \times \boldsymbol{e}_r}{r^2}$$

它也可作为毕奥-萨伐尔定律的表达式。

4.33 电流元 $I\mathrm{d}l$ 在磁场中某处沿直角坐标系的 x 轴方向放置时不受力,把这电流元转到 y 轴正方向时,其受到的力沿 z 轴负方向,此处的磁感应强度 $\boldsymbol{B}$ 方向如何?

答: $I\mathrm{d}l$ 在磁场中某处沿直角坐标系的 x 轴方向放置时不受力,由安培力公式有

$$\mathrm{d}\boldsymbol{F}_1 = I\mathrm{d}l\boldsymbol{i} \times \boldsymbol{B} = 0$$

说明 $\boldsymbol{B}$ 与 $\boldsymbol{i}$ 同向或反向,即 $\boldsymbol{B} = B\boldsymbol{i}$ 或 $\boldsymbol{B} = -B\boldsymbol{i}$。电流元转到 y 轴正方向时受到的力沿 z 轴负方向,按右手螺旋定则,$\boldsymbol{B}$ 一定沿 x 轴正方向,有 $\boldsymbol{B} = B\boldsymbol{i}$,此时

$$\mathrm{d}\boldsymbol{F}_2 = I\mathrm{d}l\boldsymbol{j} \times B\boldsymbol{i} = IB\mathrm{d}l(-\boldsymbol{k})$$

4.34 试用毕奥-萨伐尔定律说明:一对镜像对称的电流元在其对称面上产生的合磁场方向如何?

答: 建立如图 4-9 所示的坐标系,两个电流源分别位于 z 轴的 z 和 $-z$ 处,关于 xy 面镜像对称,有

$$\mathrm{d}\boldsymbol{l}_1 = \mathrm{d}\boldsymbol{l}_2 = \mathrm{d}x\boldsymbol{i} + \mathrm{d}y\boldsymbol{j} + \mathrm{d}z\boldsymbol{k}$$
$$= 0\boldsymbol{i} + \mathrm{d}y\boldsymbol{j} + 0\boldsymbol{k} = \mathrm{d}y\boldsymbol{j}$$

对称面上 A 点相对两电流源的位置矢量为

$$\boldsymbol{r}_1 = x\boldsymbol{i} + y\boldsymbol{j} + z\boldsymbol{k}$$
$$\boldsymbol{r}_2 = x\boldsymbol{i} + y\boldsymbol{j} - z\boldsymbol{k}$$

有 $r_1 = r_2 = r$。根据毕奥-萨伐尔定律,两电流元在对称面上 A 点的合磁场为

$$\mathrm{d}\boldsymbol{B} = \mathrm{d}\boldsymbol{B}_1 + \mathrm{d}\boldsymbol{B}_2$$
$$= \frac{\mu_0}{4\pi} \frac{I(\mathrm{d}\boldsymbol{l}_1 \times \boldsymbol{r}_1 + \mathrm{d}\boldsymbol{l}_2 \times \boldsymbol{r}_2)}{r^3}$$
$$= \frac{\mu_0}{4\pi} \frac{I\mathrm{d}\boldsymbol{l} \times (\boldsymbol{r}_1 + \boldsymbol{r}_2)}{r^3}$$
$$= -\frac{\mu_0 I}{2\pi} \frac{x\mathrm{d}y}{r^3}\boldsymbol{k}$$

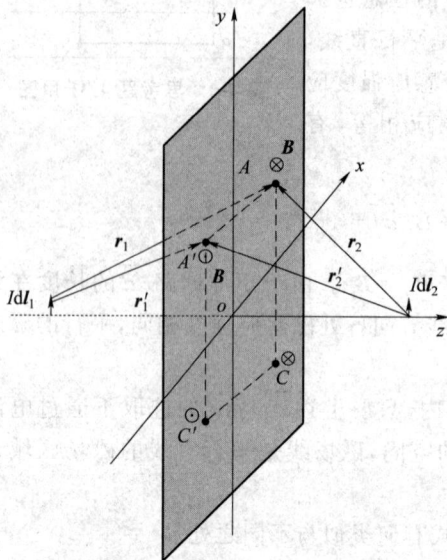

图 4-9 思考题 4.34 用图

垂直对称面指向 z 轴负方向。图 4-9 中对称面上和 A 点对称的 A' 点相对两电流源的位置矢量为

$$\boldsymbol{r}_1' = -x\boldsymbol{i} + y\boldsymbol{j} + z\boldsymbol{k}$$
$$\boldsymbol{r}_2' = -x\boldsymbol{i} + y\boldsymbol{j} - z\boldsymbol{k}$$

同样有,$r_1' = r_2' = r$。根据毕奥-萨伐尔定律,两电流源在对称面上 A' 点的合磁场为

$$\mathrm{d}\boldsymbol{B} = \mathrm{d}\boldsymbol{B}_1 + \mathrm{d}\boldsymbol{B}_2 = \frac{\mu_0}{4\pi} \frac{I(\mathrm{d}\boldsymbol{l}_1 \times \boldsymbol{r}_1' + \mathrm{d}\boldsymbol{l}_2 \times \boldsymbol{r}_2')}{r^3} = \frac{\mu_0 I}{2\pi} \frac{x\mathrm{d}y}{r^3}\boldsymbol{k}$$

垂直对称面沿 z 轴的正向。由上结果可知,在对称面上 y 轴上即 $x = 0$ 处,各点的磁场 $\boldsymbol{B}_{x=0} = 0$。

同理,由毕奥-萨伐尔定律可判断,图 4-9 中 C 点的合磁场垂直对称面沿 z 轴的负向,

而 C' 点的合磁场垂直对称面沿 z 轴的正向。

4.35 截面是任意形状的长直密绕螺线管,管内磁场是否为均匀场? 其磁感应强度是否仍可按照 $B = \mu_0 nI$ 计算?

答:如图 4-10(a)所示,截面是任意形状的长直密绕螺线管内磁场是均匀场,其磁感应强度仍按 $B = \mu_0 nI$ 计算。虽然截面是任意形状,但对于长直密绕螺线管,它的电流分布具有沿着管长方向的平移对称性,平移对称性电流分布所确定的管内磁场一定是沿着管长方向也具有平移对称性,管内磁场一定是平行于管长方向的直线,且同一直磁场线上的磁感应强度相同。思考题 4.31 已经给出磁感应线是平行直线的磁场一定是均匀场,所以截面是任意形状的长直密绕螺线管内磁场是均匀场。

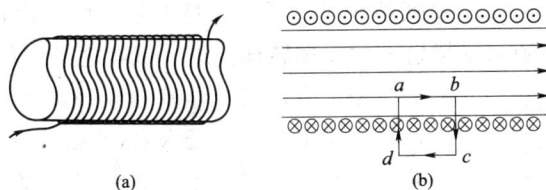

图 4-10 思考题 4.35 用图

如图 4-10(a)所示,类似于截面为圆形的长直螺线管,做一矩形环路 $abcda$,其中 ab、cd 两边与管长方向平行,cd 在管外。对此环路应用安培环路定理,有

$$\oint_L \boldsymbol{B} \cdot \mathrm{d}\boldsymbol{l} = \int_{ab} B \mathrm{d}l = B\,\overline{ab} = \mu_0 nI\,\overline{ab}$$

所以,$B = \mu_0 nI$。

4.36 无限长螺线管外部磁场处处为零。这个结论成立的近似条件是什么? 仅仅说"密绕螺线管"条件够不够?

答:如图 4-11 所示,一通有电流 I 的长直密绕螺线管(截面可以是任意形状),作图 4-11 所示的管外闭合回路 L,因为以 L 为边界的任何曲面总有电流 I 穿过,所以安培环路定理给出 L 上磁场环流为

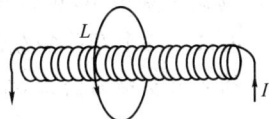

图 4-11 思考题 4.36 用图

$$\oint_L \boldsymbol{B} \cdot \mathrm{d}\boldsymbol{l} = -\mu_0 I$$

说明管外磁场一定不为零。

当说通电长直密绕螺线管的管外磁感应强度 $B = 0$(内部 $B = \mu_0 nI$)时,是把通电长直密绕螺线管当作由一个个环形电流沿长度方向无限长紧密排列的一个理想的物理模型,是一种近似,近似条件有两个:①"无限长";②"密绕"。二者缺一不可。磁感应线是闭合的,如果不是"无限长"必存在边缘效应,内部磁场线一定通过管边缘到达管外部再通过管边缘进入管内部而闭合,那么管外部一定存在磁场。同样,即使是"无限长"但不是"密绕",磁场就会通过线圈空隙"泄露"出来,外部也一定存在磁场。因此,"无限长"螺线管外部磁场处处为零的近似条件是"密绕",而仅说"密绕"而不强调"无限长"的近似条件显然是不够的。

4.37 能否利用磁场对带电粒子的作用力来增大粒子的动能?

答:静磁场不能。因为静磁场对带电粒子的洛伦兹力 $\boldsymbol{f} = q\boldsymbol{v} \times \boldsymbol{B}$ 不做功,其方向一直与速度垂直,它只改变速度的方向,不改变速度的大小。而变化的磁场可以,变化的磁场伴

随着电场,电场可对带电粒子做功以增大粒子动能。

4.38 赤道处的地磁场沿水平面并指向北。假设大气电场指向地面,因而电场和磁场互相垂直。人们必须沿什么方向发射电子,以使它的运动不发生偏斜?

答:电子所受的大气电场力 $f_e=(-e)E_{大气}$ 背离地面,地磁场给予速度 v 运动电子的洛伦兹力 $f_m=(-e)v\times B_{地球}$,欲使电子的运动不发生偏斜,运动电子在互相垂直的电磁场受到的电磁力应为零,即洛伦兹力与电场力大小相等、方向相反,要求洛伦兹力指向地面。如果在水平地平面内向东或向东北或向东南以不同速率发射电子都可以做到运动不发生偏斜,向东所要求的速率最小。$eE_{大气}=evB_{地球}\sin\alpha(0<\alpha<180°)$,当 $\alpha=90°$ 时(正东向)$v_{min}=E_{大气}/B_{地球}$。

4.39 相互垂直的电场 E 和磁场 B 可做成一个带电粒子的速度选择器,它能使选定速度的带电粒子垂直于电场和磁场射入后无偏转地前进。试叙述其中的基本原理。

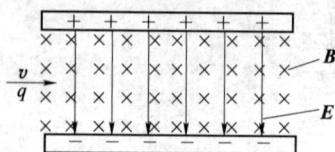

图 4-12 思考题 4.39 用图

答:速度选择器基本原理如图 4-12 所示。带电粒子 q 垂直于电场和磁场入射,如果某一速度 v 使得其受到的电磁场力 $f=qE+qv\times B=0$,它将无偏转地前进。此时,电场力和磁场力大小相等、方向相反,$qE=-qv\times B$,有 $qE=qvB$,当 E 和 B 确定时,速度选择器只允许速率 $v=E/B$ 的垂直电磁场入射的带电粒子无偏转地通过。

4.40 在电子仪器中,为了减弱与电源相连的两条导线的磁场,通常总是把它们扭在一起。为什么?

答:通常在电路设计时,将两条电流方向相反的导线扭在一起,它们扭在一起之后靠得很近,在稍远处,它们所产生的磁场就接近相等,并且方向相反,可以互相抵消。从而使它们的合场减小到最小,可以避免对其他元件造成的影响。

4.41 一个弯曲的载流导线在匀强磁场中应如何放置,它才不受磁场力的作用?

答:由安培力公式,要使一个弯曲的载流导线在匀强磁场中不受磁场力作用,应有

$$F_m=\int_a^b I\,\mathrm{d}l\times B=I\left(\int_a^b \mathrm{d}l\right)\times B=Il\times B=0$$

a 是起头,b 是载流导线之尾,Il 是弯曲的载流导线头指向尾的直电流,弯曲的载流导线在匀强磁场中受到的安培力等于此直电流在此磁场中受到的磁力。因此,只要使此直电流的电流流向与磁场的方向平行,弯曲的载流导线在匀强磁场中就不受磁场力。

4.42 顺磁质和抗磁质两种磁介质的磁化与有极分子和无极分子两种电介质的极化有何类似与不同之处?

答:顺磁质的固有分子磁矩在外磁场的磁力矩作用下的转向磁化,类似于有极分子电介质的固有分子电矩在外电场下的取向极化。不同的是,转向磁化导致的磁化(束缚)电流帮助介质磁化,即介质内部磁化电流的磁场和外磁场方向相同,而取向极化产生的极化(束缚)电荷削弱介质极化,即介质内部极化电荷的电场与外电场方向相反。

抗磁质的分子没有固有磁矩,在外磁场的作用下产生一附加磁矩,又称为感生磁矩,感生磁矩导致的磁化电流在介质内部的磁场与外磁场方向相反,阻碍介质磁化。类似于抗磁质,无极分子电介质没有分子电矩,在外电场的作用下产生一附加电矩,又称为感生电矩,感生电矩导致的极化电荷在介质内部的电场与外电场方向相反,阻碍介质极化。所不同的是,

感生磁矩的产生是由于电子绕核的轨道运动在外磁场给予的磁力矩下发生了运动,而感生电矩的产生是由于电子绕核的轨道运动中心在外电场给予的电力作用下发生了位置移动。

总之,物质在外磁场中时称为磁介质,被磁化的宏观效果是介质表面出现磁化电流;物质在外电场中时称为电介质,被极化的宏观效果是介质表面出现极化电荷;并且当外场撤销后,宏观上的束缚电流或束缚电荷也将随之消失。

4.43 将磁介质样品装入试管并用弹簧吊起来挂到一竖直螺线管的上端开口处,如图 4-13 所示。当螺线管通电流后,则可发现随样品的不同,它可能受到该处不均匀磁场向上或向下的磁力。这是一种区分样品是顺磁质还是抗磁质的精细实验。试述其基本原理。

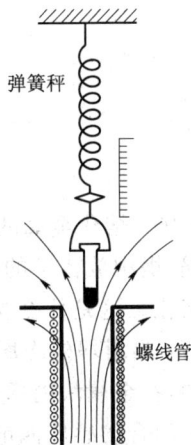

弹簧秤

螺线管

图 4-13　思考题 4.43 用图

答:如果是顺磁质,在外磁场中的介质内部会产生与外磁场方向一致的磁化场;如果是抗磁质,在外磁场中的介质内部会产生与外磁场相反方向的磁化场。根据题意,把直螺线管看作磁铁,其上端开口处相当于 N 极,如果图 4-13 所示样品受到向上的磁力,说明样品下端也相当于 N 极,样品内部的磁化场方向一定是由上到下和来自螺线管的外磁场方向相反,因此可以判断出该样品为抗磁质。如果图示样品受到向下的磁力,样品下端相当于 S 极,样品表面磁化电流在样品内部的磁场一定是由下到上,这和来自螺线管的外磁场方向相同,样品一定是顺磁质。

4.44 一导体圆线圈在均匀磁场中运动,在下列各种情况下,哪些会产生感应电流? 为什么?

(1) 线圈沿磁场方向平移。

(2) 线圈沿垂直磁场方向平移。

(3) 线圈以自身的直径为轴转动,轴与磁场方向平行。

(4) 线圈以自身的直径为轴转动,轴与磁场方向垂直。

答:根据法拉第电磁感应定律,一导体圆线圈在均匀磁场中运动,若线圈圆平面的磁通量发生变化时,线圈中就有感应电动势和感应电流。

(1) 若线圈沿磁场方向平移,线圈平面的磁通量不变,故线圈中无感应电流。

(2) 若线圈沿垂直磁场方向平移,线圈平面的磁通量不变,故线圈中无感应电流。

(3) 因线圈平面的磁通量始终为零,磁通量无变化率,故线圈中无感应电流。

(4) 因线圈平面的磁通量时刻变化,线圈中时刻都存在着感应电动势,随着不停地转动,导体圆线圈自身中有着交变的感应电流。

4.45 感应电动势的大小由什么因素决定? 如图 4-14 所示,一个矩形线圈在均匀磁场中以匀角速 ω 旋转,试比较当它转到图 4-14 所示两个位置时感应电动势的大小,并判断感应电动势的方向?

答:设 $t=0$ 时线圈平面和磁场之间的夹角为零,t 时刻线圈平面和磁场之间的夹角 $\alpha = \omega t$,通过线圈平面的磁通量为

$$\Phi = \int_S \boldsymbol{B} \cdot \mathrm{d}\boldsymbol{S} = \int_S B \mathrm{d}S \cos\omega t = BS\cos\omega t$$

由法拉第电磁感应定律 $\varepsilon_i = -d\Phi/dt = BS\omega\sin\omega t$，图 4-14(a)中，$\alpha = \pi/2$，电动势有最大值 $\varepsilon = BS\omega$，其方向是沿线圈逆时针方向。图 4-14(b)中，$\alpha = 0$，$\varepsilon = 0$。

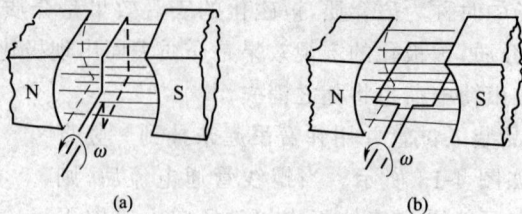

图 4-14　思考题 4.45 用图

4.46　熔化金属的一种方法是用"高频炉"。它的主要部件是一个铜制线圈，线圈中有一坩埚，埚中放待熔的金属块，如图 4-15 所示。当线圈中通以高频交流电时，埚中金属就可以被熔化。这是什么缘故？

答：当坩埚外缘所绕的线圈中通以高频交流电时，使埚中待熔的金属块处于高频交变磁场中，在金属块内部截面的磁通量有着很大的变化率，因此在金属块内部由于电磁感应将形成自闭合的感应涡电流。由于涡流金属提供的电阻很小，所以涡流的强度会很大，正比于涡电流强度平方的涡电流热效应将使金属块自身熔化。

4.47　将尺寸完全相同的铜环和铝环适当放置，使通过两环的磁通量的变化率相等。这两个环中的感应电流及感生电场是否相等？为什么？

答：感应电动势 $\varepsilon_i = -d\Phi/dt$，通过两环内的磁通量的变化率相等，则两环中的感应电动势相同。感应电流 $i = \varepsilon/R$，尺寸完全相同的铜环和铝环的电阻不同，则两环中的感应电流不相同，铜环中感应电流稍大一些。$\varepsilon = \oint_l \boldsymbol{E}_i \cdot d\boldsymbol{l} = -\dfrac{d\Phi}{dt}$，两环内磁通量变化率之所以相等，最简单的考虑是由于尺寸完全相同的它们在同一变化磁场内有着相同的方位，因此相同的环路和相等的磁通量变化率导致了两个环中具有相等的感生电场 $\boldsymbol{E}_i$。

4.48　一块金属在均匀磁场中平移，金属中是否会有涡流？若在均匀磁场中旋转，情况如何？

答：一块金属中能否产生涡流，关键是金属截面内是否存在变化的磁通量。金属块在均匀磁场中平移，任意的金属截面内不存在磁通量的变化率，因此不会有涡流。如果金属块在均匀磁场中旋转，如图 4-16(a)所示，若转轴与磁场方向平行，金属块中任意的截面内不存在磁通量的变化，因此不会有涡流；如图 4-16(b)所示，若转轴与磁场方向不平行，则金属中某些截面的磁通量会发生变化，这时金属中会有涡流。

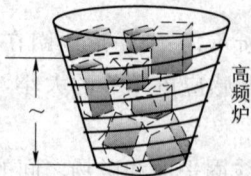

图 4-15　思考题 4.46 用图

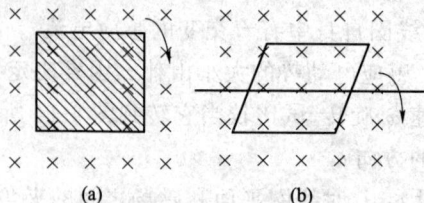

图 4-16　思考题 4.48 用图

4.49 如图 4-17 所示,均匀磁场被限制在半径为 R 的无限长圆柱内,磁场随时间作线性变化,现有两个闭合曲线 L_1(为一圆周)与 L_2(为一扇形)。问:

(1) L_1 与 L_2 上每一点的 $\dfrac{\mathrm{d}\boldsymbol{B}}{\mathrm{d}t}$ 是否为零?感生电场 $\boldsymbol{E}_i$ 是否为零?$\displaystyle\oint_{L_1} \boldsymbol{E}_i \cdot \mathrm{d}\boldsymbol{l}$ 与 $\displaystyle\oint_{L_2} \boldsymbol{E}_i \cdot \mathrm{d}\boldsymbol{l}$ 是否为零?

(2) 若 L_1 与 L_2 为均匀导体回路,则回路中有无感应电流?

答:(1) 图中 L_1 处于线性变化的磁场内,L_1 上每一点的 $\mathrm{d}\boldsymbol{B}/\mathrm{d}t$ 不为零;变化的磁场在周围激发感生电场 $\boldsymbol{E}_i$,所以 L_1 上每

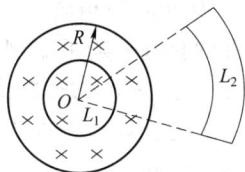

图 4-17 思考题 4.49 用图

一点 $\boldsymbol{E}_i$ 不为零;$\displaystyle\oint_{L_1} \boldsymbol{E}_i \cdot \mathrm{d}\boldsymbol{l} = -\int_S \dfrac{\partial \boldsymbol{B}}{\partial t} \cdot \mathrm{d}\boldsymbol{S}$,因 $\dfrac{\partial \boldsymbol{B}}{\partial t}$ 不为零,$\displaystyle\oint_{L_1} \boldsymbol{E}_i \cdot \mathrm{d}\boldsymbol{l} \neq 0$。$L_2$ 处于线性变化的磁场外,其上每一点的 $\mathrm{d}\boldsymbol{B}/\mathrm{d}t$ 为零;但由于变化的磁场在周围空间(不只是磁场所在空间)激发着感生电场 $\boldsymbol{E}_i$,L_2 上每一点的 $\boldsymbol{E}_i$ 不为零;处于线性变化的磁场外的 L_2 回路面内没有磁通量的变化率,因此 $\displaystyle\oint_{L_2} \boldsymbol{E}_i \cdot \mathrm{d}\boldsymbol{l} = 0$。

(2) $i = \dfrac{\varepsilon}{R} = -\dfrac{\mathrm{d}\Phi}{R\,\mathrm{d}t}$。$\varepsilon_{i1} = \displaystyle\oint_{L_1} \boldsymbol{E}_i \cdot \mathrm{d}\boldsymbol{l} \neq 0$,若 L_1 为导体回路,其中有感应电流。因 $\varepsilon_{i2} = \displaystyle\oint_{L_2} \boldsymbol{E}_i \cdot \mathrm{d}\boldsymbol{l} = 0$,即便是导体回路,无电动势的 L_2 中也无感应电流。

4.50 动生电动势和感生电动势有何类似与不同之处?

答:如果是导体回路,它们的类似之处是,由于回路平面存在着磁通量的变化率,都是由非静电力推动导体中电荷的运动而产生;不同之处是,引起导体回路磁通量变化的原因不同,非静电力的产生机理有所不同。动生电动势是指导体切割磁感应线运动引起回路磁通量的变化,其非静电力是洛伦兹力;而感生电动势是指磁场的变化,其非静电力是来自变化磁场周围的感生电场。

另外,对于导体在磁场中的运动而言,由于运动是相对的,动生电动势与感生电动势具有相对性。如图 4-18(a) 所示,以线圈为参考系,线圈不动,磁铁向上运动,线圈中的电动势为感生电动势。如图 4-18(b) 所示,以磁铁为参考系,磁铁不动,线圈向下运动,线圈中的电动势为动生电动势。

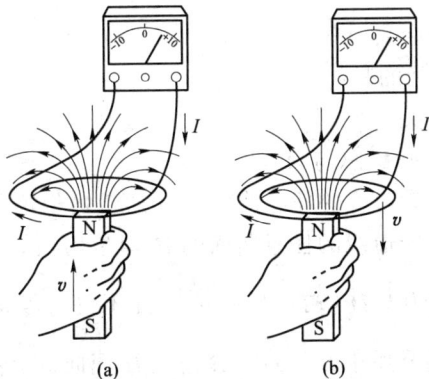

(a)　　　　　　　(b)

图 4-18 思考题 4.50 用图

4.51　一个线圈自感系数的大小由哪些因素决定? 怎样绕制一个自感为零的线圈?

答：一个线圈的自感系数的大小为 $L = \mu n^2 V$,由单位长度上的线圈匝数 n,线圈的体积 V,以及介质的相对磁导率 μ 来决定。最简单的方法是采用双线绕制线圈,最后把两条线的尾部焊接在一起就绕制成一个自感为零的线圈。因为如果通有电流 i,双线中的电流反向,则 $\Psi = Li = 0$,即线圈的全磁通为零,自感 $L = 0$。

4.52　一段直导线在均匀磁场中作如图 4-19 所示的4种运动。在哪种情况下导线中有感应电动势? 为什么? 感应电动势的方向是怎样的?

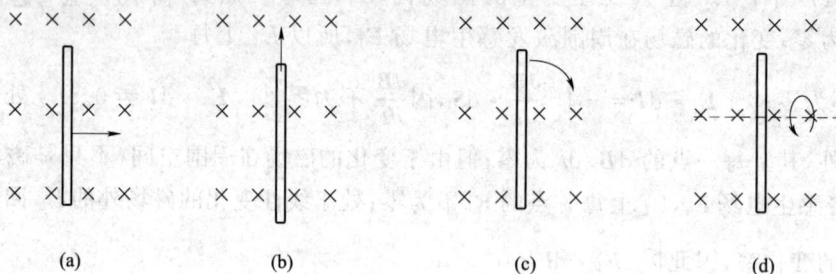

图 4-19　思考题 4.52 用图

答：(a) 中有电动势,因为它切割磁感应线,由 $\varepsilon = \int_l (\boldsymbol{v} \times \boldsymbol{B}) \cdot \mathrm{d}l$ 可以判断出动生电动势沿导体由下指向上。(b) 中无电动势,因为它不切割磁感应线。(c) 中有电动势,因为导体作切割磁感应线运动,同样由 $\varepsilon = \int_l (\boldsymbol{v} \times \boldsymbol{B}) \cdot \mathrm{d}l$ 判断出此时动生电动势沿导体由下指向上。(d) 中无电动势,同样因为它不切割磁感应线。

4.53　什么叫位移电流? 什么叫传导电流? 试比较两者的不同之处?

答：在似稳电流情况下的安培环路定理为 $\oint_L \boldsymbol{H} \cdot \mathrm{d}l = I_c + \dfrac{\mathrm{d}\Phi_D}{\mathrm{d}t}$,$I_d = \dfrac{\mathrm{d}\Phi_D}{\mathrm{d}t}$ 称为位移电流。一般把导体中自由电子的定向移动形成的电流称为传导电流 I_c。两者的不同之处在于位移电流实质是电场随时间的变化率,而传导电流是真实电荷的定向移动。麦克斯韦位移电流假说的提出是为了电与磁的对称性,是为了实现全电流的连续性以把稳恒电流的安培环路定理 $\oint_L \boldsymbol{H} \cdot \mathrm{d}l = I_c$ 推广到似稳电流情况。在计算似稳电流的空间磁场时,把它当作位移电流的磁场,计算也许会简单些。

4.54　下面说法中,正确的是(　　)。

A. $\boldsymbol{H}$ 仅与传导电流有关

B. 无论抗磁质或顺磁质,$\boldsymbol{B}$ 总与 $\boldsymbol{H}$ 同向

C. 通过以闭合曲线 L 为边线的任意曲面的 $\boldsymbol{B}$ 通量均相等

D. 通过以闭合曲线 L 为边线的任意曲面的 $\boldsymbol{H}$ 通量均相等

答：C。安培环路定理为 $\oint_L \boldsymbol{H} \cdot \mathrm{d}l = I_c + \dfrac{\mathrm{d}\Phi_D}{\mathrm{d}t}$,$\boldsymbol{H}$ 不仅与传导电流有关,还与位移电流有关,所以 A 错。在各向同性介质中 $\boldsymbol{B} = \mu \boldsymbol{H}$,$\boldsymbol{B}$ 总与 $\boldsymbol{H}$ 同向;在各向异性介质中,$\boldsymbol{B}$ 与 $\boldsymbol{H}$ 不一定同向,所以 B 错。$\boldsymbol{B}$ 线是连续的闭合曲线,而 $\boldsymbol{H}$ 线不一定是连续的闭合曲线,因此 C 正确而 D 错。

4.55　什么是坡印亭矢量？它与电场和磁场有什么关系？

答：电磁波的能流密度矢量称为坡印亭矢量，它和电场与磁场的关系是 $S = E \times H$。

4.56　给平行板电容器充电时，坡印亭矢量指向电容器内部，为什么？如果给电容器放电，情况又如何？

答：电磁场的能流密度矢量 $S = E \times H$，以平行板电容器极板间为空气为例，有 $B = \mu_0 H$，有 $S = E \times B / \mu_0$。充电平行板电容器极板间电场与磁场分布如图 4-20 所示，由右手螺旋定则，此时的坡印亭矢量指向电容器内部使极间电磁场能量增加。如果是电容器放电，图 4-20 中的电流流向、极间电场 E 和磁场 B 反向，由右手螺旋定则可判定坡印亭矢量 S 由外部指向内部，极间电磁场能量向外辐射。

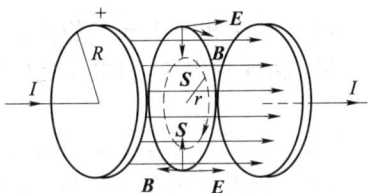

图 4-20　思考题 4.56 用图

4.57　电磁波的能量中，电能和磁能各占多少？

答：电磁波能量密度为

$$w = w_e + w_m = \frac{1}{2}\varepsilon E^2 + \frac{1}{2}\mu H^2 = \varepsilon E^2$$

其中，电能占电磁波能量的 $(1/2)\varepsilon E^2 / \varepsilon E^2 = 1/2$，磁能占电磁波能量的 $1/2$。

4.58　麦克斯韦方程组中各方程的物理意义是什么？

答：$\oint_S D \cdot dS = \int_V \rho \, dV$ 是电场的高斯定理。说明总的电场和电荷的关系。

$\oint_S B \cdot dS = 0$ 是磁场的高斯定理。磁场是无源场，说明目前的电磁理论认为，自然界中没有单一的"磁荷"（单独的磁 N 极或单独的磁 S 极）存在。

$\oint_L E \cdot dl = -\int_S \dfrac{\partial B}{\partial t} \cdot dS$ 是法拉第电磁感应定律。说明总的电场和磁场的关系，包含变化的磁场伴随着电场的规律。

$\oint_L H \cdot dl = \int_S \left(j_c + \dfrac{\partial D}{\partial t} \right) \cdot dS$ 是一般形式下的安培环路定理。说明磁场和电流（运动的电荷），以及变化电场的联系，包含变化的电场伴随着磁场的规律。

4.59　真空中静电场的高斯定理和电磁场的高斯定理具有完全相同的形式，试问在理解上两者有何区别？

答：虽然电磁场的高斯定理和静电场的高斯定理具有相同的形式，但它们的意义有区别。静电场的高斯定理说明了静电场是有源场，指出了静止电荷与静电场的关系。电磁场的高斯定理指出总电场与电荷的关系，总的电场包括静止电荷的静电场、运动电荷的电场与感生电场，感生电场表示了电场与变化的磁场的关联，而高斯面内的电荷有静止电荷也有运动电荷。但是由于感生电场是无源场，感生电场的场线是闭合的，因此总的电场中任何闭合曲面的电通量与感生电场无关，也只和面内电荷（静止的与运动的）的代数和有关。

4.60　对于真空中稳恒电流的磁场和一般电磁场都满足 $\oint_S B \cdot dS = 0$，在理解上有何不同？

答：真空中稳恒电流的磁高斯定理 $\oint_S B \cdot dS = 0$ 说明了稳恒电流的磁场是无源场，其磁感应线是闭合曲线。一般电磁场中的总磁场有稳恒电流的磁场、似稳电流的磁场和变化电场空间中的磁场,$\oint_S \boldsymbol{B} \cdot d\boldsymbol{S} = 0$ 说明总磁场是无源场,总磁场的磁感应线是闭合的。

习题参考解答

4.1   两个相距 1 m 的静止点电荷,所带电量均为 1 C,求它们之间相互作用力的大小。

解:由库仑定律,两电荷之间相互作用力的大小为

$$F = \frac{q_1 q_2}{4\pi\varepsilon_0 r^2} = \frac{1 \times 1}{4 \times 3.14 \times 8.85 \times 10^{-12} \times 1^2} \text{N} = 9.0 \times 10^9 \text{N}$$

4.2   如图 4-21 所示,两个固定的点电荷,相距为 l,带电量分别为 q 和 $4q$。试问在何处放一个何种电荷可以使这 3 个电荷达到平衡?

解:在两固定点电荷连线之间放一个带负电的电荷可使 3 个电荷平衡。设所放电荷电量为 $-q'$,与 q 的距离为 $r(0<r<l)$。$-q'$ 受库仑力作用而受力平衡,有

$$-\frac{qq'}{4\pi\varepsilon_0 r^2} + \frac{4qq'}{4\pi\varepsilon_0 (l-r)^2} = 0$$

得 $4r^2 = (1-r)^2$,由于 $0<r<l,r=l/3,q$ 受力平衡,有

$$\frac{qq'}{4\pi\varepsilon_0 r^2} - \frac{4q^2}{4\pi\varepsilon_0 l^2} = 0$$

因 $r=l/3$,可得 $q'=4q/9$。所以,在两固定电荷连线之间距 q 电荷 $l/3$ 处放一带电量为 $-4q/9$ 的电荷,可使这 3 个电荷达到平衡。

4.3   两个相距为 $2l$ 的点电荷带电量均为 q,试求在它们连线的中垂面上离连线的中点距离为 r 处的电场强度。如果 $r \gg l$,结果如何?

解:建立如图 4-22 所示坐标系。设两个点电荷 q 在它们的中垂面上离连线的中点距离为 r 处 P 点场强分别为 $\boldsymbol{E}_1$ 和 $\boldsymbol{E}_2$,由于对称性,$\boldsymbol{E}_1$ 和 $\boldsymbol{E}_2$ 的 x 轴方向分量相消,它们的合场强为

$$\boldsymbol{E} = \boldsymbol{E}_1 + \boldsymbol{E}_2 = E_{1y}\boldsymbol{j} + E_{2y}\boldsymbol{j} = 2E_{1y}\boldsymbol{j}$$

由库仑定律,$\boldsymbol{E}_1$ 在 y 轴方向分量大小为

$$E_{1y} = \frac{1}{4\pi\varepsilon_0} \frac{q}{r^2+l^2} \cdot \frac{r}{\sqrt{r^2+l^2}} = \frac{1}{4\pi\varepsilon_0} \frac{qr}{(r^2+l^2)^{3/2}}$$

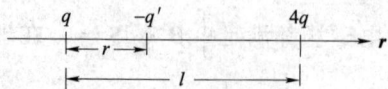

图 4-21   习题 4.2 用图

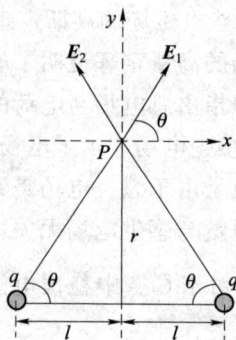

图 4-22   习题 4.3 用图

所以,所求 P 点场强为 $\boldsymbol{E}=2E_{1y}\boldsymbol{j}=\dfrac{1}{2\pi\varepsilon_0}\dfrac{qr}{(r^2+l^2)^{3/2}}\boldsymbol{j}$,方向沿 y 轴方向。

如果 $r\gg l$,可忽略 l 的高次项,有

$$\boldsymbol{E}=\frac{1}{2\pi\varepsilon_0}\frac{qr}{(r^2+l^2)^{3/2}}\boldsymbol{j}\approx\frac{2q}{4\pi\varepsilon_0 r^2}\boldsymbol{j}$$

相当于处于连线中点一个电量为 $2q$ 的点电荷的电场。

4.4　半径为 R 的半圆环均匀带电,电荷线密度为 λ,求其环心处的电场强度。

解:建立如图 4-23 所示的坐标系。在半圆环上对称地取两个小段圆弧,长度都为 $R\,\mathrm{d}\theta$,则它们带电量均为 $\mathrm{d}q=\lambda R\,\mathrm{d}\theta$,它们在环心 O 点产生的电场强度 x 轴方向分量相消,它们的合场强沿 y 轴方向。因此,整个均匀带电半圆环环心 O 点的电场强度是每个 $\mathrm{d}q$ 的 y 轴方向场强分量的叠加。一个 $\mathrm{d}q$ 的 y 轴方向场强为

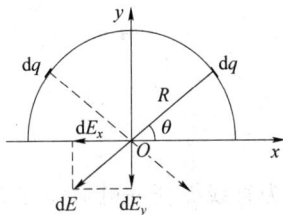

图 4-23　习题 4.4 用图

$$\mathrm{d}E_y=\mathrm{d}E\sin\theta=\frac{\lambda R\,\mathrm{d}\theta}{4\pi\varepsilon_0 R^2}\sin\theta=\frac{\lambda}{4\pi\varepsilon_0 R}\sin\theta\,\mathrm{d}\theta$$

环心处的总电场强度方向沿 y 轴方向,其大小为

$$E=E_y=\int\mathrm{d}E_y=\int_0^{\pi}\frac{\lambda}{4\pi\varepsilon_0 R}\sin\theta\,\mathrm{d}\theta=\frac{\lambda}{2\pi\varepsilon_0 R}$$

4.5　两个点电荷相距为 d,带电量分别为 q_1 和 q_2($q_2>q_1$)。求在下列两种情况下两个点电荷连线上电场强度为零的点的位置。

(1) 两电荷同号。

(2) 两电荷异号。

解:(1)如图 4-24(a)所示,两电荷同号时,在其连线外侧电场强度方向相同,内侧电场强度方向相反。故电场强度为零的点在两电荷连线内侧,设该点 P 点与 q_1 距离为 r_1($r_1>0$),由场强叠加原理,有

$$\frac{q_1}{4\pi\varepsilon_0 r_1^2}-\frac{q_2}{4\pi\varepsilon_0(d-r_1)^2}=0$$

移项后两边开方,计算可得 $r_1=\dfrac{\sqrt{q_1}\,d}{\sqrt{q_1}+\sqrt{q_2}}$。

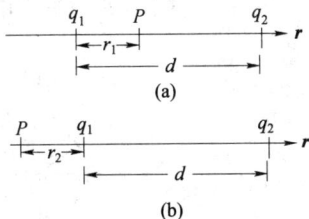

图 4-24　习题 4.5 用图

(2) 如图 4-24(b)所示,两电荷异号时,在其连线内侧电场强度方向相同,外侧电场强度方向相反。因 $q_2>q_1$,场强度为零的点在 q_1 外侧。设与 q_1 距离为 r_2($r_2>0$),由场强叠加原理,有

$$-\frac{q_1}{4\pi\varepsilon_0 r_2^2}+\frac{q_2}{4\pi\varepsilon_0(d+r_2)^2}=0$$

同样,计算可得 $r_2=\dfrac{\sqrt{q_1}\,d}{\sqrt{q_2}-\sqrt{q_1}}$。

4.6　电荷 Q 均匀地分布在长为 $2l$ 的一段直线上。试求在直线的延长线上距线的中点 r($r>l$)处的电场强度。

解：建立如图 4-25 所示的坐标系。在带电直线上距离 O 点 x 处取电荷元 $dq = \lambda dx = \dfrac{Q}{2l} dx$，它在 P 点产生的电场强度大小为

$$dE = \frac{dq}{4\pi\varepsilon_0 (r-x)^2} = \frac{\lambda dx}{4\pi\varepsilon_0 (r-x)^2}$$

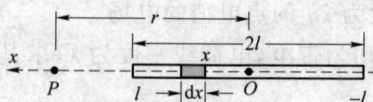

图 4-25　习题 4.6 用图

因为直线上任一电荷元在 P 点产生的电场强度的方向相同，所以整个带电直线在 P 点产生的电场强度大小为

$$E = \int dE = \int_{-l}^{+l} \frac{\lambda dx}{4\pi\varepsilon_0 (r-x)^2} = \frac{\lambda 2l}{4\pi\varepsilon_0 (r^2-l^2)} = \frac{Q}{4\pi\varepsilon_0 (r^2-l^2)}$$

即有 $\boldsymbol{E} = \dfrac{Q}{4\pi\varepsilon_0 (r^2-l^2)} \boldsymbol{i}$。

4.7　一无穷长均匀带电线弯成一个半圆形弧和两条半无限长直线如图 4-26 所示的形状，求圆心 O 处的电场强度。

解：圆心 O 处的电场强度为图 4-26(a)所示的一个均匀带电半圆弧和图 4-26(b)所示的两个半无限长均匀带电直线产生的场强叠加。设它们电荷线密度为 λ，半圆弧半径为 R。

半圆环电荷分布相对 x 轴上下对称，电场分布也具有同样对称性，因此它们在 O 点产生的电场强度 y 轴方向分量一定大小相等、方向相反，x 轴方向分量一定大小相等、方向相同。所以，均匀带电半圆环环心 O 点的电场强度沿 x 轴方向，其大小是每个 dq 的 x 轴方向场强分量的叠加。同习题 4.4，有

$$\boldsymbol{E}_1 = E_{1x}\boldsymbol{i} = \int dE_x \boldsymbol{i} = \int_q \frac{dq}{4\pi\varepsilon_0 R^2} \sin\theta\, \boldsymbol{i} = \int_0^\pi \frac{\lambda R\, d\theta}{4\pi\varepsilon_0 R^2} \sin\theta\, \boldsymbol{i} = \frac{\lambda}{2\pi\varepsilon_0 R}\boldsymbol{i}$$

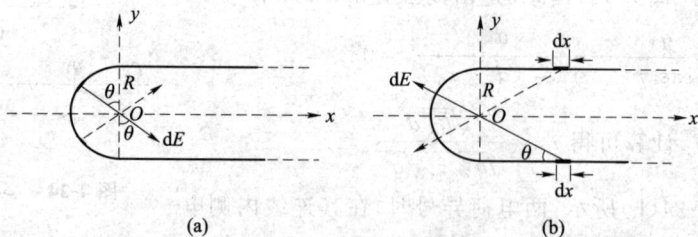

图 4-26　习题 4.7 用图

如图 4-26(b)所示，同样因两个半无限长均匀带电直线的电荷分布的对称性，它们在 O 点产生的电场强度 y 轴方向分量一定大小相等、方向相反，x 轴方向分量一定大小相等、方向相同，所以它们的合场强沿 x 轴方向，其大小是每个 dq 的 x 轴方向场强分量的叠加。在一个半无限长均匀带电直线上取电荷元 $dq = \lambda dx$，它在 O 点产生的电场强度 x 轴方向分量为

$$dE_x = dE\cos\theta = \frac{dq}{4\pi\varepsilon_0 r^2}\cos\theta = \frac{\lambda dx}{4\pi\varepsilon_0 (x^2+R^2)} \cdot \frac{x}{\sqrt{x^2+R^2}} = \frac{\lambda x \, dx}{4\pi\varepsilon_0 (x^2+R^2)^{3/2}}$$

那么两个半无限长均匀带电直线 O 点产生的电场强度为

$$\boldsymbol{E}_2 = -E_{2x}\boldsymbol{i} = 2\int dE_x(-\boldsymbol{i}) = -2\int_0^\infty \frac{\lambda x \, dx}{4\pi\varepsilon_0 (x^2+R^2)^{3/2}}\boldsymbol{i} = -\frac{\lambda}{2\pi\varepsilon_0 R}\boldsymbol{i}$$

所以,整个带电线在圆心 O 处的电场强度 $\boldsymbol{E}=\boldsymbol{E}_1+\boldsymbol{E}_2=0$。

4.8 在场强为 $\boldsymbol{E}$ 的均匀静电场中,取一半径为 R 的半球面,$\boldsymbol{E}$ 的方向和半球面的轴平行,如图 4-27 所示。试求通过该半球面 S_1 的电通量。若以半球面的边线为边线,另做一个任意形状的曲面 S_2,则通过 S_2 面的电通量又是多少?

解:由 S_1 和以 R 为半径的大圆面 S_0 组成一个闭合曲面 S,在均匀电场中通过闭合曲面 S 的电通量由高斯定理给出:

$$\oint_S \boldsymbol{E} \cdot d\boldsymbol{S} = \int_{S_0} \boldsymbol{E} \cdot d\boldsymbol{S} + \int_{S_1} \boldsymbol{E} \cdot d\boldsymbol{S} = 0$$

所以,通过 S_1 的电通量为

$$\Phi_{S_1} = \int_{S_1} \boldsymbol{E} \cdot d\boldsymbol{S} = -\int_{S_0} \boldsymbol{E} \cdot d\boldsymbol{S} = -\int_{S_0} E \, dS\cos\pi$$

$$= ES = \pi R^2 E$$

其中,作为闭合曲面的一部分的大圆面 S_0 的法线由闭合面内部指向外部,和均匀电场方向相反,二者夹角为 π。

同样地,可求出通过以半球面的边线为边线另做的一个任意形状的曲面 S_2 的电通量。大圆面 S_0 和曲面 S_2 组成了另一个闭合曲面,无电荷空间闭合曲面的电通量一定为零,所以

$$\Phi_{S_2} = \int_{S_2} \boldsymbol{E} \cdot d\boldsymbol{S} = -\int_{S_0} \boldsymbol{E} \cdot d\boldsymbol{S} = -\int_{S_0} E \, dS\cos\pi = ES = \pi R^2 E$$

4.9 两个同心均匀带电球面,半径分别为 R_1 和 R_2($R_1 < R_2$),带电量分别为 $+q$ 和 $-q$。试分别用场强叠加原理和高斯定理求其电场分布。

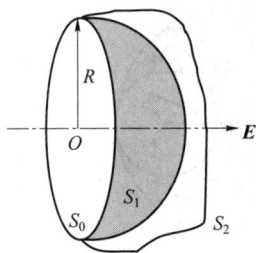

图 4-27 习题 4.8 用图   图 4-28 习题 4.9 用图

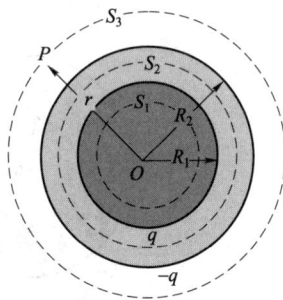

解:(1)用场强叠加原理求解。如图 4-28 所示,两个带电球面在空间的电场分布分别为

$$\boldsymbol{E}_1 = \begin{cases} \dfrac{q}{4\pi\varepsilon_0 r^2}\boldsymbol{e}_r, & r > R_1 \\ 0, & r < R_1 \end{cases} \qquad \boldsymbol{E}_2 = \begin{cases} \dfrac{-q}{4\pi\varepsilon_0 r^2}\boldsymbol{e}_r, & r > R_2 \\ 0, & r < R_2 \end{cases}$$

$r < R_1$：由场强叠加原理，$\boldsymbol{E}_{r<R_1} = 0 + 0 = 0$。

$R_1 < r < R_2$：由场强叠加原理，$\boldsymbol{E}_{R_1<r<R_2} = \dfrac{q}{4\pi\varepsilon_0 r^2}\boldsymbol{e}_r + 0 = \dfrac{q}{4\pi\varepsilon_0 r^2}\boldsymbol{e}_r$。

$r > R_2$：由场强叠加原理，$\boldsymbol{E}_{r>R_2} = \dfrac{q}{4\pi\varepsilon_0 r^2}\boldsymbol{e}_r + \dfrac{-q}{4\pi\varepsilon_0 r^2}\boldsymbol{e}_r = 0$。

（2）用高斯定理求解。两个同心均匀带电球面的电荷分布具有以自身球心为中心的球对称性，它产生的电场一定是以球心为中心的球对称性电场。因此，在 $r < R_1$，$R_1 < r < R_2$，$r > R_2$ 3 个空间分别取如图 4-28 所示的通过场点 P 的与带电球面同心的、半径为 r 的球面 S_1，S_2，S_3 为高斯面。

$r < R_1$：高斯面内没有电荷，根据高斯定理，有

$$\oint_{S_1} \boldsymbol{E} \cdot \mathrm{d}\boldsymbol{S} = \oint_{S_1} E\,\mathrm{d}S\cos0° = E \cdot 4\pi r^2 = 0$$

所以，$r < R_1$ 时 $\boldsymbol{E}_{r<R_1} = 0$。

$R_1 < r < R_2$：高斯面内的净电荷为 q，根据高斯定理，有

$$\oint_{S_2} \boldsymbol{E} \cdot \mathrm{d}\boldsymbol{S} = \oint_{S_2} E\,\mathrm{d}S\cos0° = E \cdot 4\pi r^2 = q/\varepsilon_0$$

所以，$R_1 < r < R_2$ 空间的 $\boldsymbol{E}_{R_1<r<R_2} = \dfrac{q}{4\pi\varepsilon_0 r^2}\boldsymbol{e}_r$。

$r > R_2$：高斯面内电荷为 $+q + (-q) = 0$，根据高斯定理，有

$$\oint_{S_3} \boldsymbol{E} \cdot \mathrm{d}\boldsymbol{S} = \oint_{S_3} E\,\mathrm{d}S\cos0° = E \cdot 4\pi r^2 = 0$$

所以，$r > R_2$ 空间的 $\boldsymbol{E}_{r>R_2} = 0$。

4.10　电荷 Q 均匀地分布在半径为 R 的球体内，求其电场分布；若在该球内挖去一部分电荷，挖去的体积是一个小球体，试证明挖去电荷后空腔内的电场是均匀场。

解：（1）求均匀带电球体的电场分布。如图 4-29(a) 所示，球对称的电荷分布激发球对称的电场。分别作与均匀带电球体同心的球面 S_1，S_2 为高斯面，如图 4-29(a) 所示。

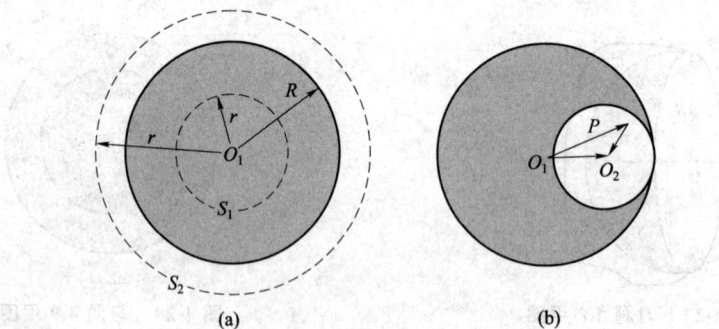

图 4-29　习题 4.10 用图

$r < R$：设球体内电荷体密度为 ρ，因电场的球对称性，高斯面 S_1 上场强大小处处相等，方向与矢径平行，高斯定理给出

$$\oint_{S_1} \boldsymbol{E} \cdot \mathrm{d}\boldsymbol{S} = \oint_{S_1} E\,\mathrm{d}S\cos0° = E \cdot 4\pi r^2 = \frac{4\pi}{3\varepsilon_0}r^3\rho$$

所以,$r<R$ 区域内的场强 $\boldsymbol{E}_{r<R}=\dfrac{\rho}{3\varepsilon_0}r\boldsymbol{e}_r$,其中 $\rho=\dfrac{Q}{4\pi R^3/3}$。

$r>R$:同样,对于高斯面 S_2,高斯定理给出

$$\oint_{S_2}\boldsymbol{E}\cdot\mathrm{d}\boldsymbol{S}=\oint_{S_2}E\mathrm{d}S\cos0°=E\cdot4\pi r^2=Q/\varepsilon_0$$

所以,$r>R$ 区域内的场强 $\boldsymbol{E}_{r>R}=\dfrac{Q}{4\pi\varepsilon_0 r^2}\boldsymbol{e}_r$。

(2) 证明挖去电荷后空腔内的电场是均匀场。

证明:根据场叠加原理,挖去小球体后的场强等于完整均匀带电大球电荷体的场减去均匀带电小球体的场,或者说是电荷体密度为 ρ 的大球体电荷的场加上一个电荷体密度为 $-\rho$ 的均匀带电小球体所产生的电场。设挖去球体半径为 r_0,在空腔内任取一点 P,如图 4-29(b)所示,由上面的解,电荷体密度为 ρ 的均匀带电大球体体内场为

$$\boldsymbol{E}_1=\boldsymbol{E}_{r<R}=\frac{\rho}{3\varepsilon_0}r\boldsymbol{e}_r=\frac{\rho}{3\varepsilon_0}r\,\frac{\boldsymbol{r}}{r}=\frac{\rho}{3\varepsilon_0}\boldsymbol{r}=\frac{\rho}{3\varepsilon_0}\overrightarrow{O_1P}$$

同理,体电荷密度为 $-\rho$ 的半径为 r 的均匀带电小球体在自己体内 P 点的场强为

$$\boldsymbol{E}_2=\frac{-\rho}{3\varepsilon_0}\boldsymbol{r}_{r<r_0}=\frac{-\rho}{3\varepsilon_0}\overrightarrow{O_2P}$$

$$\boldsymbol{E}=\boldsymbol{E}_1+\boldsymbol{E}_2=\frac{\rho}{3\varepsilon_0}\overrightarrow{O_1P}-\frac{\rho}{3\varepsilon_0}\overrightarrow{O_2P}=\frac{\rho}{3\varepsilon_0}(\overrightarrow{O_1P}-\overrightarrow{O_2P})=\frac{\rho}{3\varepsilon_0}\overrightarrow{O_1O_2}$$

对于空腔内的场点,ρ 确定,$\overrightarrow{O_1O_2}$ 是常矢量,所以空腔内的电场是均匀场。得证。

4.11　内外半径分别为 R_1 和 $R_2(R_1<R_2)$ 的球壳均匀带电,电荷体密度为 ρ,求其电场分布。

解:均匀带电球壳的电荷分布具有以自身球心为中心的球对称性,它产生的电场一定是以球心为中心的球对称性电场。在 $r<R_1$,$R_1<r<R_2$,$r>R_2$ 三个空间分别取如图 4-30 所示的通过场点 P 的与带电球壳同心的、半径为 r 的球面 S_1,S_2,S_3 为高斯面。

$r<R_1$:高斯面内没有电荷,根据高斯定理,有

$$\oint_{S_1}\boldsymbol{E}\cdot\mathrm{d}\boldsymbol{S}=\oint_{S_1}E\mathrm{d}S\cos0°=E\cdot4\pi r^2=0$$

所以,$r<R_1$ 时,$\boldsymbol{E}_{r<R_1}=0$。

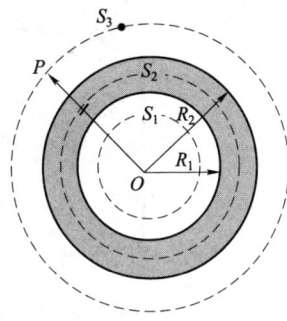

图 4-30　习题 4.11 用图

$R_1<r<R_2$:根据高斯定理,有

$$\oint_{S_2}\boldsymbol{E}\cdot\mathrm{d}\boldsymbol{S}=\oint_{S_2}E\mathrm{d}S\cos0°=E\cdot4\pi r^2=\frac{4\pi}{3\varepsilon_0}\rho(r^3-R_1^3)$$

所以,$R_1<r<R_2$ 空间的 $\boldsymbol{E}_{R_1<r<R_2}=\dfrac{\rho}{3\varepsilon_0 r^2}(r^3-R_1^3)\boldsymbol{e}_r$。

$r>R_2$:根据高斯定理,有

$$\oint_{S_3}\boldsymbol{E}\cdot\mathrm{d}\boldsymbol{S}=\oint_{S_3}E\mathrm{d}S\cos0°=E\cdot4\pi r^2=\frac{4\pi}{3\varepsilon_0}\rho(R_2^3-R_1^3)$$

所以,$r>R_2$ 空间的 $\boldsymbol{E}_{r>R_2}=\dfrac{\rho}{3\varepsilon_0 r^2}(R_2^3-R_1^3)\boldsymbol{e}_r$。

4.12 半径为 R 的无限长直圆柱体均匀带电，电荷体密度为 ρ，求其电场分布。

解：无限长直圆柱体均匀带电，电荷的轴对称分布确定了其电场分布的轴对称性，在 $r<R$ 和 $r>R$ 两个柱空间分别取如图 4-31 所示的与均匀带电直圆柱体同轴的，半径为 $r(r_1, r_2)$，高为 $h(h_1, h_2)$ 的闭合柱面 S_1 和 S_2 为高斯面。

$r<R$：由高斯定理，有

$$\oint_{S_1} \boldsymbol{E} \cdot \mathrm{d}\boldsymbol{S} = E \cdot 2\pi r_1 \cdot h_1 = \pi r^2 h_1 \rho / \varepsilon_0$$

得 $\boldsymbol{E}_{r<R} = \dfrac{\rho}{2\varepsilon_0} r \boldsymbol{e}_r$。

$r>R$：由高斯定理，有

$$\oint_{S_2} \boldsymbol{E} \cdot \mathrm{d}\boldsymbol{S} = E \cdot 2\pi r_2 \cdot h_2 = \pi R^2 h_2 \rho / \varepsilon_0$$

得 $\boldsymbol{E}_{r>R} = \dfrac{\rho R^2}{2\varepsilon_0 r} \boldsymbol{e}_r$。

4.13 两个半径分别为 R_1 和 $R_2(R_1<R_2)$ 的无限长同轴圆柱面，带有等值异号电荷，电荷线密度为 $+\lambda$ 和 $-\lambda$，求其电场分布。

解：无限长同轴圆柱面电荷的轴对称分布确定了其电场分布的轴对称性，在 $r<R_1$，$R_1<r<R_2$，$r>R_2$ 三个空间分别取如图 4-32 所示的同轴的、半径为 $r(r_1, r_2, r_3)$、高为 $h(h_1, h_2, h_3)$ 的闭合柱面 S_1, S_2, S_3 为高斯面。

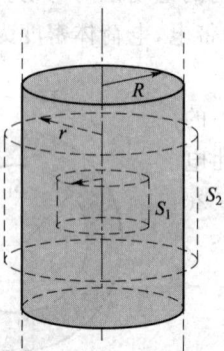

图 4-31　习题 4.12 用图　　　　图 4-32　习题 4.13 用图

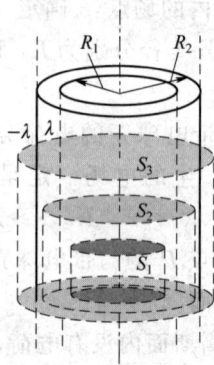

$r<R_1$：根据高斯定理，有

$$\oint_{S_1} \boldsymbol{E} \cdot \mathrm{d}\boldsymbol{S} = E \cdot 2\pi r_1 \cdot h_1 = 0$$

得 $\boldsymbol{E}_{r<R_1} = 0$。

$R_1<r<R_2$：根据高斯定理，有

$$\oint_{S_2} \boldsymbol{E} \cdot \mathrm{d}\boldsymbol{S} = E \cdot 2\pi r_2 \cdot h_2 = h_2 \lambda / \varepsilon_0$$

得 $\boldsymbol{E}_{R_1<r<R_2} = \dfrac{\lambda}{2\pi \varepsilon_0 r} \boldsymbol{e}_r$。

$r>R_2$：由高斯定理，有

$$\oint_{S_3} \boldsymbol{E} \cdot \mathrm{d}\boldsymbol{S} = E \cdot 2\pi r_3 \cdot h_3 = 0$$

得 $E_{r>R_2} = 0$。

上面是利用高斯定理求解,当然在不特意要求利用高斯定理求解时,还可以直接利用均匀带电无限长圆柱面周围场分布结果通过电场叠加原理求解。

4.14 两个无限大的平行平面都均匀带电,在下列两种情况下求其电场分布。

(1) 电荷面密度均为 σ。

(2) 电荷面密度分别为 σ 和 $-\sigma$。

解:先用高斯定理求出电荷面密度为 σ 的无限大均匀带电平面的电场分布,再用叠加原理求出两个无限大的均匀带电平行平面的电场。

面对称性分布电荷的电场在空间也具有面对称性,即平面两侧对称点处的场强大小相等、方向相反;电荷分布沿带电平面具有平移对称性,与带电平面平行平面上场强应相等,且场强方向垂直带电平面。因此,取一个轴垂直于带电平面的圆柱面为高斯面,且被带电平面平分,如图 4-33(a) 所示。设圆柱面的两个底面面积为 ΔS,由于其侧面电通量为零,所以通过整个高斯面的电通量为

$$\Phi_e = \oint_S \boldsymbol{E} \cdot \mathrm{d}\boldsymbol{S} = 2\int_{\Delta S} \boldsymbol{E} \cdot \mathrm{d}\boldsymbol{S} = 2\int_{\Delta S} E \mathrm{d}S = 2E\int_{\Delta S} \mathrm{d}S = 2E\Delta S = \sigma \Delta S / \varepsilon_0$$

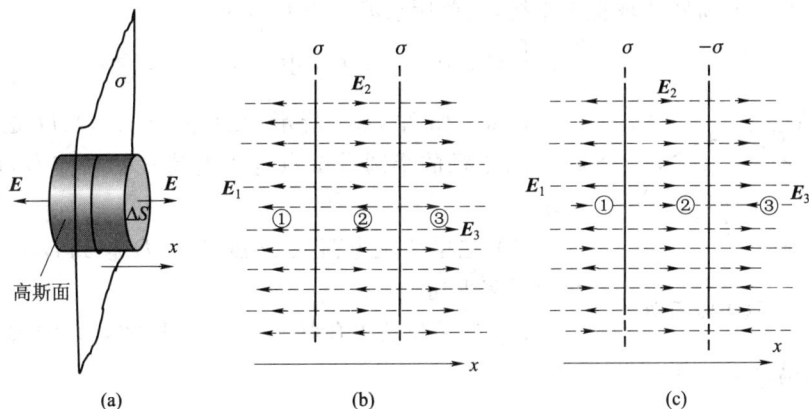

图 4-33 习题 4.14 用图

有 $E = \dfrac{\sigma}{2\varepsilon_0}$。即图 4-33(a) 所示左边空间的场为 $\boldsymbol{E} = -\dfrac{\sigma}{2\varepsilon_0}\boldsymbol{i}$,平面右边空间的场为 $\boldsymbol{E} = \dfrac{\sigma}{2\varepsilon_0}\boldsymbol{i}$。

(1) 如图 4-33(b) 所示,电荷面密度均为 σ 的两个无限大均匀带电平面的电场分布,根据叠加原理,有

图示①区:$\boldsymbol{E}_1 = -\dfrac{\sigma}{2\varepsilon_0}\boldsymbol{i} - \dfrac{\sigma}{2\varepsilon_0}\boldsymbol{i} = -\dfrac{\sigma}{\varepsilon_0}\boldsymbol{i}$

图示②区:$\boldsymbol{E}_2 = \dfrac{\sigma}{2\varepsilon_0}\boldsymbol{i} - \dfrac{\sigma}{2\varepsilon_0}\boldsymbol{i} = 0$

图示③区:$\boldsymbol{E}_3 = \dfrac{\sigma}{2\varepsilon_0}\boldsymbol{i} + \dfrac{\sigma}{2\varepsilon_0}\boldsymbol{i} = \dfrac{\sigma}{\varepsilon_0}\boldsymbol{i}$

(2) 如图 4-33(c) 所示,电荷面密度分别为 σ 和 $-\sigma$ 的两个无限大均匀带电平面的电场

分布,根据叠加原理,有

图示①区：$E_1 = -\dfrac{\sigma}{2\varepsilon_0}\boldsymbol{i} + \left(-\dfrac{-\sigma}{2\varepsilon_0}\boldsymbol{i}\right) = 0$

图示②区：$E_2 = \dfrac{\sigma}{2\varepsilon_0}\boldsymbol{i} + \left(-\dfrac{-\sigma}{2\varepsilon_0}\boldsymbol{i}\right) = \dfrac{\sigma}{\varepsilon_0}\boldsymbol{i}$

图示③区：$E_3 = \dfrac{\sigma}{2\varepsilon_0}\boldsymbol{i} + \dfrac{-\sigma}{2\varepsilon_0}\boldsymbol{i} = 0$

4.15 把单位正电荷从电偶极子轴线的中点沿任意路径移到无限远,求静电力对它所做的功。

解：(1) 设电偶极子两电荷的电量分别为 $+q$ 和 $-q$,距离为 l。选取无穷远为电势零点,电偶极子轴线的中点的电势为

$$U = U_+ + U_- = \frac{q}{4\pi\varepsilon_0 l/2} + \frac{-q}{4\pi\varepsilon_0 l/2} = 0$$

对于单位正电荷和电偶极子系统,保守内力的功等于系统势能的减少量。因此,当把单位正电荷 q_0 从电偶极子轴线的中点沿任意路径移到无限远,静电力对它所做的功为

$$A = -(W_{p2} - W_{p1}) = -(q_0 U_\infty - q_0 U) = -q_0(0 - 0) = 0$$

(2) 静电力是保守力,保守力做功与路径无关。选取电偶极子的中垂线为路径,因中垂线上电偶极子的电场处处垂直中垂线,因此所求静电力的功为

$$A = \int_L \boldsymbol{F} \cdot \mathrm{d}\boldsymbol{l} = \int_L q_0 \boldsymbol{E} \cdot \mathrm{d}\boldsymbol{l} = 0$$

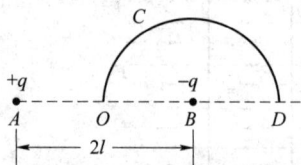

图 4-34　习题 4.16 用图

4.16 如图 4-34 所示,AB 长为 $2l$,OCD 是以 B 为圆心,l 为半径的半圆。A 点有正电荷 $+q$,B 点有负电荷 $-q$,试求：

(1) 把单位正电荷从 O 点沿 OCD 移到 D 点,电场力对它做了多少功？

(2) 把单位负电荷从 D 点沿 AB 的延长线移到无穷远,电场力对它做了多少功？

解：选取无穷远为电势零点,由电势叠加原理,O 点的电势为

$$U_O = U_{O+} + U_{O-} = \frac{q}{4\pi\varepsilon_0 l} + \frac{-q}{4\pi\varepsilon_0 l} = 0$$

D 点的电势为

$$U_D = U_{D+} + U_{D-} = \frac{q}{4\pi\varepsilon_0 \cdot 3l} + \frac{-q}{4\pi\varepsilon_0 l} = \frac{-q}{6\pi\varepsilon_0 l}$$

(1) 把单位正电荷从 O 点沿 OCD 移到 D 点,电场力对它做的功为

$$A_{OCD} = q_0(U_O - U_D) = 0 - \frac{-q}{6\pi\varepsilon_0 l} = \frac{q}{6\pi\varepsilon_0 l}$$

(2) 把单位负电荷从 D 点沿 AB 的延长线移到无穷远,电场力对它做的功为

$$A_{D\to\infty} = q_0(U_D - U_\infty) = -(U_D - U_\infty) = -\left(\frac{-q}{6\pi\varepsilon_0 l} - 0\right) = \frac{q}{6\pi\varepsilon_0 l}$$

4.17 电荷 Q 均匀地分布在半径为 R 的球冠面上,球冠边缘对球心的张角为 2θ,求球

心处的电势。

解：如图 4-35 所示，在球冠面 S 上取一面元，其带电荷 $\mathrm{d}q$，在球心处的电势为

$$\mathrm{d}U = \frac{\mathrm{d}q}{4\pi\varepsilon_0 R}$$

由电势叠加原理，球冠面电荷在球心处的电势为

$$U = \int \mathrm{d}U = \int_S \frac{\mathrm{d}q}{4\pi\varepsilon_0 R} = \frac{1}{4\pi\varepsilon_0 R}\int_S \mathrm{d}q = \frac{Q}{4\pi\varepsilon_0 R}$$

4.18 电荷 Q 均匀地分布在半径为 R 的球体内，求其电势分布。

解：电荷分布是球对称性的，其电场分布也是球对称的，因此分别在 $r<R$ 区域和 $r>R$ 区域取如图 4-36 所示的与球体同心、半径为 r 的闭合球面 S_1，S_2 为高斯面。由高斯定理，在 $r<R$ 区域，有

$$\oint_{S_1} \boldsymbol{E} \cdot \mathrm{d}\boldsymbol{S} = E \cdot 4\pi r^2 = \frac{1}{\varepsilon_0} \frac{Q}{4\pi R^3/3} \frac{4}{3}\pi r^3 = \frac{Qr^3}{\varepsilon_0 R^3}$$

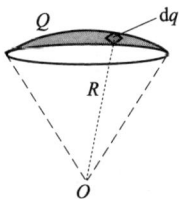

图 4-35　习题 4.17 用图

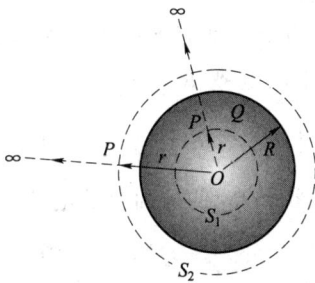

图 4-36　习题 4.18 用图

得 $\boldsymbol{E}_{r<R} = \dfrac{Qr}{4\pi\varepsilon_0 R^3}\boldsymbol{e}_r$。

在 $r>R$ 区域，由高斯定理，有

$$\oint_{S_2} \boldsymbol{E} \cdot \mathrm{d}\boldsymbol{S} = E \cdot 4\pi r^2 = \frac{Q}{\varepsilon_0}$$

得 $\boldsymbol{E}_{r>R} = \dfrac{Q}{4\pi\varepsilon_0 r^2}\boldsymbol{e}_r$。

设无穷远为电势零点，球体外任一点（$r>R$ 区域）P 的电势等于从此点沿矢径到电势零点无穷远的电场强度的线积分，为

$$U_{r>R} = \int_P^\infty \boldsymbol{E} \cdot \mathrm{d}\boldsymbol{l} = \int_r^\infty E \mathrm{d}r = \int_r^\infty \frac{Q}{4\pi\varepsilon_0 r^2}\mathrm{d}r = \frac{Q}{4\pi\varepsilon_0 r}$$

球体内（$r<R$ 区域）任一点 P 的电势为

$$U = \int_P^\infty \boldsymbol{E} \cdot \mathrm{d}\boldsymbol{l} = \int_r^R E \mathrm{d}r + \int_R^\infty E \mathrm{d}r = \int_r^R \frac{Qr}{4\pi\varepsilon_0 R^3}\mathrm{d}r + \int_R^\infty \frac{Q}{4\pi\varepsilon_0 r^2}\mathrm{d}r$$

$$= \frac{Q}{8\pi\varepsilon_0 R} - \frac{Qr^2}{8\pi\varepsilon_0 R^3} + \frac{Q}{4\pi\varepsilon_0 R} = \frac{Q}{8\pi\varepsilon_0 R}\left(3 - \frac{r^2}{R^2}\right)$$

4.19 两个均匀带电的同心球面，半径分别为 R_1 和 R_2（$R_1<R_2$）。设其带电量分别为 q_1 和 q_2，求两球面的电势及二者之间的电势差。

解：(1) 求一个半径为 R 的均匀带电球面的电势分布。设无限远为电势零点，因为它内外的场强分布为

$$E = \begin{cases} \dfrac{Q}{4\pi\varepsilon_0 r^2}e_r, & r > R \\ 0, & r < R \end{cases}$$

所以，球面外任一点 P 的电势为

$$U_{r>R} = \int_P^\infty \boldsymbol{E} \cdot \mathrm{d}\boldsymbol{l} = \int_r^\infty E\,\mathrm{d}r = \int_r^\infty \frac{Q}{4\pi\varepsilon_0 r^2}\mathrm{d}r = \frac{Q}{4\pi\varepsilon_0 r}$$

球面内任一点 P 的电势为

$$U_{r<R} = \int_P^\infty \boldsymbol{E} \cdot \mathrm{d}\boldsymbol{l} = \int_r^R E\,\mathrm{d}r + \int_R^\infty E\,\mathrm{d}r = 0 + \int_R^\infty \frac{Q}{4\pi\varepsilon_0 r^2}\mathrm{d}r = \frac{Q}{4\pi\varepsilon_0 R}$$

可见，球面内是一个等势区域，在 $r=R$ 处电势连续，所以一个半径为 R 均匀带电量为 Q 的球面，其球面内及球面处的电势为 $U_{r\leqslant R} = \dfrac{Q}{4\pi\varepsilon_0 R}$，球面外电势为 $U_{r>R} = \dfrac{Q}{4\pi\varepsilon_0 r}$。

(2) 由电势叠加原理求两个均匀带电的同心球面上的电势及电势差。带电量 q_1，半径 R_1 的球面上的电势($R_1 = r < R_2$)为

$$U_1 = \frac{q_1}{4\pi\varepsilon_0 R_1} + \frac{q_2}{4\pi\varepsilon_0 R_2}$$

带电量 q_2、半径 R_2 的球面上的电势($R_1 < r = R_2$)为

$$U_2 = \frac{q_1}{4\pi\varepsilon_0 R_2} + \frac{q_2}{4\pi\varepsilon_0 R_2}$$

两球面之间的电势差为

$$U_{12} = U_1 - U_2 = \frac{q_1}{4\pi\varepsilon_0 R_1} - \frac{q_1}{4\pi\varepsilon_0 R_2} = \frac{q_1}{4\pi\varepsilon_0}\left(\frac{1}{R_1} - \frac{1}{R_2}\right)$$

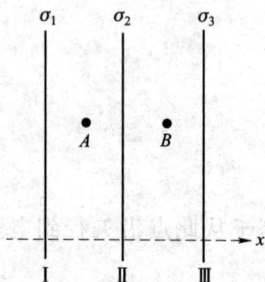

图 4-37　习题 4.20 用图

4.20　如图 4-37 所示，3 块互相平行的均匀带电大平面，电荷面密度分别为：$\sigma_1 = 1.2\times10^{-4}\ \text{C/m}^2$；$\sigma_2 = 2.0\times10^{-5}\ \text{C/m}^2$；$\sigma_3 = 1.1\times10^{-4}\ \text{C/m}^2$。$A$ 点与平面 II 相距为 $5.0\ \text{cm}$，B 点与平面 II 相距 $7.0\ \text{cm}$。求 A、B 两点的电势差。

解：如图 4-37 所示，由叠加原理，3 个均匀带电大平面在平面 I 和平面 II 之间的场强为

$$\boldsymbol{E}_{\text{I}-\text{II}} = \frac{\sigma_1}{2\varepsilon_0}\boldsymbol{i} - \frac{\sigma_2}{2\varepsilon_0}\boldsymbol{i} - \frac{\sigma_3}{2\varepsilon_0}\boldsymbol{i}$$

在平面 II 和平面 III 之间的场强，由叠加原理，有

$$\boldsymbol{E}_{\text{II}-\text{III}} = \frac{\sigma_1}{2\varepsilon_0}\boldsymbol{i} + \frac{\sigma_2}{2\varepsilon_0}\boldsymbol{i} - \frac{\sigma_3}{2\varepsilon_0}\boldsymbol{i}$$

由电势差的定义可知：

$$U_{AB} = U_A - U_B = \int_A^B \boldsymbol{E} \cdot \mathrm{d}\boldsymbol{l} = \int_A^{\text{II}} \boldsymbol{E}_{\text{I}-\text{II}} \cdot \mathrm{d}\boldsymbol{l} + \int_{\text{II}}^B \boldsymbol{E}_{\text{II}-\text{III}} \cdot \mathrm{d}\boldsymbol{l}$$

$$= \int_A^{\text{II}}\left(\frac{\sigma_1}{2\varepsilon_0} - \frac{\sigma_2}{2\varepsilon_0} - \frac{\sigma_3}{2\varepsilon_0}\right)\mathrm{d}x + \int_{\text{II}}^B\left(\frac{\sigma_1}{2\varepsilon_0} + \frac{\sigma_2}{2\varepsilon_0} - \frac{\sigma_3}{2\varepsilon_0}\right)\mathrm{d}x$$

$$= \frac{12-2.0-11}{2\varepsilon_0} \times 10^{-5} \int_A^{\mathbb{I}} dx + \frac{12+2.0-11}{2\varepsilon_0} \times 10^{-5} \int_{\mathbb{I}}^B dx$$

$$= -\frac{5.0 \times 10^{-6}}{8.85 \times 10^{-12}} \times 5.0 \times 10^{-2} \text{ V} + \frac{1.5 \times 10^{-5}}{8.85 \times 10^{-12}} \times 7.0 \times 10^{-2} \text{ V}$$

$$= 9.0 \times 10^4 \text{ V}$$

4.21 在一个原来不带电的导体球外距球心 r 处放置一电量为 q 的点电荷。求导体球的电势。

解：导体球原来不带电，放置电量为 q 的点电荷后，静电感应会使原来不带电的导体球表面出现代数和为零的感应电荷，如图 4-38 所示。设 R 为导体球半径，取无穷远为电势零点，导体球表面上任一电荷元 dq 在导体球中心产生的电势为 $dq/4\pi\varepsilon_0 R$。由电势叠加原理，所有电荷在导体球中心产生的电势为

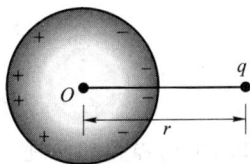

图 4-38　习题 4.21 用图

$$U = \int_Q \frac{dq}{4\pi\varepsilon_0 R} + \frac{q}{4\pi\varepsilon_0 r} = \frac{1}{4\pi\varepsilon_0 R} \int_Q dq + \frac{q}{4\pi\varepsilon_0 r} = 0 + \frac{q}{4\pi\varepsilon_0 r} = \frac{q}{4\pi\varepsilon_0 r}$$

由于导体球是等势体，故球心的电势亦即所求导体球的等势。

4.22 两个半径分别为 R_1 和 R_2（$R_1 < R_2$）的无限长同轴圆筒，电荷线密度分别为 $+\lambda$ 和 $-\lambda$，求两筒的电势差。

解：参考图 4-32，已知在 $R_1 < r < R_2$ 区域，电荷线密度分别为 $+\lambda$ 和 $-\lambda$ 的同轴圆筒的电场为 $\boldsymbol{E}_{R_1 < r < R_2} = \frac{\lambda}{2\pi\varepsilon_0 r}\boldsymbol{e}_r$，所以两筒的电势差为

$$U = U_{R_1} - U_{R_2} = \int_{R_1}^{R_2} \boldsymbol{E} \cdot d\boldsymbol{l} = \int_{R_1}^{R_2} \boldsymbol{E} \cdot d\boldsymbol{r} = \int_{R_1}^{R_2} E \, dr = \int_{R_1}^{R_2} \frac{\lambda}{2\pi\varepsilon_0 r} dr = \frac{\lambda}{2\pi\varepsilon_0} \ln\frac{R_2}{R_1}$$

4.23 在半径为 R 的导体球外离球心 r 处放置一电量为 q 的点电荷，测得此时导体球的电势为零，求导体球上所带电量。

解：设导体球上所带电量为 Q，由于导体球是等势体，所以其球心电势也为零。由电势叠加原理，有

$$\frac{q}{4\pi\varepsilon_0 r} + \frac{Q}{4\pi\varepsilon_0 R} = 0$$

可得导体球上所带电量为

$$Q = -\frac{R}{r}q$$

4.24 如图 4-39 所示，带电量为 $+Q$ 的导体球 A 的外面，套有一个同心的不带电的导体球壳 B，求球壳外距球心 r 处的 P 点的电场强度？如果将球壳 B 接地，P 点的电场强度又是多少？

解：导体球和导体球壳同心放置，导体表面（球面）电荷分布一定是球对称分布，亦即电荷分布是 3 个同心均匀带电的球面电荷。

（1）球壳 B 不接地时，如图 4-39(a)所示，由于静电感应，3 个同心均匀带电的球面电荷分别为 $+Q$，$-Q$，$+Q$。已知一个半径为 R，均匀带电 q 球面的电场分布为

$$\boldsymbol{E} = \begin{cases} \dfrac{q}{4\pi\varepsilon_0 r^2}\boldsymbol{e}_r, & r > R \\ 0, & r < R \end{cases}$$

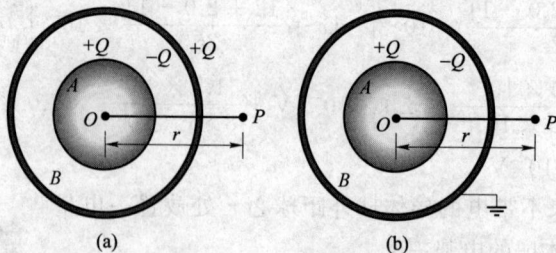

图 4-39 习题 4.24 用图

所以,由场强叠加原理,球壳外距球心 r 处 P 点的电场强度为

$$\boldsymbol{E}_P = \frac{+Q}{4\pi\varepsilon_0 r^2}\boldsymbol{e}_r + \frac{-Q}{4\pi\varepsilon_0 r^2}\boldsymbol{e}_r + \frac{+Q}{4\pi\varepsilon_0 r^2}\boldsymbol{e}_r = \frac{+Q}{4\pi\varepsilon_0 r^2}\boldsymbol{e}_r$$

当然,也可以利用高斯定理求解。电荷分布的球对称性确定了其电场分布的球对称性。取与球体同心、通过 P 点半径为 r 的球面为高斯面,由高斯定理,有

$$\Phi_e = \oint_S \boldsymbol{E} \cdot \mathrm{d}\boldsymbol{S} = \oint_S E\,\mathrm{d}S\cos 0° = E \cdot 4\pi r^2 = (Q - Q + Q)/\varepsilon_0 = Q/\varepsilon_0$$

得 $\boldsymbol{E}_P = \dfrac{Q}{4\pi\varepsilon_0 r^2}\boldsymbol{e}_r$。

(2)球壳 B 接地时,如图 4-39(b)所示,B 内表面的感应电荷为 $-Q$,B 外表面不带电。电荷分布为两个同心均匀带电的球面,电荷分别为 $+Q$,$-Q$。由场强叠加原理,球壳外距球心 r 处 P 点的电场强度为

$$\boldsymbol{E}_P = \frac{+Q}{4\pi\varepsilon_0 r^2}\boldsymbol{e}_r + \frac{-Q}{4\pi\varepsilon_0 r^2}\boldsymbol{e}_r = 0$$

4.25 对于两无限大平行平面带电导体板,证明:相向的两面上,电荷面密度总是大小相等而符号相反;相背的两面上,电荷面密度总是大小相等而符号相同。

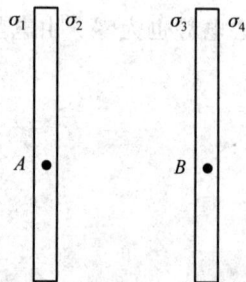

图 4-40 习题 4.25 用图

证明:如图 4-40 所示,设两导体板各面上电荷面密度分别为 σ_1,σ_2,σ_3,σ_4。两导体板内部各点场强均为零,对于板内 A,B 两点,由场强叠加原理,有

$$E_A = \frac{\sigma_1}{2\varepsilon_0} - \frac{\sigma_2}{2\varepsilon_0} - \frac{\sigma_3}{2\varepsilon_0} - \frac{\sigma_4}{2\varepsilon_0} = 0$$

$$E_B = \frac{\sigma_1}{2\varepsilon_0} + \frac{\sigma_2}{2\varepsilon_0} + \frac{\sigma_3}{2\varepsilon_0} - \frac{\sigma_4}{2\varepsilon_0} = 0$$

两式相加得 $\sigma_1 = \sigma_4$;两式相减得 $\sigma_2 = -\sigma_3$。即相向的两面上,电荷面密度总是大小相等而符号相反;相背的两面上,电荷面密度总是大小相等而符号相同,命题得证。

4.26 用两面夹有铝箔的聚乙烯膜做一电容为 $2.5\mu\mathrm{F}$ 的电容器。已知:膜厚为 $3.5\times10^{-2}\mathrm{mm}$,介电常数为 $2.5\times10^{-11}\mathrm{F/m}$,那么膜的面积要多大?

解:用两面夹有铝箔的聚乙烯膜卷起来,引出两极后就是一个电容器(实际上是平行板电容器),由 $C = \varepsilon S/d$,所需膜的面积为

$$S = \frac{Cd}{\varepsilon} = \frac{2.5\times10^{-6}\times3.5\times10^{-5}}{2.5\times10^{-11}}\ \mathrm{m}^2 = 3.5\ \mathrm{m}^2$$

4.27 一平行板电容器两极板相距为 2.0 mm,电势差为 400 V,两极板间是相对介电常数为 $\varepsilon_r = 5.0$ 的均匀玻璃片。略去边缘效应,试求玻璃表面上极化电荷的面密度。

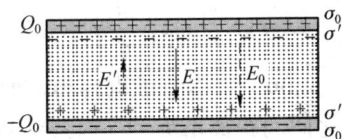

图 4-41 习题 4.27 用图

解: 如图 4-41 所示,对于平行板电容器,设两极板电势差为 ΔU,两极板间距为 d,均匀玻璃片内均匀电场强度大小为 E,极板上自由电荷面密度为 σ_0,介质端面的极化电荷面密度为 σ',有

$$\Delta U = Ed = \frac{E_0}{\varepsilon_r}d = \frac{\sigma_0}{\varepsilon_0\varepsilon_r}d$$

得 $\sigma_0 = \dfrac{\Delta U \varepsilon_0 \varepsilon_r}{d}$。因此,所求玻璃表面上极化电荷面密度 σ' 为

$$\sigma' = \left(1 - \frac{1}{\varepsilon_r}\right)\sigma_0 = \frac{(\varepsilon_r - 1)}{\varepsilon_r}\frac{\Delta U \varepsilon_0 \varepsilon_r}{d} = \frac{(\varepsilon_r - 1)\Delta U \varepsilon_0}{d}$$

$$= \frac{(5.0 - 1) \times 400 \times 8.85 \times 10^{-12}}{2.0 \times 10^{-3}} \text{ C/m}^2 = 7.1 \times 10^{-6} \text{ C/m}^2$$

4.28 一平行板电容器由面积均为 50 cm^2 的两金属薄片贴在石蜡纸上构成,已知石蜡纸厚度为 0.10 mm,相对介电常数为 2.0。略去边缘效应,试问这电容器加上 100 V 的电压时,每个极板上的电荷量是多少?

解: 参考图 4-41。对于平行板电容器,设两极板电势差为 ΔU,两极板间距为 d,均匀玻璃片内均匀电场强度大小为 E,极板上自由电荷面密度为 σ_0,有

$$\Delta U = Ed = \frac{E_0}{\varepsilon_r}d = \frac{\sigma_0}{\varepsilon_0\varepsilon_r}d$$

极板上自由电荷面密度为 $\sigma_0 = \dfrac{\Delta U \varepsilon_0 \varepsilon_r}{d}$,所以极板上的电荷量 Q_0 为

$$Q_0 = S\sigma_0 = S\frac{\Delta U \varepsilon_0 \varepsilon_r}{d} = 50 \times 10^{-4} \times \frac{100 \times 8.85 \times 10^{-12} \times 2.0}{0.10 \times 10^{-3}} \text{ C}$$

$$= 8.9 \times 10^{-8} \text{ C}$$

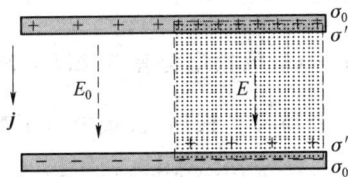

图 4-42 习题 4.29 用图

4.29 一平放着的平行板电容器两极板间左半边是空气,右半边是 $\varepsilon_r = 3.0$ 的均匀介质。两极板相距为 10 mm,电势差为 100 V。略去边缘效应,试分别求两极板间空气中和介质中的电场强度和电位移的值。

解: 设两极板电势差为 ΔU,两极板间距为 d,匀电场分别用 E_0 和 E_2 表示,如图 4-42 所示。由于导体是等势体,平行板电容器左边有 $\Delta U = E_0 d$,右边有 $\Delta U = Ed$,所以左右两区域电场强度相等,有

$$E_0 = E = \frac{\Delta U}{d}\mathbf{j} = \frac{100}{10 \times 10^{-3}}\mathbf{j} \text{ V/m} = 1.0 \times 10^4 \mathbf{j} \text{ V/m}$$

根据均匀介质中 $\mathbf{D} = \varepsilon_0\varepsilon_r\mathbf{E}$,所求空气中电位移 $\mathbf{D}_0$ 与介质中的 $\mathbf{D}$ 分别为

$$\mathbf{D}_0 = \varepsilon_0\mathbf{E}_0 = \varepsilon_0\frac{\Delta U}{d}\mathbf{j} = 8.85 \times 10^{-12} \times \frac{100}{10 \times 10^{-3}}\mathbf{j} \text{ C/m}^2 = 8.9 \times 10^{-8}\mathbf{j} \text{ C/m}^2$$

$$D = \varepsilon E = \varepsilon_0 \varepsilon_r \frac{\Delta U}{d} j = 8.85 \times 10^{-12} \times 3.0 \times \frac{100}{10 \times 10^{-3}} j \ \text{C/m}^2 = 2.7 \times 10^{-7} j \ \text{C/m}^2$$

4.30 一平行板电容器,两极板相距为 d,对它充电后把电源断开。然后把电容器两极板之间的距离增大到 $2d$,忽略边缘效应,试讨论电容器的极板所带电量、板间电场强度、电容及电场能量的变化。

解:设开始时电容器的极板所带电量为 Q,板间电场强度为 E,电容为 C,电场能量为 W_e,电容器两极板之间的距离增大到 $2d$ 后,电容器的极板所带电量为 Q',板间电场强度为 E'、电容为 C',电场能量为 W'_e。充电后把电源断开,有

$$Q' = Q$$

电容器的极板所带电量不变,极板的电荷面密度 σ_0 不变,因此极板间电场不发生变化,尽管两极板之间距离增大到 $2d$,有

$$E' = \sigma_0 / \varepsilon_0 = E_0$$

方向由带正电荷的极板指向带负电荷的极板。而平行板电容器的电容,由于极板之间距离增大到 $2d$,电容器的电容减少到原来的 $1/2$,即有

$$C' = \frac{\varepsilon S}{2d} = \frac{1}{2} C$$

极板之间电场不变,而场空间增加一倍,所以电场能量 W'_e 为原来的 2 倍,有

$$W'_e = \frac{Q'^2}{2C'} = \frac{Q^2}{C} = 2W_e$$

4.31 在两板相距为 d 的平板电容器中插入一块厚 $d/2$ 的大平板,如图 4-43 所示。设电容器本身的电容为 C_0,讨论在以下两种情况下电容器电容的变化。

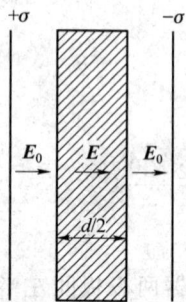

(1) 大平板是金属导体。

(2) 大平板是相对介电常数为 ε_r 的介质。

解:(1)插入厚度为 $d/2$ 的大平板是金属导体时,相当于原来电容器间距由 d 减小为 $d/2$,故

$$C = \frac{\varepsilon_0 S}{d/2} = \frac{2\varepsilon_0 S}{d} = 2C_0$$

图 4-43 习题 4.31 用图

(2) 设电容器充电后极板带电 Q,极板电势差为 ΔU_0,空气中的场强大小是 E_0,有 $C_0 = \dfrac{Q}{\Delta U_0} = \dfrac{Q}{E_0 d}$,得 $E_0 = \dfrac{Q}{C_0 d}$。插入介质大平板后,极板电量不变,而介质内均匀电场的电场强度大小为 $E = E_0 / \varepsilon_r$。极板电势差等于从正极板到负极板场强的线积分,插入介质大平板后两极的电势差变为

$$\Delta U = \int_{+\to-} \boldsymbol{E} \cdot \mathrm{d}\boldsymbol{l} = E_0 \frac{d}{2} + E \frac{d}{2} = E_0 \left(1 + \frac{1}{\varepsilon_r}\right) \frac{d}{2}$$

$$= \frac{Q}{C_0 d} \frac{\varepsilon_r + 1}{\varepsilon_r} \frac{d}{2}$$

则所求插入介质大平板后的电容 C 为

$$C = \frac{Q}{\Delta U} = \frac{Q(2C_0 d\varepsilon_r)}{Q(\varepsilon_r + 1)d} = \frac{2\varepsilon_r}{\varepsilon_r + 1} C_0$$

4.32 空气中有一半径为 R 的导体球,电势为 U,求它表面紧邻处的静电场能量密度。

解:设导体球带电量为 Q,它均匀分布于导体球的表面,其表面的电荷面密度为 σ。已知 $U_\infty=0$ 时,均匀带电 Q 的球面内部及表面电势为 $U=\dfrac{Q}{4\pi\varepsilon_0 R}$,有 $Q=U(4\pi\varepsilon_0 R)$,因此导体球表面的电荷面密度 σ 为

$$\sigma=\frac{Q}{4\pi R^2}=\frac{U(4\pi\varepsilon_0 R)}{4\pi R^2}=\frac{\varepsilon_0 U}{R}$$

因为表面外紧邻处的场强 $E=\sigma/\varepsilon_0$,表面内紧邻处的场强为零,所以导体球表面外紧邻处的静电场能量密度为

$$w_e=\frac{1}{2}\varepsilon_0 E^2=\frac{1}{2}\varepsilon_0\left(\frac{\sigma}{\varepsilon_0}\right)^2=\frac{1}{2}\varepsilon_0\left(\frac{\varepsilon_0 U}{\varepsilon_0 R}\right)^2=\frac{\varepsilon_0 U^2}{2R^2}$$

而导体球表面内紧邻处的静电场能量密度为零。

4.33 在介电常数为 ε 的无限大均匀电介质中,有一半径为 R 的导体球,带电量为 Q,求电场的能量。

解:导体球内电场强度为零,球外整个空间的电场具有球对称性,因导体球的电荷分布是球对称的。

(1) 求导体球球外电场。取半径为 $r(r>R)$ 并且与导体球同心的球面为高斯面,如图 4-44(a)所示。由介质中的高斯定理,有

$$\oint_S \boldsymbol{D}\cdot\mathrm{d}\boldsymbol{S}=\int_S D\,\mathrm{d}S\cos 0°=D\cdot 4\pi r^2=Q$$

得电位移 $\boldsymbol{D}=\dfrac{Q}{4\pi r^2}\boldsymbol{e}_r$。均匀介质中,$\boldsymbol{D}=\varepsilon\boldsymbol{E}$,所以该区域内电场强度为 $\boldsymbol{E}=\dfrac{Q}{4\pi\varepsilon r^2}\boldsymbol{e}_r$。

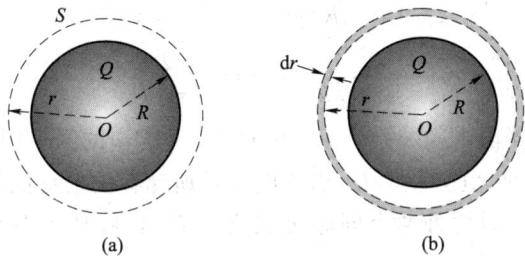

图 4-44　习题 4.33 用图

(2) 求电场能量。因为导体球内部场强为零,所以电场能量也为零。外部的电场是非均匀的,但具有中心对称性,为此取一半径为 $r(r>R)$,厚为 $\mathrm{d}r$ 的球壳,如图 4-44(b)所示。此球壳的体积 $\mathrm{d}V=4\pi r^2\,\mathrm{d}r$,在此体积内可认为电场能量密度相等,所以球壳内的电场能量为

$$\mathrm{d}W_e=w_e\mathrm{d}V=\frac{1}{2}\varepsilon E^2\mathrm{d}V=\frac{1}{2}\varepsilon\left(\frac{Q}{4\pi\varepsilon r^2}\right)^2 4\pi r^2\,\mathrm{d}r=\frac{Q^2}{8\pi\varepsilon r^2}\mathrm{d}r$$

整个带电导体球电场的静电能量为

$$W_e=\int_V \mathrm{d}W_e=\frac{Q^2}{8\pi\varepsilon}\int_R^\infty \frac{\mathrm{d}r}{r^2}=\frac{Q^2}{8\pi\varepsilon R}$$

4.34 一个容量为 $10\,\mu\mathrm{F}$ 的电容器,充电到 $500\,\mathrm{V}$,求它所储存的能量。

解：电容器所储存的能量为

$$W_e = \frac{1}{2}C(\Delta U)^2 = \frac{1}{2} \times 10 \times 10^{-6} \times 500^2 = 1.25 \text{ J}$$

4.35　电荷 Q 均匀地分布在半径为 R 的球体内，求它的静电场能量。

解：（1）求电场分布。根据电荷的球对称分布可知电场应是球对称分布的，取与球体同心、半径为 r 的球面为高斯面。由高斯定理，对于 $r < R$ 区域，有

$$\oint_S \boldsymbol{E} \cdot \mathrm{d}\boldsymbol{S} = \oint_S E \mathrm{d}S \cos 0° = E \cdot 4\pi r^2 = \frac{Q}{(4\pi/3)R^3} \frac{4\pi r^3}{3\varepsilon_0}$$

得 $\boldsymbol{E}_{r<R} = \dfrac{Qr}{4\pi\varepsilon_0 R^3}\boldsymbol{e}_r$。

对于 $r > R$ 区域，有

$$\oint_S \boldsymbol{E} \cdot \mathrm{d}\boldsymbol{S} = \oint_S E \mathrm{d}S \cos 0° = E \cdot 4\pi r^2 = \frac{Q}{\varepsilon_0}$$

得 $\boldsymbol{E}_{r>R} = \dfrac{Q}{4\pi\varepsilon_0 r^2}\boldsymbol{e}_r$。

（2）求静电场能量。参考图 4-44，球体的电场是非均匀的，但具有中心对称性，为此取一半径为 r，厚为 $\mathrm{d}r$ 的球壳。其体积为 $\mathrm{d}V = 4\pi r^2 \mathrm{d}r$，在此体积内可认为电场能量密度相等，所以球壳内的电场能量为

$$\mathrm{d}W_e = w_e \mathrm{d}V = \frac{1}{2}\varepsilon_0 E^2 \mathrm{d}V = \frac{1}{2}\varepsilon_0 E^2 4\pi r^2 \mathrm{d}r$$

于是，带电导体球的球内外整个电场的静电能为

$$W_e = \int_V \mathrm{d}W_e = \int_0^R \frac{1}{2}\varepsilon_0 \left(\frac{Qr}{4\pi\varepsilon_0 R^3}\right)^2 4\pi r^2 \mathrm{d}r + \int_R^\infty \frac{1}{2}\varepsilon_0 \left(\frac{Q}{4\pi\varepsilon_0 r^2}\right)^2 4\pi r^2 \mathrm{d}r$$

$$= \frac{Q^2}{8\pi\varepsilon_0 R^6}\int_0^R r^4 \mathrm{d}r + \frac{Q^2}{8\pi\varepsilon_0}\int_R^\infty \frac{1}{r^2}\mathrm{d}r = \frac{3Q^2}{20\pi\varepsilon_0 R}$$

4.36　一球形电容器由半径分别为 R_1 和 R_2（$R_1 < R_2$）的两个同心金属薄球壳构成，当它们带有等量异号电荷时，电势差为 U，求该电容器所储存的电场能量。

解：如图 4-45 所示，设内外两个同心金属薄球壳 A 和 B 上各带 $+Q$ 和 $-Q$ 的电荷。因为电荷分布具有球对称性，故在两薄球壳之间选取如图 4-45 所示的半径为 r 的同心球面为高斯面。根据高斯定理，有

$$\oint_S \boldsymbol{E} \cdot \mathrm{d}\boldsymbol{S} = \oint_S E \mathrm{d}S \cos 0° = E \cdot 4\pi r^2 = \frac{Q}{\varepsilon_0}$$

得 $\boldsymbol{E}_{R_1 < r < R_2} = \dfrac{Q}{4\pi\varepsilon_0 r^2}\boldsymbol{e}_r$。

两极板的电势差为

$$\Delta U = \int_A^B \boldsymbol{E} \cdot \mathrm{d}\boldsymbol{l} = \int_{R_1}^{R_2} \frac{Q}{4\pi\varepsilon_0 r^2}\mathrm{d}r = \frac{Q}{4\pi\varepsilon_0}\left(\frac{1}{R_1} - \frac{1}{R_2}\right)$$

同心金属薄球壳构成球形电容器的电容为 $C = \dfrac{Q}{\Delta U} = \dfrac{4\pi\varepsilon_0 R_1 R_2}{R_2 - R_1}$，因此该电容器所存储的电场能量为

$$W_e = \frac{1}{2}C(\Delta U)^2 = \frac{1}{2}\frac{4\pi\varepsilon_0 R_1 R_2}{R_2 - R_1}U^2 = \frac{2\pi\varepsilon_0 R_1 R_2}{R_2 - R_1}U^2$$

4.37　一长直导线载有电流 I，求它上面长为 l 的一段电流在其中垂面上距离为 r 处的场点所产生的磁感应强度。

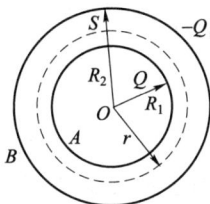

图 4-45　习题 4.36 用图　　　　图 4-46　习题 4.37 用图

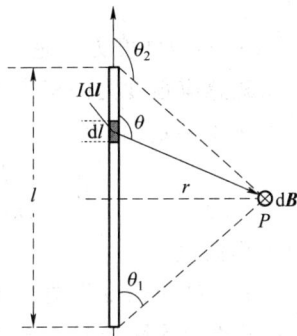

解：如图 4-46 所示，场点 P 在长为 l 的一段电流的中垂面上，所以有 $\theta_2 = \pi - \theta_1$。由毕奥-萨伐尔定律可知，导线上任意电流元 $I\mathrm{d}l$ 在 P 点激发的磁场 $\mathrm{d}\boldsymbol{B}$ 方向都是垂直纸面向里，因此所求场点 P 的磁感应强度方向如图 4-46 所示垂直纸面向里，它的大小为

$$B = \frac{\mu_0 I}{4\pi r}(\cos\theta_1 - \cos\theta_2)$$

$$= \frac{\mu_0 I}{4\pi r}[\cos\theta_1 - \cos(\pi - \theta_1)] = \frac{\mu_0 I}{2\pi r}\cos\theta_1$$

$$= \frac{\mu_0 I}{2\pi r}\frac{l}{\sqrt{l^2 + 4r^2}}$$

4.38　一条很长的载流直导线，在离它 10^{-3} m 处所产生的磁感应强度大小为 10^{-3} T。试问：它所载有的电流有多大？

解：无限长载流直导线在离它 a 处产生的磁感应强度大小为 $B = \dfrac{\mu_0 I}{2\pi a}$，因此所求一条很长的载流直导线所载有的电流为

$$I = \frac{2\pi a B}{\mu_0} = \frac{2\pi \times 10^{-3} \times 10^{-3}}{4\pi \times 10^{-7}}\ \mathrm{A} = 5\ \mathrm{A}$$

4.39　求图 4-47 中 P 点的磁感应强度 $\boldsymbol{B}$ 的大小和方向。

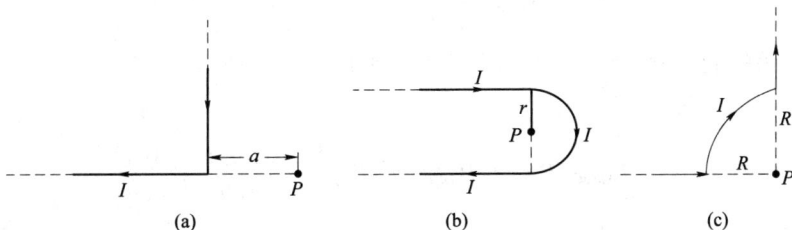

(a)　　　　　　　　(b)　　　　　　　　(c)

图 4-47　习题 4.39 用图

解：设垂直纸面向里为磁感应强度的正方向。

（a）所求磁感应强度为两根半无限长载流直导线在 P 点产生的磁感应强度的叠加。由右手螺旋定则，有

$$B = -\frac{\mu_0 I}{4\pi a} + 0 = -\frac{\mu_0 I}{4\pi a}$$

负号表示 P 点磁感应强度方向垂直纸面向外。

（b）P 点磁感应强度为两根半无限长载流直导线和一根半圆形载流导线的磁感应强度的叠加。由右手螺旋定则，有

$$B = \frac{\mu_0 I}{4\pi r} + \frac{\mu_0 I}{4\pi r} + \frac{\mu_0 I}{4r} = \frac{\mu_0 I}{2\pi r} + \frac{\mu_0 I}{4r}$$

其方向垂直纸面向里。

（c）P 点的磁感应强度为两根载流直导线和一根 1/4 圆弧载流导线的磁感应强度的叠加，因 P 点在两根半无限长载流直导线延长线上，同样根据右手螺旋定则，有

$$B = 0 + 0 + \frac{\mu_0 I}{2R} \cdot \frac{\pi/2}{2\pi} = \frac{\mu_0 I}{8R}$$

其方向垂直纸面向里。

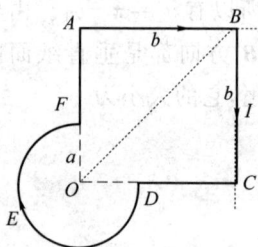

图 4-48 习题 4.40 用图

4.40 一载有电流 I 的导线弯折成如图 4-48 所示的平面环路，其中 $FABCD$ 为边长为 b 的正方形的一部分，DEF 是半径为 a 的 3/4 圆弧。求圆心 O 点的磁感应强度。

解：所求磁感应强度为载流直导线 FA，AB，BC，CD 和载流圆弧导线 DEF 在 O 点产生磁感应强度的叠加。因 O 点在载流直导线 FA、CD 的延长线上，所以有

$$B_{FA} = B_{CD} = 0$$

由 $B = \frac{\mu_0 I}{4\pi r}(\cos\theta_1 - \cos\theta_2)$，可求得

$$B_{AB} = \frac{\mu_0 I}{4\pi b}\left(\cos\frac{\pi}{2} - \cos\frac{3\pi}{4}\right) = \frac{\sqrt{2}\,\mu_0 I}{8\pi b}$$

$$B_{BC} = \frac{\mu_0 I}{4\pi b}\left(\cos\frac{\pi}{4} - \cos\frac{\pi}{2}\right) = \frac{\sqrt{2}\,\mu_0 I}{8\pi b}$$

由右手螺旋定则，它们的方向垂直纸面向里。3/4 圆弧载流导线 DEF 在 O 点产生的磁感应强度为

$$B_{DEF} = \frac{\mu_0 I}{2a} \cdot \frac{3}{4} = \frac{3\mu_0 I}{8a}$$

同样，根据右手螺旋定则，可判定它的方向垂直纸面向里。所以，O 点的磁感应强度方向垂直纸面向里，其大小为

$$B = B_{AB} + B_{BC} + B_{DEF} = \frac{\sqrt{2}\,\mu_0 I}{8\pi b} + \frac{\sqrt{2}\,\mu_0 I}{8\pi b} + \frac{3\mu_0 I}{8a}$$

$$= \frac{\mu_0 I}{4\pi}\left(\frac{\sqrt{2}}{b} + \frac{3\pi}{2a}\right)$$

4.41 两根导线沿半径方向被引到铁环上 A,B 两点,电流方向如图 4-49 所示。求环心 O 处的磁感应强度。

解:环心 O 处的磁感应强度是沿半径方向两根载流直导线和两个圆弧电流的磁场的叠加。由毕奥-萨伐尔定律可知,两根载流直导线在 O 点产生的磁感应强度为零,因为环心 O 在它们的延长线上。设铁环半径为 r,如图 4-49 所示,右侧圆弧电流对应圆心角为 θ,电流为 I_2,左侧圆弧电流为 I_1。设垂直纸面向外为磁感应强度的正方向,左侧圆弧电流在 O 点产生的磁感应强度为

$$B_1 = \frac{\mu_0 I_1}{2r} \cdot \frac{2\pi-\theta}{2\pi} = \frac{\mu_0 I_1 (2\pi-\theta)}{4\pi r}$$

右侧圆弧电流在 O 点产生的磁感应强度为

$$B_2 = -\frac{\mu_0 I_2}{2r} \cdot \frac{\theta}{2\pi} = -\frac{\mu_0 I_2 \theta}{4\pi r}$$

因为左右两段圆弧铁环并联,它们的电阻与长度成正比,所以通过节点 A 分配的电流大小与它们的长度成反比,有

$$\frac{I_1}{I_2} = \frac{r\theta}{r(2\pi-\theta)} = \frac{\theta}{2\pi-\theta}$$

得到 $I_1(2\pi-\theta) = I_2\theta$。因此,所求环心 O 点的磁感应强度为

$$B_O = B_1 + B_2 = \frac{\mu_0 I_1 (2\pi-\theta)}{4\pi r} - \frac{\mu_0 I_2 \theta}{4\pi r} = \frac{\mu_0}{4\pi r}[I_1(2\pi-\theta) - I_2\theta] = 0$$

4.42 如图 4-50 所示,相距 d 的两平行直导线载有流向相反的电流 I。求两导线所在平面内与两导线等距离的一点处的磁感应强度。设 $r = r_3$,求通过图 4-50 中斜线所示矩形面积的磁通量。

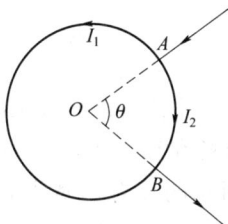

图 4-49 习题 4.41 用图

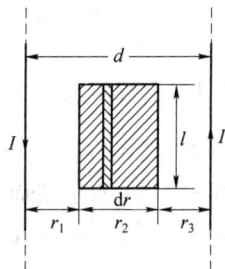

图 4-50 习题 4.42 用图

解:(1)两导线所在平面内,两导线到它们中点的距离为 $d/2$,设垂直纸面向外为磁感应强度的正方向,两直导线在该点产生的磁感应强度为

$$B = B_1 + B_2 = \frac{\mu_0 I}{2\pi(d/2)} + \frac{\mu_0 I}{2\pi(d/2)} = \frac{2\mu_0 I}{\pi d}$$

方向垂直纸面向外。

(2)在图 4-50 中斜线所示矩形面积中,由右手螺旋定则,两电流的磁场都是垂直纸面向外。取如图 4-50 所示长为 l,宽为 dr 的小矩形面积元,沿电流方向磁场具有平移对称性,小面积元中沿长度 l 方向上的磁场相等,又因 dr 非常小,可认为小面积元中磁场为均匀场。设面积元距图 4-50 中左边电流为 r,且设它的正法线方向也为垂直纸面向外,因为

$r_1 = r_3$，两个电流对此小面积元的磁通量相同。左边电流的磁场通过小矩形面积元的磁通量为

$$d\Phi_B = \boldsymbol{B} \cdot d\boldsymbol{S} = B \cdot dS = \frac{\mu_0 I}{2\pi r} l \, dr$$

因此，两电流的磁场通过小矩形面积元的磁通量为

$$\Phi_B = 2\int d\Phi_B = 2\int_{r_1}^{r_1+r_2} \frac{\mu_0 I}{2\pi r} l \, dr = \frac{\mu_0 I l}{\pi} \ln \frac{r_1 + r_2}{r_1}$$

4.43 无限长导体圆柱沿轴向通以电流 I，截面上各处电流密度均匀分布，圆柱半径为 R。求柱内外的磁场分布。在长为 l 的一段圆柱内环绕中心轴线的磁通量是多少？

解：（1）求柱内外的磁场分布。轴对称电流的磁场必具有轴对称性，因此在导体横截面内取如图 4-51 所示的圆心在轴线上、半径为 $r(r<R$ 和 $r>R)$ 的圆周 L_1 和 L_2 为安培环路，环路上每点磁场沿着切线方向，且圆周上磁场大小处处相等。因此，由安培环路定理，在 $r<R$ 区域，有

$$\oint_{L_1} \boldsymbol{B} \cdot d\boldsymbol{l} = \oint_{L_1} B \, dl \cos 0° = B \cdot 2\pi r = \mu_0 \pi r^2 j$$
$$= \mu_0 I \frac{\pi r^2}{\pi R^2}$$

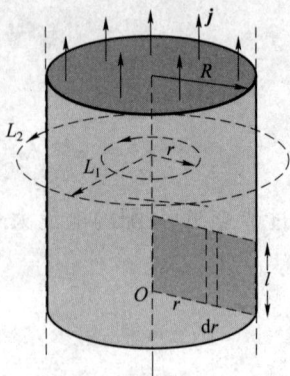
图 4-51 习题 4.43 用图

得 $B_{r<R} = \dfrac{\mu_0 I r}{2\pi R^2}$，方向与电流形成右手螺旋关系。

在 $r>R$ 区域，有

$$\oint_{L_2} \boldsymbol{B} \cdot d\boldsymbol{l} = \oint_{L_2} B \, dl \cos 0° = B \cdot 2\pi r = \mu_0 I$$

得 $B_{r>R} = \dfrac{\mu_0 I}{2\pi r}$，方向与电流形成右手螺旋关系。

（2）求长为 l 的一段圆柱内环绕中心轴线的磁通量。所求磁通量就是服从右手螺旋关系的磁感应线穿过图 4-51 所示截面 S 的磁通量。因磁场在径矢方向上是非均匀场，沿轴线方向磁场具有平移对称性，所以在 S 上取如图 4-51 所示的长为 l，宽为 dr 的小矩形面积元。因 l 长度方向上的磁场相等，且因 dr 非常小，小面积元中磁场可认为是均匀磁场。设面积元法线正向与面上磁场方向同向，那么穿过距轴线 r 面元的磁通量为

$$d\Phi_B = \boldsymbol{B} \cdot d\boldsymbol{S} = B \, dS = \frac{\mu_0 I r}{2\pi R^2} l \, dr$$

则所求长为 l 的一段圆柱内环绕中心轴线的磁通量为

$$\Phi_B = \int d\Phi_B = \int_0^R \frac{\mu_0 I r}{2\pi R^2} l \, dr = \frac{\mu_0 I l}{4\pi}$$

4.44 如图 4-52 所示，AB 为闭合电流 I 的一直线段，长为 $2R$，圆周 L 平面垂直于电流 I，半径为 R 且圆心 O 在 AB 的中点。求 AB 段电流的磁场沿圆周 L 的环流，并对安培环路定理的适用条件进行讨论。

解： AB 段电流在环上产生的磁感应强度与电流成右手螺旋关系，方向沿圆的切线方

向,即和图 4-52 所示环路方向同向。其大小为

$$B = \frac{\mu_0 I}{4\pi r}(\cos\theta_1 - \cos\theta_2) = \frac{\mu_0 I}{4\pi R}\left(\cos\frac{\pi}{4} - \cos\frac{3}{4}\pi\right)$$

$$= \frac{\sqrt{2}\,\mu_0 I}{4\pi R}$$

因此,AB 段电流的磁场沿圆周 L 的环流为

$$\oint_L \boldsymbol{B} \cdot d\boldsymbol{l} = \oint_L B\,dl\cos 0° = B \cdot 2\pi R = \frac{\sqrt{2}}{2}\mu_0 I$$

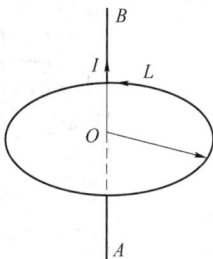

图 4-52　习题 4.44 用图

如果是无限长直电流的磁场,因直电流的连续性其必与环路铰链,其磁场沿圆周 L 的环流等于 $\mu_0 I$(等于穿过该环路所有电流的代数和)。而 AB 段电流的磁场沿圆周 L 的环流不等于 $\mu_0 I$,原因是它不连续,不和圆周 L 铰链。静磁场安培环路定理只适用于稳恒电流,稳恒电流一定是连续的。

4.45　内外半径分别为 R_1 和 $R_2(R_1 < R_2)$ 的无限长载流导体直圆管,电流 I 沿轴线方向流动,并且均匀分布在圆管的横截面上,求磁场分布。

解:和题 4.43 类似,轴对称的电流,其周围磁场也必有轴对称性,所以在导体横截面内取如图 4-53 所示的圆心在轴线上、半径为 $r(r < R_1,R_1 < r < R_2$ 和 $r > R_2)$ 的圆周 L_1,L_2 和 L_3 为安培环路,环路上每点磁场沿切线方向,且圆周上磁场大小处处相等。因此,根据安培环路定理,在 $r < R_1$ 区域,有

$$\oint_{L_1} \boldsymbol{B} \cdot d\boldsymbol{l} = \oint_{L_1} B\,dl\cos 0° = B \cdot 2\pi r = 0$$

得 $B_{r<R_1} = 0$。

在 $R_1 < r < R_2$ 区域,有

$$\oint_{L_2} \boldsymbol{B} \cdot d\boldsymbol{l} = \oint_{L_2} B\,dl\cos 0° = B \cdot 2\pi r$$

$$= \mu_0(\pi r^2 - \pi R_1^2)\frac{I}{\pi(R_2^2 - R_1^2)} = \frac{\mu_0 I(r^2 - R_1^2)}{(R_2^2 - R_1^2)}$$

得 $B_{R_1<r<R_2} = \frac{\mu_0 I}{2\pi r}\frac{r^2 - R_1^2}{R_2^2 - R_1^2}$,方向与电流形成右手螺旋关系。

在 $r > R_2$ 区域,有

$$\oint_{L_3} \boldsymbol{B} \cdot d\boldsymbol{l} = \oint_{L_3} B\,dl\cos 0° = B \cdot 2\pi r = \mu_0 I$$

得 $B_{r>R_2} = \frac{\mu_0 I}{2\pi r}$,方向与电流形成右手螺旋关系。

4.46　某一质量为 4.6×10^{-3} kg 的粒子带有 2.3×10^{-8} C 的电荷,在水平方向获得一初始速度为 4.9×10^5 m/s。现利用磁场使这粒子仍沿水平方向运动,求应加多大的磁场?

解:如图 4-54 所示,若使粒子沿水平方向运动,则该粒子在竖直方向上所受重力和洛伦兹力平衡,有 $mg - qvB = 0$,所以应加磁场的大小为

$$B = \frac{mg}{qv} = \frac{4.6 \times 10^{-3} \times 9.8}{2.3 \times 10^{-8} \times 4.9 \times 10^5}\ T = 4.0\ T$$

方向如图 4-54 所示。

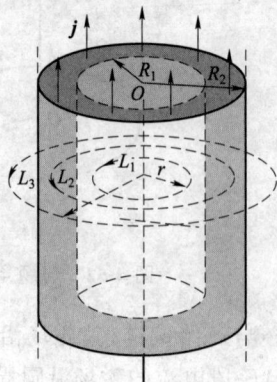

图 4-53　习题 4.45 用图　　　　　　图 4-54　习题 4.46 用图

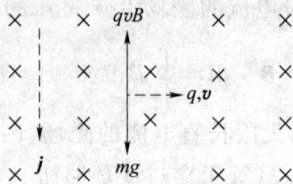

4.47　在一磁场为 15 T 的气泡室中一高能质子垂直于磁场飞过时留下一半径为 2 m 的圆弧径迹,求此质子的动量。

解：高能质子垂直于磁场飞过时留下圆弧径迹,重力影响很小,质子在磁场中仅受到洛伦兹力的作用。由 $R = mv/qB$,质子的动量为

$$\boldsymbol{p} = m\boldsymbol{v} = mv\boldsymbol{e}_v = qBR\boldsymbol{e}_v = 1.6 \times 10^{-19} \times 15 \times 2\boldsymbol{e}_v \text{ kg} \cdot \text{m/s} = 4.8 \times 10^{-18}\boldsymbol{e}_v \text{ kg} \cdot \text{m/s}$$

其方向沿圆弧切向。

4.48　在霍尔效应实验中,长 4.0 cm、宽 1.0 cm、厚 1.0×10^{-3} cm 的金属板沿长度方向上载有 3.0 A 的电流,当磁感应强度 $B = 1.5$ T 的磁场垂直地通过该金属板时,在宽度两端产生 1.0×10^{-5} V 的霍尔电压,求金属板中的载流子浓度。

解：由霍尔公式 $U_H = \dfrac{1}{ne}\dfrac{IB}{b}$($b$ 为金属板厚度),金属板中载流子浓度 n 为

$$n = \frac{1}{U_H e}\frac{IB}{b} = \frac{1}{1.0 \times 10^{-5} \times 1.60 \times 10^{-19}} \times \frac{3.0 \times 1.5}{1.0 \times 10^{-5}} \text{ m}^{-3} = 2.8 \times 10^{29} \text{ m}^{-3}$$

4.49　一载有电流 I 的细导线回路由半径为 R 的半圆形和直径构成,求圆心处长度元 $\mathrm{d}l$ 的导线所受的力。

解：直径部分电流在圆心处产生的磁感应强度为零,在如图 4-55 所示的坐标系中,半径为 R 的半圆形电流在圆心处产生的磁感应强度为

$$\boldsymbol{B} = \frac{\mu_0 I}{2R} \cdot \frac{\pi}{2\pi}\boldsymbol{k} = \frac{\mu_0 I}{4R}\boldsymbol{k}$$

由安培力公式,圆心处长度元 $\mathrm{d}l$ 的导线所受的力为

$$\mathrm{d}\boldsymbol{F} = I\mathrm{d}\boldsymbol{l} \times \boldsymbol{B} = I\mathrm{d}l\boldsymbol{i} \times B\boldsymbol{k} = -IB\mathrm{d}l\boldsymbol{j} = -\frac{\mu_0 I^2 \mathrm{d}l}{4R}\boldsymbol{j}$$

4.50　半径为 r 的导线圆环中载有电流 I,置于磁感应强度为 B 的均匀磁场中,若磁场方向与环面垂直,求圆环所受的合力及导线所受的张力。

解：在均匀磁场中,平面闭合电流所受的安培力为零。即

$$\boldsymbol{f}_m = \oint_L I\mathrm{d}\boldsymbol{l} \times \boldsymbol{B} = \left(\oint_L I\mathrm{d}\boldsymbol{l}\right) \times \boldsymbol{B} = 0$$

处于受力平衡的载流导线圆环,在图 4-56 中左边半圆环受到的安培力方向向左,其大

小等于从起点 B 指向终点 A 直径电流 I 在匀磁场中所受到的安培力,有

$$F = \left| \int_A^B I \, \mathrm{d}\boldsymbol{l} \times \boldsymbol{B} \right| = 2IBr$$

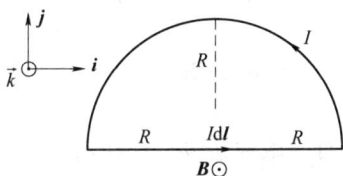

图 4-55　习题 4.49 用图

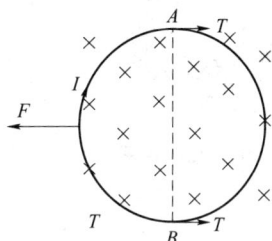

图 4-56　习题 4.50 用图

左边半圆环之所以受力平衡,是由于右边半圆环向右的拉力(张力)$2T$,应有

$$F = 2T = 2IBr$$

所以,导线中的张力为 $T = IBr$。

4.51　如图 4-57 所示形状的导线,通有电流 I,放在一个与均匀磁场 B 垂直的平面上,$bc \perp acd$,$\overset{\frown}{cd}$ 是以 O 为圆心的半圆弧。求此导线受到的磁场力的大小及方向。

解：整个弯曲载流导线在匀磁场所受的安培力等于从起点指向终点的直载流导线受到的磁力。所以,此导线所受到的磁场力大小为

$$F = \left| \int_a^d I \, \mathrm{d}\boldsymbol{l} \times \boldsymbol{B} \right| = \left| I \left(\int_a^d \mathrm{d}\boldsymbol{l} \right) \times \boldsymbol{B} \right|$$

$$= | I \boldsymbol{ad} \times \boldsymbol{B} | = IB(l + 2R)$$

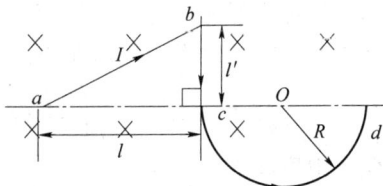

图 4-57　习题 4.51 用图

其方向在纸面内竖直向上。

4.52　磁矩为 $\boldsymbol{P}_\mathrm{m}$ 的平面线圈载有电流 I,置于磁感应强度为 $\boldsymbol{B}$ 的均匀磁场中,$\boldsymbol{P}_\mathrm{m}$ 与 $\boldsymbol{B}$ 方向相同,试求通过该线圈的磁通量及线圈所受的磁力矩的大小。

解：平面线圈磁矩大小 $P_\mathrm{m} = IS$,均匀磁场中通过该线圈的磁通量为

$$\Phi_\mathrm{m} = \int_s \boldsymbol{B} \cdot \mathrm{d}\boldsymbol{S} = \int_s B \, \mathrm{d}S = BS = \frac{P_\mathrm{m}}{I} B$$

线圈所受的磁力矩为

$$\boldsymbol{M} = \boldsymbol{p}_\mathrm{m} \times \boldsymbol{B} = 0$$

即线圈所受的磁力矩的大小为零。

4.53　一铸钢圆环上均匀地密绕多匝线圈,当线圈中通入 0.6 A 电流时,钢环中的磁通量为 3.2×10^{-4} Wb;当电流增大至 3.6 A 时,磁通量为 1.6×10^{-4} Wb,求这两种情况下钢环的磁导率之比。

解：钢环属于铁磁质,它的相对磁导率不是常数。铸钢圆环上均匀地密绕 N 匝线圈形成有铁芯密绕环,当通一电流 I 时的磁场几乎全部集中在环内且具有轴对称性,环内的磁场线都是同轴圆周,同一圆周上各点的磁感应强度 B 的大小相等,方向沿着圆的切线方向,且与电流形成右手螺旋关系,环外的磁场可以忽略不计。

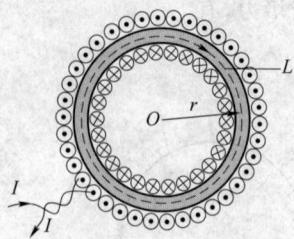

图 4-58　习题 4.53 用图

通一电流 I 时,钢环截面的磁通量 $\Phi_m = \int_S \boldsymbol{B} \cdot d\boldsymbol{S}$,其正比于钢环中的磁场 B。取如图 4-58 所示的安培环路 L,根据磁介质中安培环路定理,有

$$\oint_L \boldsymbol{H} \cdot d\boldsymbol{l} = \oint_L H dl = H \cdot 2\pi r = NI$$

得 $H = \dfrac{NI}{2\pi r}$。均匀磁介质中 $\boldsymbol{B} = \mu \boldsymbol{H}$,环路 L 上磁场 $B = \mu H = \mu \dfrac{NI}{2\pi r} \propto \mu I$,则钢环截面的磁通量 $\Phi_m \propto \mu I$,有 $\dfrac{\Phi_{m1}}{\Phi_{m2}} = \dfrac{\mu_1 I_1}{\mu_2 I_2}$。因此,两种情况下钢环的磁导率之比为

$$\frac{\mu_1}{\mu_2} = \frac{\Phi_{m1} I_2}{\Phi_{m2} I_1} = \frac{3.2 \times 10^{-4} \times 3.6}{1.6 \times 10^{-4} \times 0.6} = 12$$

4.54　一螺绕环中心周长为 1 m,在环上均匀绕以 200 匝导线,螺绕环内充满相对磁导率为 5000 的磁介质。求当线圈中通有 0.2 A 的电流时,介质中中心圆周上的磁场强度和磁感应强度。介质中由传导电流和磁化电流产生的磁感应强度各是多少?

解:参考图 4-58。通电螺绕环内部磁场不是均匀场,但当周长较大,而环截面较小时,内部磁场可近似为均匀场,图 4-58 中所取安培环路的半径 r 看作是平均半径,题 4.54 中所给周长看作是螺绕环的平均周长。在近似情况下,由介质中的安培环路定理,有

$$\oint_L \boldsymbol{H} \cdot d\boldsymbol{l} = \oint_L H dl = H \cdot 2\pi r = NI$$

得介质中磁场强度为

$$H = \frac{NI}{2\pi r} = \frac{200 \times 0.2}{1} \text{ A/m} = 40 \text{ A/m}$$

其方向与电流成右手螺旋关系,即图 4-58 中所取环路方向。均匀磁介质中 $\boldsymbol{B} = \mu \boldsymbol{H}$,所以介质中磁感应强度的大小为

$$B = \mu H = \mu_0 \mu_r \frac{NI}{2\pi r}$$

$$= 4\pi \times 10^{-7} \times 5000 \times \frac{200 \times 0.2}{1} \text{ T} = 0.25 \text{ T}$$

其方向同于磁场强度。

环内磁场 $\boldsymbol{B}$ 是传导电流的磁场 $\boldsymbol{B}_0$ 和磁化电流磁场 $\boldsymbol{B}'$ 的叠加,均匀磁质中 $\boldsymbol{B} = \mu_r \boldsymbol{B}_0$,所以传导电流的磁感应强度为

$$B_0 = \frac{B}{\mu_r} = \frac{\mu_0 \mu_r H}{\mu_r} = \mu_0 \frac{NI}{2\pi r}$$

$$= 4\pi \times 10^{-7} \times \frac{200 \times 0.2}{1} \text{ T} = 5.0 \times 10^{-5} \text{ T}$$

其方向与电流成右手螺旋关系。因 $\boldsymbol{B} = \boldsymbol{B}_0 + \boldsymbol{B}'$,均匀顺磁质中,它们三者同向,所以磁化电流的磁感应强度 $\boldsymbol{B}'$ 的大小为

$$B' = B - B_0 = 0.25 \text{ T} - 5.0 \times 10^{-5} \text{ T} = 0.25 \text{ T}$$

4.55　在螺绕环的导线内通有电流 2A,环上所绕线圈共 1000 匝,环的平均周长为

20 cm,测得环内磁感应强度是 1.2 T,设环截面较小,求环内的磁场强度和磁介质的磁导率。

解：参考题 4.54 和图 4-58。通电螺绕环内部磁场不是均匀场,不过当周长较大,而环截面较小时,内部磁场可近似为均匀场,图 4-58 中所取安培环路的半径 r 看作是平均半径。在近似情况下,由磁介质中的安培环路定理,对于图 4-58 所取环路有

$$\oint_L \boldsymbol{H} \cdot d\boldsymbol{l} = \oint_L H dl = H \cdot 2\pi r = NI$$

所以,环内的磁场强度为

$$H = \frac{NI}{2\pi r} = \frac{1000 \times 2}{20 \times 10^{-2}} \text{ A/m} = 1.0 \times 10^4 \text{ A/m}$$

其方向为图 4-58 中所取环路方向。均匀磁介质中 $\boldsymbol{B} = \mu\boldsymbol{H}$,则环内磁介质的磁导率为

$$\mu = \frac{B}{H} = \frac{1.2}{1.0 \times 10^4} \text{ H/m} = 1.2 \times 10^{-4} \text{ H/m}$$

4.56 空气中一个磁导率为 μ 的无限长均匀磁介质圆柱体,半径为 R,其中均匀地通过电流 I,求空间的磁感应强度分布。

解：参考题 4.43。柱内外的磁场分布是轴对称的,在磁介质圆柱体横截面内取如图 4-59 所示的圆心在轴线上、半径为 $r(r<R$ 和 $r>R)$ 的圆周 L_1 和 L_2 为安培环路,环路上每点磁场沿切线方向,且圆周上磁场大小处处相等。因此,由 H 环路定理,在 $r<R$ 区域有

$$\oint_{L_1} \boldsymbol{H} \cdot d\boldsymbol{l} = \oint_{L_1} H dl \cos 0° = H 2\pi r = \pi r^2 j = \pi r^2 \frac{I}{\pi R^2}$$

得 $H = \frac{I}{2\pi R^2} r$。因此,在 $r<R$ 区域,距离轴线 r 处的磁感应强度 $B_{r<R} = \mu H = \frac{\mu I r}{2\pi R^2}$,方向与电流形成右手螺旋关系。对于环路 L_2,有

$$\oint_{L_2} \boldsymbol{H} \cdot d\boldsymbol{l} = \oint_{L_2} H dl \cos 0° = H 2\pi r = I$$

得 $H = \frac{I}{2\pi r}$。所以,在 $r \geq R$ 区域,距离轴线 r 处的磁感应强度 $B_{r\geq R} = \mu H = \frac{\mu I}{2\pi r}$,方向与电流形成右手螺旋关系。

4.57 如图 4-60 所示。有一很长的同轴电缆,由一圆柱型导体(半径为 r_1,导体 $\mu \approx \mu_0$)和一与其同轴的导体圆筒(内外半径为 r_2、r_3)组成,两者之间充满着磁导率为 μ 的均匀

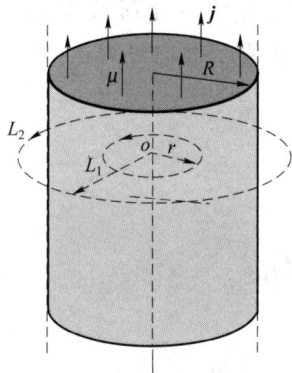

图 4-59 习题 4.56 用图

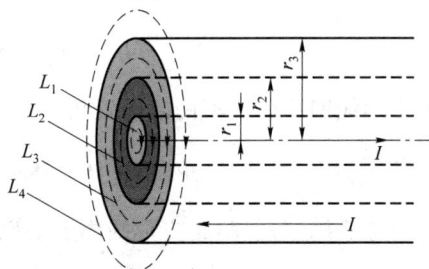

图 4-60 习题 4.57 用图

磁介质。电流 I 从一导体流进,从另一导体流出,电流都是均匀地分布在导体横截面上,求空间中的磁场强度分布。

解:和上题一样,轴对称的电流产生柱内外轴对称的磁场分布。在磁介质圆柱体横截面内取如图 4-60 所示的圆心在轴线上、半径为 $r(r<r_1$、$r_1<r<r_2$、$r_2<r<r_3$ 和 $r>r_3$)的圆周 L_1、L_2、L_3 和 L_4 为安培环路,环路上每点磁场沿切线方向,且圆周上磁场大小处处相等。因此,由 H 环路定理,在 $r<r_1$ 区域,有

$$\oint_{L_1} \boldsymbol{H} \cdot \mathrm{d}\boldsymbol{l} = \oint_{L_1} H \mathrm{d}l \cos 0^\circ = H 2\pi r = \pi r^2 \frac{I}{\pi r_1^2}$$

得 $H = \dfrac{I}{2\pi r_1^2} r$,方向与圆柱中电流形成右手螺旋关系。

在 $r_1<r<r_2$ 区域,对于环路 L_2,有

$$\oint_{L_2} \boldsymbol{H} \cdot \mathrm{d}\boldsymbol{l} = \oint_{L_2} H \mathrm{d}l \cos 0^\circ = H 2\pi r = I$$

得 $H = \dfrac{I}{2\pi r}$,方向与圆柱中电流形成右手螺旋关系。

在 $r_2<r<r_3$ 区域,对于环路 L_3,有

$$\oint_{L_3} \boldsymbol{H} \cdot \mathrm{d}\boldsymbol{l} = \oint_{L_3} H \mathrm{d}l \cos 0^\circ = H 2\pi r = I - \pi(r^2 - r_2^2) \frac{I}{\pi(r_3^2 - r_2^2)}$$

得 $H = \dfrac{I}{2\pi r}\left(1 - \dfrac{r^2 - r_2^2}{r_3^2 - r_2^2}\right)$,方向与圆柱中电流形成右手螺旋关系。

在 $r>r_3$ 区域,对于环路 L_4,有

$$\oint_{L_4} \boldsymbol{H} \cdot \mathrm{d}\boldsymbol{l} = \oint_{L_4} H \mathrm{d}l \cos 0^\circ = H 2\pi r = I - I = 0$$

得 $H=0$,在 $r>r_3$ 区域,无磁场。

4.58 如图 4-61 所示,一长直导线通有电流强度为 $I = I_0 \sin(\omega t)$ 的交变电流,其旁放一边长为 a 的正方形线圈(长直导线与正方形线圈共面),正方形线圈的左边缘到长直导线的距离为 a,求正方形线圈上感应电动势的大小。

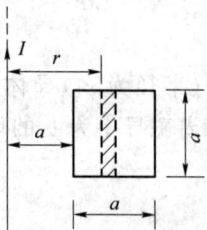

图 4-61 习题 4.58 用图

解:一长直电流周围磁场是非均匀磁场,但沿电流方向有平移对称性。所以,在正方形线圈内取如图 4-61 所示的宽度为 $\mathrm{d}r$ 的一小面积元,设此小面积元法向垂直纸面向里为正,则通过此小面积元的磁通量为

$$\mathrm{d}\Phi_{\mathrm{m}} = \boldsymbol{B} \cdot \mathrm{d}\boldsymbol{S} = B \mathrm{d}S = \frac{\mu_0 I}{2\pi r} a \, \mathrm{d}r$$

通过正方形线圈所围面积的磁通量为

$$\Phi_{\mathrm{m}} = \int_S \boldsymbol{B} \cdot \mathrm{d}\boldsymbol{S} = \int_a^{2a} \frac{\mu_0 I a}{2\pi r} \mathrm{d}r = \frac{\mu_0 I a}{2\pi} \ln 2$$

由法拉第电磁感应定律,正方形线圈上的感应电动势为

$$\varepsilon = -\frac{\mathrm{d}\Phi_{\mathrm{m}}}{\mathrm{d}t} = -\frac{\mathrm{d}}{\mathrm{d}t}\left(\frac{\mu_0 I a}{2\pi} \ln 2\right) = -\frac{\mu_0 a}{2\pi} \ln 2 \frac{\mathrm{d}}{\mathrm{d}t}(I_0 \sin(\omega t))$$

$$= -\frac{\mu_0 I_0 \omega a}{2\pi} \ln 2 \cos \omega t$$

负号表示正方形线圈上的感应电动势指向为逆时针方向。

4.59 均匀磁场 $\boldsymbol{B}$ 中有一矩形导体回路 $Oabc$，其中边长为 l 的 ab 段可沿 Ox 轴方向以匀速 v 向右滑动，回路平面与磁场 $\boldsymbol{B}$ 的方向垂直，如图 4-62 所示。设 $B = kt\,(k>0)$，$t=0$ 时，$x=0$。当 ab 运动到与 Oc 相距 x 时，求回路中的感应电动势。

解：设从上往下看逆时针方向为 $Oabc$ 回路正方向，O 作为原点，t 时刻 ab 段处在图 4-62 所示的 $x=vt$ 处，此时通过此闭合回路所围面积的磁通量为

$$\Phi_{\mathrm{m}} = BS = kt \cdot lx = kt \cdot lvt = klvt^2$$

由法拉第电磁感应定律，回路中的感应电动势为

$$\varepsilon = -\frac{\mathrm{d}\Phi_{\mathrm{m}}}{\mathrm{d}t} = -\frac{\mathrm{d}(klvt^2)}{\mathrm{d}t} = -2klvt = -2klx$$

负号表示感应电动势的方向与选取的回路绕行方向相反，导体回路 $Oabc$ 中感应电流的方向如图 4-62 所示。

4.60 在如图 4-63 所示的回路中，若 $\boldsymbol{B}$ 与矩形平面的法线 $\boldsymbol{e}_{\mathrm{n}}$ 夹角为 $\alpha=60°$，并设 ab 段长 $0.1\ \mathrm{m}$，$v=4.0\ \mathrm{m/s}$，$B=1\ \mathrm{T}$。求回路中的感应电动势并指出感应电流的方向。

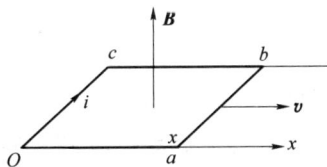

图 4-62　习题 4.59 用图　　　　图 4-63　习题 4.60 用图

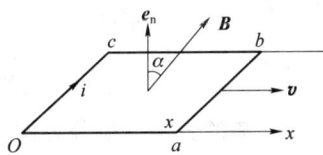

解：图 4-63 显示了图 4-62 中的回路矩形平面的法线 $\boldsymbol{e}_{\mathrm{n}}$ 与均匀磁场 $\boldsymbol{B}$ 夹角 $\alpha=60°$ 时的情形。t 时刻通过此闭合回路的磁通量为

$$\Phi_{\mathrm{m}} = \int_S \boldsymbol{B} \cdot \mathrm{d}\boldsymbol{S} = \int_S B\,\mathrm{d}S\cos\alpha = B\cos\alpha \int_S \mathrm{d}S = Blvt\cos\alpha$$

由法拉第电磁感应定律，回路中的感应电动势为

$$\varepsilon = -\frac{\mathrm{d}\Phi_{\mathrm{m}}}{\mathrm{d}t} = -\frac{\mathrm{d}(Blvt\cos\alpha)}{\mathrm{d}t} = -Blv\cos\alpha$$

$$= -1 \times 0.1 \times 4.0 \times \cos 60° \ \mathrm{V} = -0.2\ \mathrm{V}$$

负号表示所求的感应电动势的方向为从上往下看沿顺时针方向，感应电流方向也沿如图 4-63 所示的顺时针方向。

4.61 两段导体 $ab=bc=0.1\ \mathrm{m}$，在 b 处连成 $30°$ 的角，如图 4-64 所示。若导体在匀强磁场中以速率 $v=3\ \mathrm{m/s}$ 在垂直于磁场的平面内沿平行于 ab 边的方向运动，磁感应强度 $B=2\times10^{-2}\ \mathrm{T}$，求 ac 间的电势差是多少？哪端电势高？

解：由动生电动势的定义，有

$$\varepsilon = \int_a^c (\boldsymbol{v}\times\boldsymbol{B})\cdot\mathrm{d}\boldsymbol{l} = \int_b^c (\boldsymbol{v}\times\boldsymbol{B})\cdot\mathrm{d}\boldsymbol{l} = \int_b^c vB\sin 90°\,\mathrm{d}l\cos(90°-30°)$$

$$= vBbc\cos 60° = 3\times 2\times10^{-2}\times 0.1\times 0.5\ \mathrm{V} = 3\times10^{-3}\ \mathrm{V}$$

$\varepsilon>0$，表示电动势方向与积分方向一致，是由 a 指向 c，即 c 端电势高于 a 端。其电势差为

$$\Delta U_{ac} = \Delta U_{bc} = -\varepsilon_{bc} = -3 \times 10^{-3} \text{ V}$$

4.62 如图 4-65 所示，半径为 R 的金属薄圆盘以角速度 ω 绕通过盘心 O 且与盘面垂直的转轴逆时针（俯视盘面观察）转动。匀强磁场的磁感应强度 B 垂直盘面向上，A 为盘边缘一点。求盘心 O 与 A 点间的电势差？

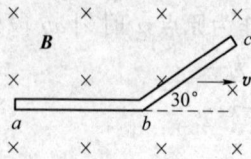

图 4-64 习题 4.61 用图   图 4-65 习题 4.62 用图

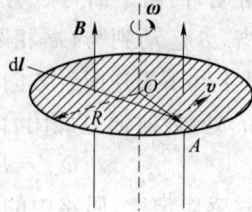

解：金属圆盘可以看作无数个以盘心和盘边缘为两端的细金属棒的并联，因此盘心 O 与 A 点间的电势差等于每个细金属棒两端的电势差。把半径 $\overline{OA}$ 作为其中一个金属棒，它是在均匀磁场中运动，但棒上每个线元运动速度大小不同。在棒上取一段线元 $\mathrm{d}l$，如图 4-65 所示，其方向由盘心指向边缘，这一小段线元产生的动生电动势为

$$\mathrm{d}\varepsilon = (\boldsymbol{v} \times \boldsymbol{B}) \cdot \mathrm{d}\boldsymbol{l} = vB \sin 90° \mathrm{d}l \cos 0° = \omega l B \mathrm{d}l$$

金属棒 $\overline{OA}$ 上产生的电动势为

$$\varepsilon = \int \mathrm{d}\varepsilon = \int_0^R \omega l B \mathrm{d}l = \frac{1}{2}\omega B R^2$$

$\varepsilon > 0$，表示电动势的方向与积分方向一致，由 O 指向 A，即 A 端电势高于 O 端。所以，盘心 O 与 A 点间的电势差为

$$\Delta U = U_O - U_A = -\frac{1}{2}\omega B R^2$$

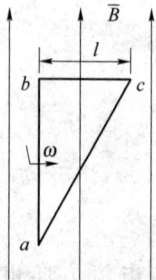

图 4-66 习题 4.63 用图

4.63 如图 4-66 所示，直角三角形金属框架 abc 放在均匀磁场中，磁场 B 平行于 ab 边，bc 的长度为 l。当金属框架绕 ab 边以匀角速度 ω 转动时（设此时 bc 边垂直于纸面向里转动），求 $abca$ 回路中的感应电动势和 a、c 两点间的电势差。

解：当金属框架绕 ab 边以匀角速度 ω 转动时，$abca$ 回路所围成三角形面积的磁通量始终为零，不存在磁通量的变化率，故 $abca$ 回路中的感应电动势为零，即

$$\varepsilon = -\frac{\mathrm{d}\Phi_m}{\mathrm{d}t} = 0$$

但 bc 边与 ac 边切割磁感应线分别产生动生电动势，对于 bc 边有

$$\varepsilon_{bc} = \int_b^c (\boldsymbol{v} \times \boldsymbol{B}) \cdot \mathrm{d}\boldsymbol{l} = \int_0^l vB \mathrm{d}l = \int_0^l \omega l B \mathrm{d}l = \frac{1}{2}\omega B l^2$$

c 点电势高。ab 边不切割磁感应线，其中无电动势，a 点与 b 点等电位，故有

$$U_a - U_c = U_b - U_c = -\frac{1}{2}\omega B l^2$$

4.64 如图 4-67 所示，半径为 R 的圆柱形空间存在着轴向均匀磁场，有一长为 $2R$ 的

导体棒如图放置,若磁感应强度 $\boldsymbol{B}$ 的大小以 $\dfrac{\mathrm{d}B}{\mathrm{d}t}=C$ 变化,其中 C 是一个大于零的常数,试求导体棒上的感应电动势。

解:作如图 4-67 辅助连线。三角形 OCA 面积中磁通量等于穿过等边三角形 OBA 面积和扇形面积 ODB 的磁通量之和。等边三角形 OBA 面积的磁通量

$$\Phi_1 = BS_{\triangle OBA} = \frac{\sqrt{3}}{4}R^2 B$$

由于 $\angle OBC = \dfrac{2\pi}{3}$,$\triangle OBC$ 为等腰三角形,所以 $\angle BOC = \dfrac{\pi}{6}$,通过扇形面积 ODB 的磁通量

$$\Phi_2 = BS_{\text{扇形}ODB} = \frac{\pi}{12}R^2 B$$

根据法拉第电磁感应定律,回路 $OCAO$ 中感生电动势为

$$\varepsilon = -\frac{\mathrm{d}\Phi_m}{\mathrm{d}t} = -\frac{\mathrm{d}}{\mathrm{d}t}(\Phi_1 + \Phi_2) = -\left(\frac{\sqrt{3}}{4} + \frac{\pi}{12}\right)R^2\frac{\mathrm{d}B}{\mathrm{d}t} = -\left(\frac{\sqrt{3}}{4} + \frac{\pi}{12}\right)cR^2$$

负号表示回路 $OCAO$ 中感生电动势逆时针指向。

因为回路 $OCAO$ 中的 OA 和 OC 边都垂直感生电场,OA 和 OC 上不存在感生电动势,所以上面回路 $OCAO$ 中感生电动势就是导体棒上的感应电动势。

4.65 由两个无限长同轴薄圆筒导体组成的电缆,流过两圆筒的电流 $I_1 = I_2 = I$,流向相反,半径分别为 R_1,R_2,试求长为 l 的一段电缆内的磁能和自感系数。

解:(1)求磁场分布。因轴对称的电流产生轴对称的磁场,如图 4-68(a)所示,分别在 $r<R_1$,$R_1<r<R_2$,$r>R_2$ 区域于薄圆筒横截面内做 3 个半径为 r 的同轴圆周 L_1,L_2 和 L_3 为安培环路。环路上每点磁场沿切线方向,且圆周上磁场大小处处相等。因此,根据安培环路定理,在 $r<R_1$ 区域,有

$$\oint_{L_1} \boldsymbol{B} \cdot \mathrm{d}\boldsymbol{l} = \oint_{L_1} B\,\mathrm{d}l\cos 0° = B \cdot 2\pi r = 0$$

得 $B_{r<R_1} = 0$。

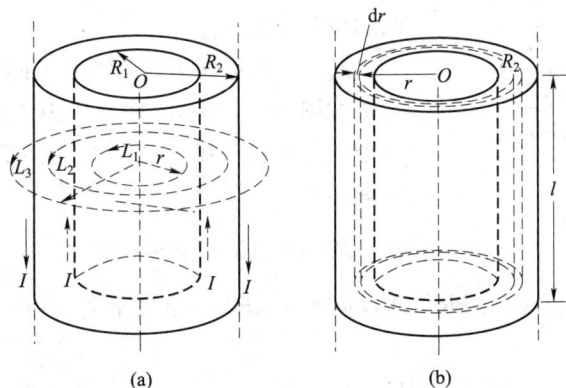

图 4-68 习题 4.65 用图

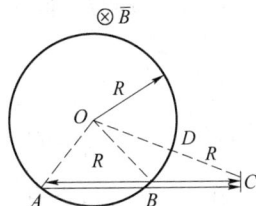

在 $R_1 < r < R_2$ 区域，有

$$\oint_{L_2} \boldsymbol{B} \cdot \mathrm{d}l = \oint_{L_2} B\,\mathrm{d}l\cos0° = B \cdot 2\pi r = \mu_0 I$$

得 $B_{R_1<r<R_2} = \dfrac{\mu_0 I}{2\pi r}$，方向与电流形成右手螺旋关系。

在 $r > R_2$ 区域，有

$$\oint_{L_3} \boldsymbol{B} \cdot \mathrm{d}l = \oint_{L_3} B\,\mathrm{d}l\cos0° = B \cdot 2\pi r = 0$$

得 $B_{r>R_2} = 0$。

所以，磁场分布在 $R_1 < r < R_2$ 区域，方向与环路 L_2 同环绕方向。

（2）求长为 l 的一段电缆内的磁能和自感系数。如图 4-68(b)所示，在 $R_1 < r < R_2$ 区域，作长度为 l，半径为 r，厚度为 $\mathrm{d}r$ 的同轴圆柱，其内磁场作为均匀场，它的磁场能量为

$$\mathrm{d}W_{\mathrm{m}} = w_{\mathrm{m}}\mathrm{d}V = \frac{B^2}{2\mu_0}\mathrm{d}V = \frac{\mu_0 I^2}{8\pi^2 r^2}2\pi rl\,\mathrm{d}r = \frac{\mu_0 l I^2}{4\pi r}\mathrm{d}r$$

长为 l 的一段电缆内的磁能为

$$W_{\mathrm{m}} = \int_V w_{\mathrm{m}}\mathrm{d}V = \int_{R_1}^{R_2}\frac{\mu l I^2}{4\pi r}\mathrm{d}r = \frac{\mu l I^2}{4\pi}\ln\frac{R_2}{R_1}$$

由 $W_{\mathrm{m}} = \dfrac{1}{2}LI^2$ 可得，长为 l 的一段电缆内的自感系数为

$$L = \frac{2W_{\mathrm{m}}}{I^2} = \frac{\mu l}{2\pi}\ln\frac{R_2}{R_1}$$

4.66 真空中一均匀磁场的能量密度与一均匀电场的能量密度相等，已知磁感应强度为 $B = 0.7$ T，求电场强度 E。

解：真空中磁场的能量密度为 $w_{\mathrm{m}} = B^2/2\mu_0$，真空中电场的能量密度为 $w_{\mathrm{e}} = \varepsilon_0 E^2/2$，由 $w_{\mathrm{m}} = w_{\mathrm{e}}$，可得电场强度为

$$E = \sqrt{\frac{B^2}{\mu_0\varepsilon_0}} = \sqrt{\frac{0.7^2}{4\pi\times10^{-7}\times8.85\times10^{-12}}}\ \mathrm{V/m} = 2\times10^8\ \mathrm{V/m}$$

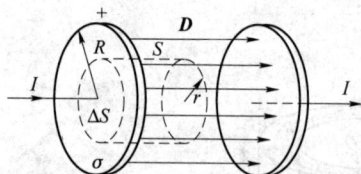

图 4-69　习题 4.67 用图

4.67 平行板电容器的两板都是半径为 R 的圆形导体片，若两板上的面电荷密度为 $\sigma = \sigma_0\cos\omega t$，求两板间的位移电流 I_{d}。

解：忽略边缘效应，两极之间是变化的均匀电场。选取如图 4-69 所示的底面积为 ΔS，其与极板面平行且一个底面在极板中的柱面 S 为高斯面，由介质中的高斯定理，有

$$\oint_S \boldsymbol{D} \cdot \mathrm{d}S = D\Delta S = \sigma\Delta S$$

得 $D = \sigma$。两板间的截面积为 πR^2，通过截面积 πR^2 的电通量 $\Phi_D = D \cdot \pi R^2$，因此两板间的位移电流 I_{d} 为

$$I_{\mathrm{d}} = \frac{\mathrm{d}\Phi_D}{\mathrm{d}t} = \frac{\mathrm{d}D}{\mathrm{d}t}\pi R^2 = \frac{\mathrm{d}\sigma}{\mathrm{d}t}\pi R^2 = -\pi R^2\sigma_0\omega\sin\omega t$$

4.68 给一电容为 C 的圆形极板电容器加上交流电压 $U = U_{\mathrm{m}}\sin\omega t$，求两板间的位移

电流 I_d。设 $C=1.0\times10^{-5}$ F,两板的电压变化率为 $dU/dt=1.2\times10^5$ V/s,求此时两板间的位移电流。

解:忽略边缘效应,两极之间是变化的均匀电场,且已知两极之间的电位移的大小等于极板电荷面密度,$D=\sigma$。电容为 C 的圆形极板电容器在极板电势差为 U 时,极板上电量 $Q=CU$,设极板面积为 S,则两板间的位移电流 I_d 为

$$I_d=\frac{d\Phi_D}{dt}=S\frac{dD}{dt}=\frac{d(S\sigma)}{dt}=\frac{dQ}{dt}=\frac{CdU}{dt}=CU_m\omega\cos\omega t$$

当 $C=1.0\times10^{-5}$F,两板的电压变化率为 $dU/dt=1.2\times10^5$ V/s 时,两极板间的位移电流为

$$I_d=\frac{d\Phi_D}{dt}=\frac{CdU}{dt}=1.0\times10^{-5}\times1.2\times10^5 \text{ A}=1.2 \text{ A}$$

4.69 一平面电磁波电场强度的振幅为 30 V/m,求磁感应强度的振幅。

解:由 $\sqrt{\varepsilon}E=\sqrt{\mu}H$,真空中有 $\sqrt{\varepsilon_0}E_m=\sqrt{\mu_0}H_m$,$E_m$、$H_m$ 分别为电场强度和磁感应强度的振幅。由此,磁感应强度的振幅为

$$B_m=\mu_0 H_m=\mu_0\sqrt{\frac{\varepsilon_0}{\mu_0}}E_m=\sqrt{\varepsilon_0\mu_0}E_m=\frac{E_m}{c}=\frac{30}{3\times10^8} \text{ T}$$
$$=1.0\times10^{-7} \text{ T}$$

4.70 已知一激光束的强度为 5.3×10^{13} W/m²,则该束激光中电场强度和磁感应强度的振幅各为多大?

解:由电磁波的强度 $I=c\varepsilon E_m^2/2$,可知真空中电场强度的振幅为

$$E_m=\sqrt{\frac{2I}{c\varepsilon_0}}=\sqrt{\frac{2\times5.3\times10^{13}}{3.0\times10^8\times8.85\times10^{-12}}} \text{ V/m}=2.0\times10^8 \text{ V/m}$$

由题 4.69,真空中磁感应强度的振幅为

$$B_m=\frac{E_m}{c}=\frac{2.0\times10^8}{3\times10^8} \text{ T}=0.67 \text{ T}$$

阶段练习题

一、选择题

1. 根据高斯定理,下述各种说法中,正确的是(　　)。

    A. 闭合面内的电荷代数和不为零时,闭合面上各点场强一定处处不为零

    B. 闭合面内的电荷代数和为零时,闭合面上各点场强一定为零

    C. 闭合面内的电荷代数和为零时,闭合面上各点场强不一定处处为零

    D. 闭合面上各点场强均为零时,闭合面内一定处处无电荷

2. 下列说法中,正确的是(　　)。

    A. 有一个负点电荷,在电场中从 a 点移动到 b 点,若电场力做正功,则 a,b 两点的电势关系为 $U_a>U_b$

    B. 在点电荷的电场中,离场源电荷越远的点,其电势就越低

    C. 初速度为零的点电荷置于静电场中,将一定沿一条电场线运动

    D. 在点电荷的电场中,离场源电荷越远的点,电场强度的量值就越小

3. 两条均匀带电的平行长直导线,其电荷线密度分别为 λ_1 和 λ_2,二者相距为 d,则每条导线上单位长度所受的静电力大小为(   )。

A. 0   B. $\dfrac{\lambda_1}{2\pi\varepsilon_0 d}$ C. $\dfrac{\lambda_2}{2\pi\varepsilon_0 d}$ D. $\dfrac{\lambda_1\lambda_2}{2\pi\varepsilon_0 d}$

4. 有一半径为 R 的金属球壳,其内部充满相对介电常数为 ε_r 的均匀电介质,球壳外部是真空。当球壳上均匀带有电荷 Q 时,则此球壳上面的电势为(   )。

A. $\dfrac{Q}{4\pi\varepsilon_0\varepsilon_r R}$ B. $\dfrac{Q}{4\pi\varepsilon_r R}$ C. $\dfrac{Q}{4\pi\varepsilon_0 R}$ D. $\dfrac{Q}{4\pi R}\left(\dfrac{1}{\varepsilon_0}-\dfrac{1}{\varepsilon_r}\right)$

5. 将一个带正电导体 A 从远处移到一个不带电的导体 B 附近,则导体 B 的电势将(   )。

A. 不变   B. 减小   C. 升高   D. 无法确定

6. 如图 4-70 所示,在磁感强度为 $\boldsymbol{B}$ 的均匀磁场中作一半径为 r 的半球面 S,S 边线所在平面的法线方向单位矢量 $\boldsymbol{n}$ 与 $\boldsymbol{B}$ 的夹角为 α,则通过半球面 S 的磁通量(取弯面向外为正)为(   )。

A. $B\pi r^2$ B. $2B\pi r^2$ C. $-B\pi r^2\sin\alpha$ D. $-B\pi r^2\cos\alpha$

7. 电荷为 $+Q$ 的离子以速率 v 沿 x 轴的正向运动,磁感应强度为 B,方向为 y 轴正向。要使离子不发生偏转,所加电场的大小和方向应为(   )。

A. $E=B$,沿 y 轴负方向   B. $E=vB$,沿 y 轴负方向

C. $E=vB$,沿 z 轴负方向   D. $E=vB$,沿 z 轴正方向

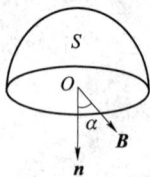

图 4-70   选择题 6 用图   图 4-71   选择题 8 用图

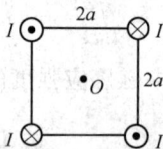

8. 如图 4-71 所示,4 条载流长直导线皆垂直于纸面,每条导线中的电流皆为 I,电流方向如图 4-71 所示。这 4 条导线被纸面截得的断面,组成了边长为 $2a$ 的正方形的 4 个角顶,则在图 4-71 中正方形中心 O 的磁感强度的大小为(   )。

A. $B=\dfrac{2\mu_0}{\pi a}I$ B. $B=\dfrac{\sqrt{2}\mu_0}{2\pi a}I$ C. $B=0$ D. $B=\dfrac{\mu_0}{\pi a}I$

9. 如图 4-72 所示,电流由长直导线 1 沿切向经 a 点流入一个电阻均匀的圆环,再由 b 点沿切向从长直导线 2 流出。已知直导线上电流强度为 I,圆环的半径为 R,且 a,b 和圆心 O 在同一直线上。设长直载流导线 1,2 和圆环中的电流分别在 O 点产生的磁感强度为 $\boldsymbol{B}_1$,$\boldsymbol{B}_2$ 和 $\boldsymbol{B}_3$,则圆心处磁感强度的大小为(   )。

A. $B=0$,因为 $B_1=B_2=B_3=0$

B. $B\neq0$,因为 $B_1\neq0$,$B_2\neq0$,$B_3\neq0$

C. $B=0$,因为 $B_1\neq0$,$B_2\neq0$,但 $\boldsymbol{B}_1+\boldsymbol{B}_2=0$ 且 $B_3=0$

D. $B\neq0$,因为 $B_3=0$,但 $\boldsymbol{B}_1+\boldsymbol{B}_2\neq0$

10. 如图 4-73 所示,在一圆形电流 I 所在的平面内,选取一个同心圆形闭合环路 L,则

由安培环路定理可知（　　）。

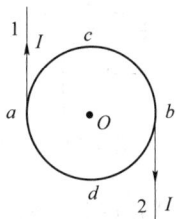

图 4-72　选择题 9 用图

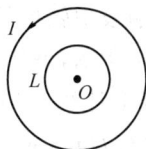

图 4-73　选择题 10 用图

A. $\oint_L \boldsymbol{B} \cdot \mathrm{d}\boldsymbol{l} = 0$，且环路上任意一点 $B \neq 0$

B. $\oint_L \boldsymbol{B} \cdot \mathrm{d}\boldsymbol{l} = 0$，且环路上任意一点 $B = 0$

C. $\oint_L \boldsymbol{B} \cdot \mathrm{d}\boldsymbol{l} \neq 0$，且环路上任意一点 $B \neq 0$

D. $\oint_L \boldsymbol{B} \cdot \mathrm{d}\boldsymbol{l} \neq 0$，且环路上任意一点 $B \neq 0$。

11. 如图 4-74 所示，3 条无限长的直导线等距地并排放置。导线 Ⅰ、Ⅱ 和 Ⅲ 分别通有 1 A、2 A 和 3 A 同方向的电流。由于磁相互作用的结果，3 根导线单位长度上受到的力分别为 F_1，F_2 和 F_3，则 F_1 与 F_2 的比值是（　　）。

A. 7/16　　　　　B. 5/8　　　　　C. 7/8　　　　　D. 5/4

12. 在图 4-75 中 3 条线分别表示 3 种不同类型的磁介质的 B-H 关系，虚线是表示 $B = \mu_0 H$ 的关系，则（　　）。

A. Ⅰ 表示顺磁质，Ⅱ 表示抗磁质，Ⅲ 表示铁磁质

B. Ⅰ 表示抗磁质，Ⅱ 表示顺磁质，Ⅲ 表示铁磁质

C. Ⅰ 表示铁磁质，Ⅱ 表示顺磁质，Ⅲ 表示抗磁质

D. Ⅰ 表示抗磁质，Ⅱ 表示铁磁质，Ⅲ 表示顺磁质

13. 如图 4-76 所示，一细螺绕环是由表面绝缘的导线在铁环上密绕而成，每厘米绕 10 匝。当导线中的电流 I 为 2.0 A 时，测得铁环内的磁感应强度的大小为 1.0 T，则铁环的相对磁导率 μ_r（真空磁导率 $\mu_0 = 4\pi \times 10^{-7}$ T·m·A^{-1}）为（　　）。

A. 7.96×10^2　　　　B. 3.98×10^2　　　　C. 1.99×10^2　　　　D. 63.3

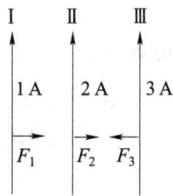

图 4-74　选择题 11 用图

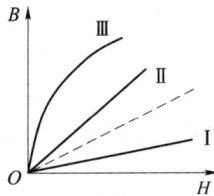

图 4-75　选择题 12 用图

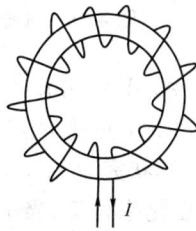

图 4-76　选择题 13 用图

14. 一块铜板垂直于磁场方向放在磁感强度正在增大的磁场中时，铜板中出现的涡流（感应电流）将（　　）。

A. 对磁场不起作用

B. 使铜板中磁场反向

C. 加速铜板中磁场的增加

D. 减缓铜板中磁场的增加

15. 如图 4-77 所示，一矩形金属线框以速度 v 穿过一均匀磁场区域，若不计线圈的自感，则下面图线中，正确地表示了线圈中的感应电流对时间的函数关系（从线圈刚进入磁场时刻开始计时，I 以顺时针方向为正）的是（　　）。

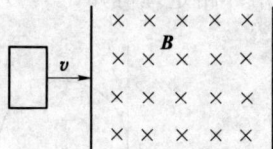

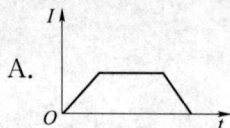

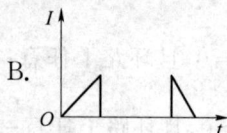

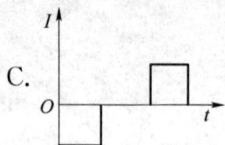

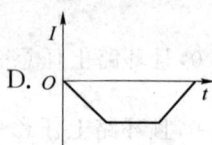

图 4-77　选择题 15 用图

16. 如图 4-78 所示，一根长为 L 的铜棒，在匀强磁场 B 中以匀角速度 ω 绕通过其一端的固定轴旋转着，B 的方向垂直铜棒转动的平面。若初始时刻，铜棒与 Ob 成 θ 角（b 为铜棒转动平面上的固定点），则任意时刻铜棒两端的感应电动势是（　　）。

A. $\omega L^2 B\cos(\omega t+\theta)$

B. $\dfrac{1}{2}\omega L^2 B\cos\omega t$

C. $2\omega L^2 B\cos(\omega t+\theta)$

D. $\dfrac{1}{2}\omega BL^2$

17. 如图 4-79 所示，在均匀磁场 B 中放置一个导体棒 AB，导体棒 AB 绕通过 C 点的垂直于棒长且沿磁场方向的轴 OO' 转动（角速度 ω 与 B 同方向），BC 的长度为棒长的 $1/3$，则（　　）。

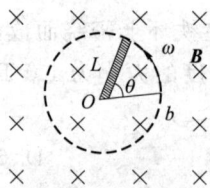

图 4-78　选择题 16 用图

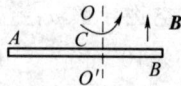

图 4-79　选择题 17 用图

A. A 点比 B 点电势高

B. A 点与 B 点电势相等

C. A 点比 B 点电势低

D. 有稳恒电流从 A 点流向 B 点

18. 形状完全相同的铜环和木环静止放置在交变磁场中，如果通过两环面的磁通量随时间的变化率相等，当不计自感时，则（　　）。

A. 铜环中有感生电动势，木环中无感生电动势

B. 铜环中感生电动势大，木环中感生电动势小

C. 铜环中感生电动势小，木环中感生电动势大

D. 两环中感生电动势相等

19. 真空中一长直螺线管通有电流 I_1 时,储存的磁能为 W_1;若螺线管中充满相对磁导率 $\mu_r = 4$ 的磁介质,且电流增加为 $I_2 = 2I_1$,螺线管中存储的磁能为 W_2。则 W_1/W_2 为(   )。

    A. 1/2   B. 1/4

    C. 1/8   D. 1/16

20. 如图 4-80 所示,长度为 l 的直导线 ab 在均匀磁场 $\boldsymbol{B}$ 中以速度 v 移动,直导线 ab 中的电动势为(   )。

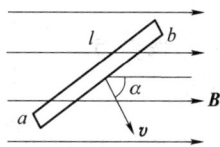

图 4-80　选择题 20 用图

    A. Blv B. $Blv\sin\alpha$

    C. $Blv\cos\alpha$ D. 0

二、填空题

1. 电量和符号都相同的 3 个点电荷 q 放在等边三角形的顶点上,为了不使它们由于斥力的作用而散开,可在三角形的中心放一符号相反的点电荷 q',则 q' 的电量为_____。

2. 一均匀静电场,电场强度 $\boldsymbol{E} = (40\boldsymbol{i} + 60\boldsymbol{j})$ V·m^{-1},则点 $a(3,2)$ 和点 $b(1,0)$ 之间的电势差为_____。(点的坐标 x,y 以 m 计。)

3. 两板相距为 d 的平行板电容器,充电后板间电压为 U。若将电源断开,并在两板间平行地插入一厚度为 $d/3$ 的金属板,则板间电压变成 $U' = $_____。

4. 一平行板电容器,充电后与电源保持连接,若使两极板间充满相对介电常数为 ε_r 的各向同性均匀电介质,则两极板上的电荷是原来的_____倍;电场强度是原来的_____倍;电场能量是原来的_____倍。

5. 半径为 R 的导体球带电 Q,放在介电常数为 ε 的无限大各向同性均匀介质中,则其电场能 W_e 为_____。

6. 无限长导体圆柱沿轴向通以电流 I,截面上各处电流密度均匀分布,柱半径为 R,则柱内的磁场分布为_____,柱外的磁场分布为_____。

7. 电子在磁感强度为 $\boldsymbol{B}$ 的匀强磁场中垂直于磁感应线运动,若电子运动轨道的曲率半径为 R,则磁场作用于电子上力的大小 $F = $_____。(已知电子电量为 e,质量为 m_e。)

8. 如图 4-81 所示,现有 N 匝半径为 R 的同轴圆形线圈,通有电流 I,方向如图 4-67 所示。现将其放在磁感应强度为 $\boldsymbol{B}$ 的均匀磁场中,磁场方向与线圈平面平行且指向右端,则线圈所受磁力矩的大小为_____,磁力矩的方向为_____。

9. 将两个平面线圈平行放置在均匀磁场中,面积之比为 $S_1/S_2 = 2$,电流之比为 $I_1/I_2 = 2$,则它们所受最大磁力矩之比 M_1/M_2 为_____。

10. 如图 4-82 所示,一长直导线通有电流 I,$ABCD$ 为一矩形线圈,其与长直导线皆在纸面内,且 AB 边与长直导线平行。若矩形线圈绕 AD 边旋转,当 BC 边已离开纸面正向外运动时,线圈中感应电动势的方向为_____。

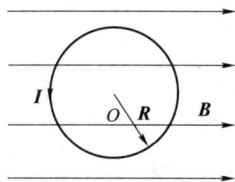

图 4-81　填空题 8 用图

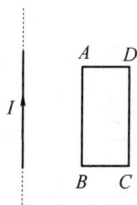

图 4-82　填空题 10 用图

阶段练习题参考答案

一、选择题

1. C;　　　2. D;　　　3. D;　　　4. C;　　　5. C;
6. D;　　　7. C;　　　8. C;　　　9. C;　　　10. A;
11. C;　　12. B;　　13. B;　　14. D;　　15. C;
16. D;　　17. A;　　18. D;　　19. D;　　20. D

二、填空题

1. $\dfrac{\sqrt{3}}{3}q$

2. $-200\ \text{V}$

3. $2U/3$

4. $\varepsilon_r,1,\varepsilon_r$

5. $\dfrac{Q^2}{8\pi\varepsilon R}$

6. $\dfrac{\mu_0 Ir}{2\pi R^2},\dfrac{\mu_0 I}{2\pi r}$

7. $\dfrac{R\,(eB)^2}{m_e}$

8. $N\pi R^2 IB$,竖直向上

9. 4

10. $ADCBA$ 绕向

第5章 波动学基础

思考题参考解答

5.1 什么是简谐运动？说明下列运动是否为简谐运动？

(1) 活塞的往复运动。

(2) 皮球在硬地上的跳动。

(3) 一小球在半径很大的光滑凹球面底部来回滑动,且经过的弧线很短。

(4) 锥摆的运动。

答：质点运动时,如果离开平衡位置的位移 x(或角位移 θ)按正弦或余弦规律随时间变化,这种运动就叫作简谐振动。质点的简谐振动一定是有平衡位置的运动,以平衡位置作为坐标原点,以 x 表示质点偏离平衡位置的位移,质点所受合外力一定具有回复力 $F=-kx$ 的形式。

(1) 不是简谐运动。活塞受力的方向和它的位移是同一方向,所受的合外力不具有 $F=-kx$ 的形式,因此活塞的往复运动不是简谐运动。

(2) 不是简谐运动。忽略空气阻力,皮球运动的过程中,始终受到竖直向下的重力的作用,不具有 $F=-kx$ 的形式,因此皮球的运动不是简谐运动。

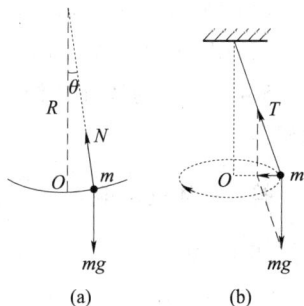

图 5-1 思考题 5.1 用图

(3) 是简谐运动。如图 5-1(a)所示,R 为球面半径。小球的运动类似单摆运动,凹球面底部 O 为平衡位置。忽略空气阻力,题意给出的小球的小幅度摆动中,所受沿圆弧切线的回到平衡位置的力为

$$f_t = -mg\sin\theta \approx -mg\theta$$

满足此回复力关系的角位移 θ 一定是简谐变化。且因 $f_t = ma_\tau = mR\dfrac{\mathrm{d}^2\theta}{\mathrm{d}t^2} = -mg\theta$,有 $\dfrac{\mathrm{d}^2\theta}{\mathrm{d}t^2} + \dfrac{g}{R}\theta = 0$,此小球的小幅度摆角是以角频率 $\omega = \sqrt{g/R}$ 的简谐变化。

(4) 不是简谐运动。如图 5-1(b)所示,用细线悬挂一小球,令小球在水平面内做匀速率圆周运动,构成一锥摆。显然,小球在任意位置受到重力和绳的拉力的作用,这两个力的合力(圆周运动的向心力)的大小为恒量,而方向在不断改变,因此没有平衡位置的小球受力不具有 $F=-kx$ 的形式,锥摆的运动不是简谐运动。

5.2 (1) 试说明相位和初相位的意义,如何确定初相位?

(2) 在简谐振动表达式 $x = A\cos(\omega t + \varphi)$ 中,$t=0$ 是质点开始运动的时刻,还是开始观察的时刻? 初相位 $\varphi=0$ 和 $\varphi=\pi/2$ 各表示从什么位置开始运动?

答：(1) 相位是决定简谐振动运动状态的物理量，初相位是确定振动物体初始时刻运动状态的物理量。由初始条件(质点初始运动状态即初始的位置和速度)可以确定初相位。

(2) 在简谐振动表达式 $x = A\cos(\omega t + \varphi)$ 中，$t = 0$ 是开始观察质点运动的时刻。把 $t = 0$、$\varphi = 0$ 代入简谐振动表达式可得 $x = A$，说明初相位 $\varphi = 0$ 表示物体从正最大位移处开始运动；而初相位 $\varphi = \pi/2$ 表示物体从平衡位置 $x = 0$ 处开始运动。

5.3 一质点沿 x 轴按 $x = A\cos(\omega t + \varphi)$ 作简谐振动，其振幅为 A，角频率为 ω，今在下述情况下开始计时，试分别求振动的初相位。

(1) 质点在 $x = +A$ 处。

(2) 质点在平衡位置处、且向正方向运动。

(3) 质点在平衡位置处、且向负方向运动。

(4) 质点在 $x = A/2$ 处、且向正方向运动。

(5) 质点的速度为零而加速度为正值。

答：$t = 0$ 时质点 $x_0 = A\cos\varphi$，$v_0 = -A\omega\sin\varphi$；加速度 $a_0 = -A\omega^2\cos\varphi$。

(1) 由 $x_0 = A\cos\varphi = A$，$\cos\varphi = 1$ 得，$\varphi = 0$。

(2) 由 $x_0 = A\cos\varphi = 0$，$\cos\varphi = 0$ 得，$\varphi = \pm\pi/2$；由 $v_0 = -A\omega\sin\varphi > 0$ 知，$\varphi = -\pi/2$。

(3) 由 $x_0 = A\cos\varphi = 0$，$\cos\varphi = 0$ 得，$\varphi = \pm\pi/2$；由 $v_0 = -A\omega\sin\varphi < 0$ 知，$\varphi = \pi/2$。

(4) 由 $x_0 = A\cos\varphi = A/2$，$\cos\varphi = 1/2$ 得，$\varphi = \pm\pi/3$；由 $-A\omega\sin\varphi > 0$ 知，$\varphi = -\pi/3$。

(5) 由 $v_0 = -A\omega\sin\varphi = 0$，$\sin\varphi = 0$ 得，$\varphi = 0$ 或 π；由 $-A\omega^2\cos\varphi > 0$ 知，$\varphi = \pi$。

5.4 一个物体在作简谐振动，周期为 T，初相位为零。问在哪些时刻物体的动能与势能相等？

答：物体的动能 $E_k = \dfrac{1}{2}kA^2\sin^2\left(\dfrac{2\pi}{T}t\right)$，物体的势能 $E_p = \dfrac{1}{2}kA^2\cos^2\left(\dfrac{2\pi}{T}t\right)$。因动能和势能相等，则

$$\sin^2\left(\frac{2\pi}{T}t\right) = \cos^2\left(\frac{2\pi}{T}t\right)$$

在一个周期内，$t = T/8$、$3T/8$、$5T/8$、$7T/8$ 时刻，振动系统的动能和势能相等。

5.5 两个相同的弹簧挂着质量不同的物体，当它们以相同的振幅作简谐振动时，问振动的能量是否相同？

答：振动的能量相同。简谐振动物体振动的能量为 $E = \dfrac{1}{2}kA^2$。k 相同，A 相同，它们的总机械能相同。

5.6 竖直悬挂的弹簧上端固定在升降机的天花板上，弹簧下端挂一质量为 m 的物体，当升降机静止或匀速直线运动时，物体以频率 ν_0 振动，当升降机加速运动时，振动频率是否改变？若将一单摆悬挂在升降机中，情况又如何？

答：以升降机为参考系，如图 5-2 所示。

在图 5-2(a)中，若 $a_0 = 0$，升降机静止或匀速

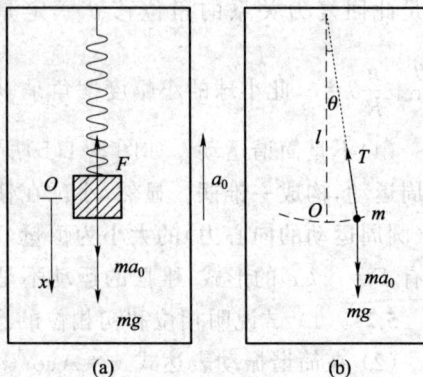

图 5-2　思考题 5.6 用图

直线运动为惯性系,已知竖直弹簧振子物体受重力和弹力,其合力是物体受到的回复力,其形式 $f=-kx$。

当升降机加速向上运动时(图 5-2(a)中 $a_0 \neq 0$),升降机为非惯性系,物体受重力、弹性力和惯性力。取平衡位置为坐标原点,设平衡时弹簧伸长量为 x_0,平衡位置有 $mg+ma_0-kx_0=0$。在任意位置 x 时,物体受力为

$$f = mg + ma_0 - k(x + x_0) = -kx$$

这和升降机静止或匀速直线运动时受力形式完全一致,因此它们具有相同的简谐振动频率。由牛顿第二定律数学形式:$-kx=ma$,有

$$a = -\frac{k}{m}x = -\omega^2 x$$

它们相同的角频率 $\omega = \sqrt{\dfrac{k}{m}}$,一样的振动频率 $\nu = \dfrac{\omega}{2\pi} = \dfrac{1}{2\pi}\sqrt{\dfrac{k}{m}} = \nu_0$。可见,弹簧系统的振动频率只取决于系统的固有性质,无论升降机向上还是向下加速,物体的振动频率始终不变。

在图 5-2(b)中,若将一单摆悬挂在升降机中,情况则不同,因为小角度摆动时单摆的振动频率不只取决于摆动系统本身的性质。若 $a_0=0$,升降机为惯性系,摆球受重力和弹性力。已知回复力是竖直向重力 mg 沿摆球运动圆弧切向的分量 $f_t=-mg\theta$,确定了单摆的角频率 $\omega_0 = \sqrt{g/l}$,它不但和系统本身性质 l 有关,而且也取决于 g。

同样,当升降机以 $a_0 \neq 0$ 加速上升时,升降机非惯性系中摆球受拉力 T,重力 mg 和惯性力 ma_0。此时沿圆弧切向的力是竖直向的力(重力 mg 和惯性力 ma_0)的分量 $f'_t = -(mg+ma_0)\theta = -m(g+a_0)\theta = -mg'\theta$,$g'=g+a_0$,这和 $a_0=0$ 时的 $f_t=-mg\theta$ 形式相同。以 α 表示角加速度,$f_t=-mg'\theta=ma_\tau=ml\alpha$,有

$$\alpha = -\frac{g'}{l}\theta = -\omega^2\theta$$

因此,此时的角频率 $\omega = \sqrt{g'/l} = \sqrt{(g+a_0)/l} > \omega_0$,单摆的频率 $\nu > \nu_0$。如果升降机以 $a_0 < g$ 加速下降,如上分析单摆的角频率应为 $\omega = \sqrt{(g-a_0)/l} < \omega_0$,有 $\nu < \nu_0$。

5.7　稳态受迫振动的频率由什么决定? 这个振动频率与振动系统本身的性质有何关系?

答:稳态受迫振动的频率等于驱动外力的频率,所以它由驱动力的频率所决定,与系统本身的性质无关。但是,在弱阻尼情况下,这个振动频率与振动系统本身的固有频率 ω_0 相等时,其振动的振幅会达到最大值,产生共振现象。

5.8　什么是波动? 波动与振动有何区别与联系?

答:振动在空间的传播过程叫波动。机械振动是指一个质点的运动,机械波动是指介质内大量质点参与的集体振动的运动形式。波动是振动状态的传播,或者说是振动相位的传播。

5.9　横波与纵波有什么区别?

答:波动过程中振动方向与传播方向相垂直的波动称为横波;振动方向与传播方向平行的波动称为纵波。机械横波可以在固体中传播,其形成是由于介质质元的切应变而产生的切应力;纵波可以在固体、液体和气体中传播,其形成是由于介质质元的压缩和拉伸的线应变而产生的正应力。

5.10 沿简谐波的传播方向相隔 Δx 的两质点在同一时刻的相位差是多少? 分别以波长 λ 和波数 k 来表示。

答: 简谐波的传播可以说是相位的传播。设波沿 x 轴正向传播,因为沿传播方向相隔一个波长 λ 的两质点相位相差是 2π,所以相隔 Δx 的两质点在同一时刻的相差以波长 λ 表示为

$$\Delta\varphi = -\frac{2\pi}{\lambda}\Delta x$$

负号表示沿波传播方向质点的相位依次落后。$k = 2\pi/\lambda$ 称为波数,则上述相差以波数表示为 $\Delta\varphi = -k\Delta x$。

5.11 设某时刻横波波形曲线如图 5-3 所示,试分别用箭头表示出图 5-3 中 A,B,C,D,E,F,G,H,I 等质点在该时刻的运动方向,并画出经过 1/4 周期后的波形曲线。

答: 由于是横波,所以该时刻各质点的运动方向均发生在 y 轴方向。考虑经过 Δt 时间后的波形,其中 C,G 质点已到达最大位移,瞬间静止,A,B,H,I 质点沿 y 轴向下运动,D,E,F 质点沿 y 轴向上运动,如图 5-3(a)所示。1/4 周期后波形曲线如图 5-3(b)中虚线所示。

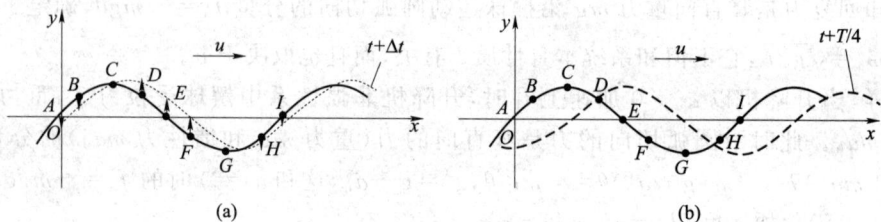

图 5-3　思考题 5.11 用图

5.12 波形曲线与振动曲线有什么不同?

答: 波形曲线是描述空间平面简谐波波线上各点质元同一时刻的位移,而振动曲线是描述一个质点的位移随时间变化的曲线。

5.13 在机械波的波长、频率、周期和波速 4 个量中,问:

(1) 在同一介质中,哪些量不会发生变化?

(2) 当波从一种介质进入另一种介质时,哪些量是不变的?

答: (1) 在同一介质中,机械波的波长、频率、周期和波速 4 个量都不会发生变化。

(2) 当波从一种介质进入另一种介质时,机械波的频率不变,周期不变;但波速改变,因而波长也会改变。

5.14 为什么在没有看见火车和听到火车鸣笛的情况下,把耳朵贴靠在铁轨上可以判断远处是否有火车驶来?

答: 因为声波在铁轨中的传播速度大约 5000 m/s,远大于声波在空气中大约 300 m/s 的传播速度,所以把耳朵贴靠在铁轨上可以先判断出远处是否有火车驶来。

5.15 两波叠加产生干涉时,试分析在什么情况下两波干涉加强? 在什么情况下两波干涉减弱?

答: 当两波叠加产生干涉时,在相位差为 $\Delta\varphi = 2k\pi(k = 0, \pm1, \pm2, \cdots)$ 时,两相干波干涉加强;在相位差为 $\Delta\varphi = (2k+1)\pi(k = 0, \pm1, \pm2, \cdots)$ 时,两相干波干涉减弱。

5.16　试判断下面几种说法,哪些是正确的? 哪些是错误的?

(1) 机械振动一定能产生机械波。

(2) 质点振动的速度是和波的传播速度相等的。

(3) 质点振动的周期和波的周期数值是相等的。

(4) 波动方程式中的坐标原点是选取在波源位置上的。

答:(1) 错误。机械波的产生条件是既要有振源又要有弹性介质。只有机械振动(振源)而没弹性介质是不会产生机械波的。

(2) 错误。质点的振动速度是自身的运动速度,而波速是质点振动状态在弹性介质中单位时间内传播的距离,二者的意义完全不同。

(3) 正确。波动是质点振动状态的传播过程,因此波动中各质点的振动周期都相同,把这相同的周期称为波的周期。故质点振动的周期和波的周期数值是相等的。

(4) 错误。波动方程式是数学上表示振动的传播过程,坐标原点只是选取的一个参考点而已,它不一定是选取在波源位置上的。

5.17　波动的能量与哪些物理量有关? 机械波可以传送能量,机械波能传送动量吗?

答:平面简谐波的能量密度 $w = \rho A^2 \omega^2 \sin^2(\omega t + \varphi - 2\pi x/\lambda)$ 表示了空间各处的能量分布,它在一个周期内的平均值表示了波动的能量,$\overline{w} = (1/2)\rho A^2 \omega^2$,它与波幅的平方、波频率的平方和介质密度成正比。

在机械波的传播过程中,由于平均能量密度 $\overline{w} = (1/2)\rho A^2 \omega^2$ 是一个不等于零的常量,因此波的强度 $I = \overline{w}u$ 表示了波传播能量的本领。而机械波单位体积介质的动量为: $p = -\rho A\omega \sin(\omega t - 2\pi x/\lambda + \varphi)$,它在一个周期内的平均值即平均动量密度 $\overline{p} = 0$,因此通过垂直波传播方向的单位面积的动量流 $\overline{p}u = 0$,所以说,机械波不传送动量。

5.18　拉紧的橡皮绳上传播横波时,在同一时刻,何处动能密度最大? 何处弹性势能密度最大? 何处总能量密度最大? 何处这些能量密度最小?

答:对于横波,图 5-4 中的 O,B,D,F 各处动能密度最大,弹性势能密度也最大。因为,此各处质元都正经过自己的平衡位置,具有最大的速率,同时具有最大的切变。显然,O,B,D,F 各处的总能量密度也最大。而 A,C,E 各处的质元,它们不但速度为零而且也没发生什么形变,所以这些位置的动能密度最小,弹性势能密度也最小,因而总能量密度最小。

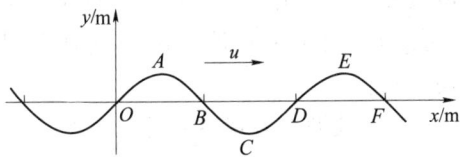

图 5-4　思考题 5.18 用图

5.19　如果地震发生时,你站在地面上。P 波(即纵波)怎样摇晃你? S 波(即横波)怎样摇晃你? 你先感到哪种摇晃?

答:地震震源一般在地表以下几千米到几百千米的地方,其发出的地震波包括 P 纵波和 S 横波,P 纵波的波速从地幔深处的 14 km/s 到地表内的 5 km/s,S 横波的波速较小,在 8～3 km/s。因此,地震发生时,如果人所在位置位于地震源正上方震中附近,先到的 P 纵波使人上下颤动,随后由于 S 横波的到达,人感受到的是 S 波的横向和 P 波的上下方向叠加在一起的摇晃。如果人位于地表震中的较远处,则主要感受到的是因震中地表对 P 波和 S 波的反射而形成的沿地面传播的表面波,表面波既使地面发生扭曲,又使地面上下波动,所以人的感受会更复杂一些。

5.20 曾有这样的说法,波在传播时,介质的质元并不随波迁移,但在小河水面上有波形成时,可以看到漂在水面上的树叶沿水波前进的方向移动,这是为什么?

答:因为不管是浅水波还是深水波,表面上水的质元运动并不是上下的简谐运动,而是在竖直平面内的圆运动,正是由于它们有沿水波传播方向的纵向运动,使得水面上的树叶沿水波前进的方向产生了移动(见图 5-5)。

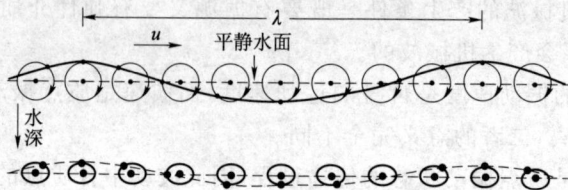

图 5-5 思考题 5.20 用图

5.21 驻波有什么特点?

答:驻波是一种特殊的干涉现象。在同一介质中,两列波幅相同的同频率、同振动方向的相干简谐波,在同一直线上沿相反的方向传播时叠加而成的波称为驻波。在驻波上有些点的振幅始终为零(波节),有些点的振幅始终最大(波腹),波线上形成"分段振动"现象,"分段振动"使得驻波既不传播能量也不传播相位。

5.22 怎样理解"半波损失"?

答:当波由波疏介质垂直入射到波密介质,被反射回到波疏介质时,在反射处形成波节。这说明入射波与反射波在此处的相位相反,即反射波在分界处的相位较之入射波跃变了 π,相当于出现了半个波长的波程差,通常把这种现象称为相位跃变 π,有时也形象地叫作"半波损失",因为 π 的相位跃变相当于出现了半个波长的波程差。

5.23 驻波的能量有没有定向流动,为什么?

答:驻波的能量没有定向流动。因为驻波的振动特点是"分段振动","分段振动"中相邻波腹和波节间的动能和势能不断地相互转换,即驻波能量交替地由波腹附近转向波节附近,再由波节附近转向波腹附近,整体上,驻波不存在单一方向的能流,所以驻波的能量没有定向流动。

5.24 波源向着观察者运动和观察者向着波源运动,都会产生频率增高的多普勒效应,这两种情况有什么区别? 如果两种情况下的运动速度相同,接收器接收的频率会有不同吗?

答:当观察者向着波源以 v_R 运动时,物理图像为观察者在单位时间内接收到的完整波的间隔增大,即 $u+v_R$(u 为波速大小)距离内的完整波的个数,因此接收到的频率变高;当波源向着观察者运动时,在波源运动前方波长变短,致使观察者单位时间内在 u 距离内接收到的完整波数增多,因此接收到的频率变高。故两者在物理意义上是有区别的。

接收器运动时,接收到的频率 $\nu_{R1}=\dfrac{u+v_R}{u}\nu_S$($\nu_S$ 为波源频率);波源运动时,有 $\nu_{R2}=\dfrac{u}{u-v_S}\nu_S$。如果两种情况下的运动速度相同($v_R=v_S$),接收器接收的频率也是不同的,因为把 $v_R=v_S$ 代入前面两式,有 $\nu_{R1}\neq\nu_{R2}$。

5.25 有两列频率相同的光波在空间相遇叠加后,若产生干涉,则两列波在相遇处应具备什么条件?

答：有两列频率相同的光波在空间相遇叠加后,若产生干涉,则两列波在相遇处应具备相干条件。即除频率相同外,还需振动方向相同,以及相位相同或相位差恒定。

5.26　用白色线光源做杨氏双缝干涉实验时,若在缝 S_1 后面放一红色滤光片,S_2 后面放一绿色滤光片,问能否观察到干涉条纹? 为什么?

答：用白色线光源做杨氏双缝干涉实验时,若在缝 S_1 后面放一红色滤光片,S_2 后面放一绿色滤光片,则不能观察到干涉条纹。因为白光光源发出的光经红、绿滤光片后出射的是红光与绿光。它们的频率不同,是非相干光,不能发生干涉。

5.27　杨氏双缝干涉现象有什么特点?

答：若用单色光入射,杨氏双缝干涉后就看到明暗相间、等间距的干涉直条纹。且波长越小,条纹间距越小。若用白光入射,将看到在中央明纹(白色)的近邻两侧出现内紫外红的彩色光谱。

5.28　在杨氏双缝干涉实验中,问:

(1) 当缝间距 d 不断增大时,干涉条纹如何变化? 为什么?

(2) 当缝光源 S 在垂直于轴线向下或向上移动时,干涉条纹如何变化?

(3) 把缝光源 S 逐渐加宽时,干涉条纹如何变化?

答：(1) 在杨氏双缝干涉实验中,如图 5-6(a)所示,明纹中心位置为

$$x = \pm k \frac{D}{d}\lambda, \quad k = 0,1,2,\cdots$$

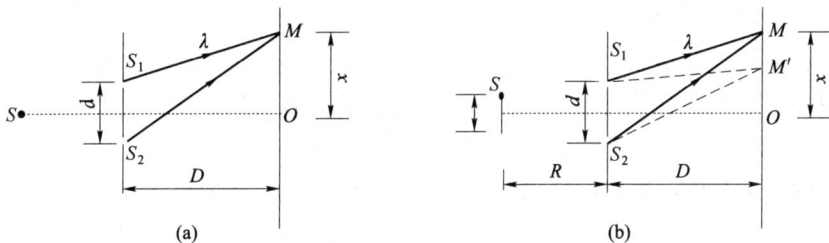

图 5-6　思考题 5.28 用图

相邻两明纹或两暗纹的距离为 $\Delta x = \dfrac{D}{d}\lambda$。当 D 不变而缝间距 d 不断增大时,零级明纹的位置不动($x=0$),而相邻条纹的宽度 Δx 不断变小,因此所有条纹将向 O 点平移靠拢,使得条纹逐渐变密。

(2) 因为零级条纹是叠加的两束光的光程差为零处。在图 5-6(a)中,双缝 S_1,S_2 相对 S 的距离相等,零级条纹的中心一定在 O 处。如果 S 垂直于轴线向下移动,为了保持从 S 经双缝 S_1,S_2 到零级条纹中心的两束光程差为零,零级条纹的中心一定向上移动,即所有条纹保持原有的宽度整体向上平移。反之,如果 S 垂直于轴线向上移动,所有条纹保持原有的宽度整体向下平移。

(3) 设光源是宽度为 b 的普通带状光源,相对于双缝对称放置。如图 5-6(b)所示,整个带光源看作是由许多平排独立的非相干线光源组成。每个线光源在屏幕上都要产生一套自己的干涉条纹。不同的线光源的干涉图案相同,但是由于它们相对轴线的位置不同,彼此都要错开,屏幕上的光强分布就是这些干涉条纹的非相干叠加。当带状光源上端的线光源在

M 处形成 k 级条纹,带状光源下端的线光源形成 $k+1$ 级条纹时(它的 k 级条纹在 M' 处),带状光源中所有其他线光源的 k 级干涉图案在 $M \to M'$ 之间依次连续错开,其结果使得 $M \to M'$ 之间不再呈现明暗相间的干涉条纹。依次类推,整个屏幕上将是均匀的光强分布,干涉条纹的反衬度为零,看不到干涉条纹了。此时的光源宽度称为极限宽度 b_0, $b_0 = R\lambda/d$ (R 是光源到双缝的距离)。所以,当把缝光源逐渐加宽时,干涉条纹逐渐变模糊,直至完全消失。

5.29 在杨氏双缝干涉实验中,若两缝的宽度稍有不等,在屏幕上的干涉条纹有什么变化?

答:缝宽很小且相等的双缝,它们的干涉图样是非常清晰的明暗相间的条纹,暗的程度近于黑暗。若两缝的宽度稍有不等,除去宽度相等部分外,稍宽缝中多余的光束在屏幕上也参加干涉,相当于在原来非常清晰的明暗相间的光强分布条纹上再叠加上此多余光束的干涉作用,其结果必然是原来明的更明,而黑暗部分的暗度明显变小,因为相等缝宽产生的暗纹处有了多余光束的作用,因此整体条纹的对比度会有所下降。

5.30 为什么厚的薄膜观察不到干涉条纹?如果薄膜厚度很薄,比入射光的波长小得多,这种情况是否能看到干涉条纹?

答:如果薄膜过厚,由薄膜上、下表面反射得到的两束相干光的光程差会超过其相干长度,因而不会产生干涉形成干涉条纹。

如果薄膜厚度 e 很小,比入射光的波长小得多,这种情况也不能看到干涉条纹。众所周知,薄膜上、下表面反射的两束相干光,对于等厚干涉,其光程差 $\delta = 2ne \pm \lambda/2$,对于等倾干涉,$\delta = 2e\sqrt{n^2 - \sin^2 i} \pm \lambda/2$,它们都非常接近由半波损失引起的附加光程差 $\lambda/2$,因而光程差不可能是 $\lambda/2$ 的偶数倍或奇数倍,也就不可能形成干涉条纹。虽然这样很薄的薄膜不能看到干涉条纹,但它可以作为增透或增反膜。

5.31 用两块平板玻璃构成劈尖观察等厚干涉条纹时,若把劈尖上表面向上缓慢地平移,如图 5-7(a)所示,干涉条纹有什么变化?若把劈尖角逐渐增大,如图 5-7(b)所示,干涉条纹又有什么变化?

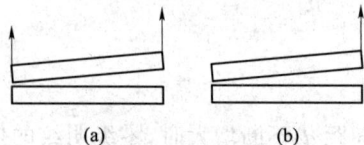

图 5-7 思考题 5.31 用图

答:空气劈尖的等厚干涉条纹是与棱边平行的直条纹,如果入射光的波长为 λ,观察到的等厚干涉条纹宽度 $L = \dfrac{\lambda}{2\sin\theta}$,若将上层玻璃整体上移,劈尖角 θ 不变,故干涉条纹间距 L 不变,条纹疏密度不变。相邻条纹的劈尖厚度差 $\Delta e = \lambda/2$,暗纹对应膜的厚度 $e = k\lambda/2 (k = 0,1,2,\cdots)$,当劈尖厚度均匀增大时,条纹将向劈尖角处移动,低级条纹将陆续消失,且当超过相干所允许的薄膜厚度时,干涉条纹全部消失。

若把劈尖角逐渐增大,条纹间距 L 将逐渐变小,棱边暗条纹不动,其他条纹逐渐向劈尖的棱边靠拢,平板玻璃的移动端不断产生出新条纹,条纹越来越密集。最后,也会由于劈尖角过大,使干涉场中干涉条纹消失。

5.32 为什么劈尖干涉的条纹是等宽的,而牛顿环则随着条纹半径的增加而变密?

答:劈尖干涉中的两相邻明纹(或暗纹)的宽度为 $L = \dfrac{\lambda}{2n\sin\theta}$,与劈尖厚度无关。所以,当劈尖角一定,入射光波长一定时,劈尖干涉的条纹是等宽的。

牛顿环的暗纹半径为 $r=\sqrt{kR\lambda}$，级数 k 越大其半径越大，$(k+1)$ 级与 k 级暗纹半径差

$$\Delta r = r_{k+1} - r_k = \sqrt{(k+1)R\lambda} - \sqrt{kR\lambda} = (\sqrt{k+1} - \sqrt{k})\sqrt{R\lambda} = \frac{\sqrt{R\lambda}}{\sqrt{k+1} + \sqrt{k}}$$。由此可见，k 越

大，Δr 越小，所以，牛顿环是随着级数的增加也就是条纹半径的增加而变密的。

5.33　通常在透镜表面覆盖一层像氟化镁那样的透明薄膜是起什么作用的？

答：在透镜表面覆盖一层像氟化镁那样的透明薄膜是起增透作用的。覆盖的一层透明薄膜的折射率 n 要比透镜玻璃的小，比空气的折射率大。因此，在氟化镁那样的薄膜上、下两界面的反射光都有 π 的相位跃变，两束反射光因膜形成了光程差 $\delta = 2ne$。控制薄膜的厚度 e，可以使两束相干反射光产生干涉减弱。根据能量守恒定律，反射减小，透射光就增加了，这种能减少反射光强度而增加透射光强度的薄膜称为增透膜。

5.34　用白光作光源，可以做到迈克耳孙干涉仪两臂长度精确相等。为什么？

答：迈克耳孙干涉仪（见图 5-8(a)）的干涉过程相当于薄膜干涉。两臂处的两个精密磨光的平面反射镜 M_1，M_2 不严格垂直时可形成类似 M_1 和 M_2'（M_2 的虚像）之间空气劈尖的等厚干涉；当两臂长度精确相等时，M_1 和虚像 M_2' 的相对位置应如图 5-8(b)所示，不过这是看不见的，只能在干涉仪的调节过程中以干涉条纹的形状和变化规律来判断。在 M_1 和 M_2' 的交线处，空气劈尖的厚度为零，表观光程差为零，如果分光板 G_1 背面的镀膜情况使得光束 1 在镀膜内侧与光束 2 在镀膜外侧反射时的相位突变情况相反（有的镀膜可能是使二者的相位突变情况相同或是更复杂一些，但不影响讨论结果），那么各种波长的光在交线处都干涉相消，形成交线处清晰的暗纹。

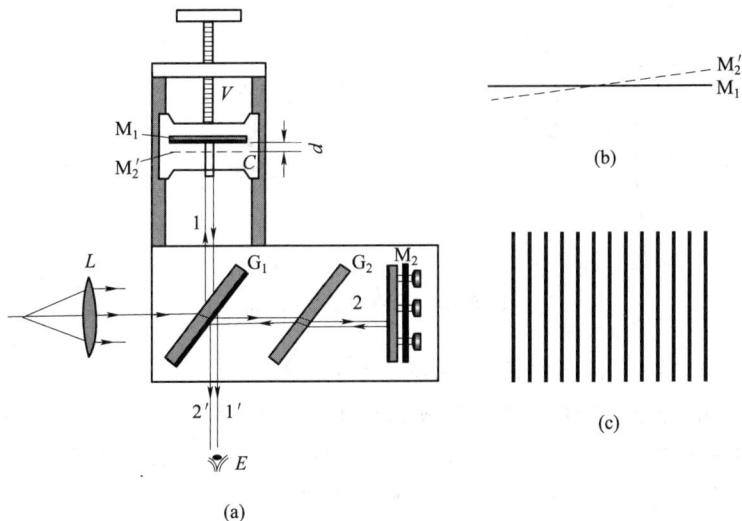

图 5-8　思考题 5.34 用图

如果是单色光入射，此交线处是暗纹，两侧近旁也会干涉形成直线暗纹，如图 5-8(c)所示，从一簇平行直线暗条纹中不能精确辨认哪一条是交线位置，也就不能判断出此时干涉仪两臂是否精确相等。如果是白光入射，该交线处是一条直的、清晰的暗纹，在其他地方不同波长光的干涉暗纹都不重叠，视场中看到的将是明暗不同的彩色条纹对称地排列在那条全黑暗纹的两侧。故白光作为光源时，调节活动臂长，当观察屏上出现一条全黑暗条纹两边对

称排列着明暗不同的彩色条纹时,就做到了两臂长度精确相等。

5.35 用眼睛直接通过一单狭缝,观察远处与缝平行的线状灯光,看到的衍射图样是菲涅耳衍射,还是夫琅禾费衍射?

答: 人眼瞳孔相当于一个凸透镜,把经缝的衍射平行光会聚于视网膜;观察平行光,相当于光源在无穷远。缝与光源、缝与视网膜都相当于无限远,故看到的衍射图样属于夫琅禾费衍射。

5.36 为什么声波的衍射比光波的衍射效应更加显著?

答: 根据衍射反比定律,入射波长 λ 和衍射物线度 a 之比 λ/a 的值越大,衍射越明显,它正比于入射波长,反比于衍射物线度。由于声波的波长比光波的波长长得多,所以声波比光波的衍射效应明显。

5.37 衍射的本质是什么? 干涉和衍射有什么区别和联系?

答: 衍射的本质和干涉一样都是相干光的干涉叠加。只是习惯上把实验上有限多个相

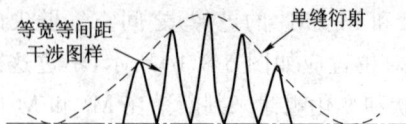

图 5-9 思考题 5.37 用图

干光的叠加称为干涉,波阵面上无限个子波发出的光波的相干叠加称为衍射。这样区别之后,两者就经常出现在同一现象中,如双缝干涉的图样就是单缝衍射和两缝光束干涉的综合效果,是单缝衍射图样调制下的干涉图样,如图 5-9 所示。

5.38 在单缝的夫琅禾费衍射中,若单缝处波阵面恰好分成 4 个半波带,如图 5-10(a) 所示。此时,光线 1 与光线 3 是同位相的,光线 2 与光线 4 是同位相的,为什么 M 点光强不是极大而是极小?

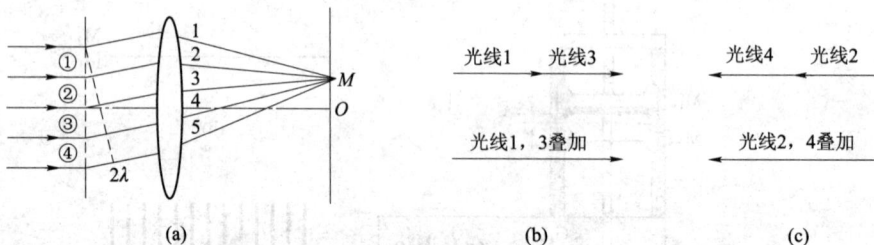

图 5-10 思考题 5.38 用图

答: 光线 1 与光线 3 是同位相,表明图 5-10(a) 中的①、③半波带中同一衍射角的平行光线一一对应同相,会聚于 M 点叠加形成相长干涉,图 5-10(b) 示意表明了它们的叠加结果。同样,光线 2 和光线 4 同相位,表明图 5-10(a) 中的②、④半波带中同一衍射角的平行光线一一对应同相,会聚于 M 点叠加也形成相长干涉,图 5-10(c) 示意表明了它们的叠加结果,不过此标示的光矢量与图 5-10(b) 中的反相,这是由于①与②和③与④分别是相邻半波带,相邻半波带中同一衍射角的平行光线一一对应反相。图 5-10(b) 和图 5-10(c) 分别显示了两次叠加后的振幅相同,但它们振动反相,两者再叠加则相消,所以 M 点的光强不是极大而是极小。

5.39 在夫琅禾费单缝衍射中,把缝相对于透镜移动时,衍射图样是否跟着移动?

答: 如图 5-11 所示,狭缝沿透镜光轴 z 向移动时,显然观察屏上的衍射图样不跟着移动。如果狭缝垂直 z 轴向上或向下移动时,观察屏上的衍射图样也不跟着移动。缝垂直透

镜光轴向上或向下的移动,相当于是把衍射角 θ 方向上的平行光束向上或向下平移,因为所有同 θ 方向的平行光束都要会聚在薄透镜焦平面的同一点,因此平移后缝的 θ 方向上的平行衍射光束还要会聚于观察屏上未平移前的同一点,也不会由于平行光束入射透镜的部位不同而产生新的光程差,所以屏上衍射图样不移动。

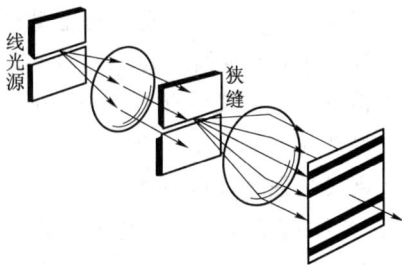

图 5-11　思考题 5.39 用图

5.40　在杨氏双缝干涉实验中,如果遮住其中一条缝,在屏幕上是否还能看到条纹?每一条缝的衍射对干涉图样有什么影响?

答:如图 5-12 所示,杨氏双缝干涉实验的图样可以看作单缝衍射加上缝间干涉。图 5-12(a)的杨氏双缝干涉实验的缝间距很小,相对于间距可以说缝光源 S 到双缝和双缝到观察屏距离较大,因此缝自身衍射近似于单缝夫琅禾费衍射。所以,如果遮住其中一条缝,将在屏幕上看到的是单缝衍射图样条纹,如图 5-12(b)所示。遮住缝 S_2 得到图 5-12(a)中 P_1 单缝衍射图样,遮住缝 S_1 得到图 5-12(a)中 P_2 单缝衍射图样,如果都不遮,则观察到图 5-12(a)中的 P_{12} 双缝干涉图样,它是 P_1 衍射图样和 P_2 衍射图样干涉叠加的结果,所以每一条缝的衍射对干涉图样都有着调制作用。

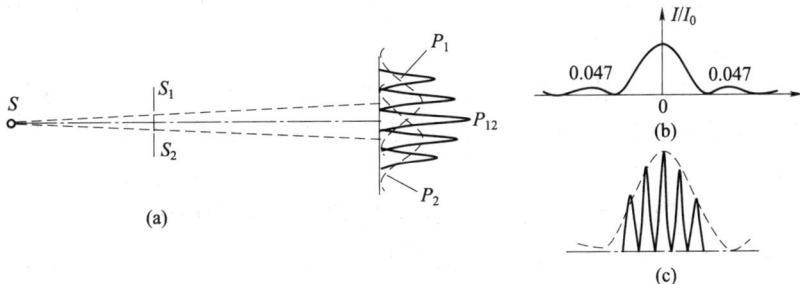

图 5-12　思考题 5.40 用图

5.41　一衍射光栅对某一波长在宽度有限的屏幕上只出现中央亮纹和第 1 级亮条纹。欲使屏幕上出现高一级的亮条纹,应换一个光栅常量较大的还是较小的光栅?

答:由光栅公式 $(a+b)\sin\theta=k\lambda$,在 θ 和 λ 不变的情况下,光栅常量 $d=a+b$ 与级数 k 成正比,故欲使屏幕上出现高一级的亮条纹,应换一个光栅常量较大的光栅。

5.42　光栅形成的光谱线随波长的展开与玻璃棱镜的色散有什么不同?

答:光栅形成的光谱线随波长的展开是由于光栅的衍射作用。由 $(a+b)\sin\theta=k\lambda$,除零级外,同一级不同的波长它们的主极大角位置 θ 是不同的,波长短的角位置 θ 小,形成两个对于零级对称分布的按波长顺序排列的光栅光谱,一个光栅可以同时观测到几个独立的光谱,也可以看到不同级光栅光谱的重叠。

玻璃棱镜的色散是由于光直线传播中玻璃棱镜界面的折射作用。玻璃棱镜对于不同的波长光有着不同的折射率,短波长的光对应有着较大的折射率,玻璃棱镜对它就有着较大的折射作用。即由折射定律 $n_1\sin i=n_2\sin\gamma$,同一入射角 i 不同波长的光中,短波长光对应的折射角 γ 大,因此玻璃棱镜的色散光谱(一般只能得到一个)中波长越短的,越偏离原来的直线传播方向。

5.43 为什么衍射光栅的光栅常量 d 越小越好,而光栅的总缝数 N 却越多越好?

答:对于 k 级谱线有 $d\sin\theta_1 = k\lambda$,对于 $k+1$ 级谱线有 $d\sin\theta_2 = (k+1)\lambda$,可得相邻两级谱线相应的角位置差有 $\sin\theta_2 - \sin\theta_1 = \lambda/d$,当 d 越小,相应的角位置差越大,光栅光谱中谱线分得越开。

谱线光强是来自一条缝光强的 N^2 倍,所以总缝数 N 越多谱线越明亮,而且每条谱线都有一定的宽度,N 越多光谱线的宽度越窄。以衍射光栅的中央明纹宽度为例,中央明纹中心的角位置 $\theta = 0$,设中央明纹边缘对应角位置为 $\Delta\theta$,$\Delta\theta$ 就是中央明纹的半角宽,根据光栅衍射的暗纹条件,此时应有 $d\sin(0+\Delta\theta) = d\sin\Delta\theta = \lambda/N$,$\Delta\theta$ 方向上所有光栅的衍射光干涉相消形成中央明纹的边缘。$d\sin\Delta\theta = \lambda/N$ 说明 N 越大 $\sin\Delta\theta$ 越小,即 $\Delta\theta$ 也就越小,中央明纹的宽度就越窄。对其他明纹进行类似分析,其结果也是如此。因此,光栅的总缝数 N 越多,谱线分得越开,背景越黑暗,谱线的半角宽就越小,谱线就越细越亮,因此光栅分辨谱线的能力就越强,故光栅的总缝数 N 越多越好。

5.44 在杨氏双缝干涉实验装置中的缝后,各置一相同的偏振片,用单色自然光照射狭缝。问:(1)若两偏振片的偏振化方向平行;(2)若两偏振片的偏振化方向正交,观察屏上的干涉条纹有何变化?

答:(1)若两偏振片的偏振化方向平行,除明纹中心强度减弱外干涉条纹没有什么变化。设原来两相干光单独在此处的光强为 I_0,原来明纹中心强度是 $4I_0$;如今每缝透射光的强度是 $I_0/2$,所以加偏振片后明纹中心强度变为 $4(I_0/2) = 2I_0$。

(2)若两偏振片的偏振化方向正交,则通过偏振片的两束光不满足振动方向相同的相干条件,因此干涉条纹消失,在观察屏上因非相干叠加而呈现 $I_0/2 + I_0/2 = I_0$ 的光强均匀分布。

5.45 什么叫椭圆偏振光?什么叫圆偏振光?左旋与右旋如何确定?

答:在光的传播过程中,光矢量 $\boldsymbol{E}$ 除沿着光的传播方向前进的同时,还绕着传播方向均匀转动。如果光矢量大小有规律地不断变化而使其端点描绘出一个椭圆,这样的光称为椭圆偏振光;如果光矢量大小不改变,其端点将描绘出一个圆,这样的光称为圆偏振光。这两种偏振光都有左旋与右旋之分,迎着光线看去,它们光矢量的旋转方向为顺时针的称为右旋偏振光,旋转方向为逆时针的称为左旋偏振光。

5.46 有折射率分别为 n_1 和 n_2 的两种介质,当自然光从折射率为 n_1 的介质入射至折射率为 n_2 的介质时,测得布儒斯特角为 i_0;当自然光从折射率为 n_2 的介质入射至折射率为 n_1 的介质时,测得布儒斯特角为 i_0',若 $i_0 > i_0'$,问哪一种介质的折射率比较大?

答:由布儒斯特定律,第一种情况的布儒斯特角 i_0 给出 $\tan i_0 = n_2/n_1$,第二种情况的布儒斯特角 i_0' 给出 $\tan i_0' = n_1/n_2$。若 $i_0 > i_0'$,$\tan i_0 > \tan i_0'$,则有 $n_2 > n_1$。

5.47 某束光可能是:(1)线偏振光;(2)圆偏振光;(3)自然光。如何用实验决定这束光究竟是哪一种光?

答:(1)先用一偏振片迎着光束转动,用眼睛或观察屏来观察偏振片透射光的光强变化。若光强有明暗变化且有消光现象,则入射光为线偏振光。

(2)若光强无变化,这束光只能是圆偏振光或自然光。为区分是圆偏振光还是自然光,需再在偏振片的前面加用一块 1/4 波片。因为圆偏振光经过 1/4 波片变为线偏振光,自然光经 1/4 波片后还是自然光,所以再转动偏振片来观察透射光的光强变化时,若光强有变化且有消光现象,就可判断入射光为圆偏振光,否则,此束光就是自然光。

5.48　自然光入射到两个偏振片上,这两个偏振片的取向使得光不能透过。如果在这两个偏振片之间插入第三块偏振片后有光透过,这第三块偏振片是如何放置的? 如果仍然无光透过,又是如何放置的? 试用图表示出来。

答:自然光入射到两个偏振片上无透射光,说明两个偏振片的偏振化方向 P_1 和 P_2 垂直。如果第三块偏振片的插入使得有光透过,那第三块偏振片的偏振化方向 P_3 既不能平行于 P_1,也不能平行于 P_2,如图 5-13(a)所示。如果第三块偏振片插入后仍然无光透过,那一定要使插入偏振片的 P_3 平行于 P_1 或平行于 P_2,如图 5-13(b)所示。

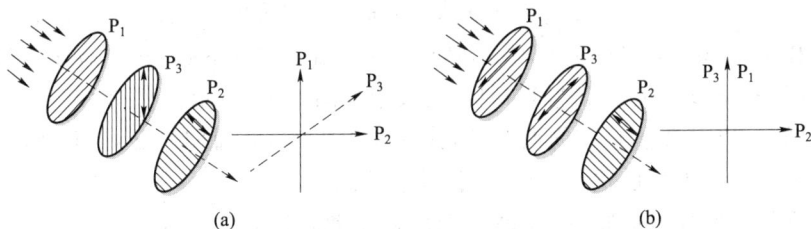

图 5-13　思考题 5.48 用图

5.49　什么是双折射? 一束自然光通过方解石后,透射光有几束? 若将方解石垂直光传播方向对截成两块,且平移分开,此时通过这两块方解石后有几束透射光?

答:当一束光射入晶体后,晶体内的折射光分成两束的现象称为双折射。一束自然光如沿着方解石的光轴通过方解石,不产生双折射,透射光是一束自然光;如果一束自然光不是沿着光轴射入晶体,晶体内产生双折射而形成寻常 o 光与非常 e 光。一般来说,双折射光传播方向不同(除特殊情况外)透射光是两束线偏振光。一般使用的方解石晶体,往往都是把它磨成前后表面平行的晶块,若将方解石垂直光传播方向对截成两块且平移分开,那它们光轴方向相同。因为第一块晶体内的 o 光出射形成的线偏振光在第二块方解石内不产生双折射,因为它的光矢量始终垂直光轴;而第一块晶体内的 e 光,光矢量虽在自己主平面内但不见得平行于光轴,出射后形成的偏振光在第二块方解石内在光轴和垂直于光轴方向会有分量,它们一般会再产生传播方向不同的 o 光与 e 光。所以,通过这两块方解石后的透射光一般是 3 束。

5.50　双折射晶体中的非常光,其传播速度是否可以用关系式 $v_e = c/n_e$ 来确定(n_e 是非常光的折射率)?

答:非常光在各向异性晶体内各方向的折射率不同,在各方向有着不同的传播速度。通常给出的 n_e 是指晶体对非常光的主折射率,因此关系式 $v_e = c/n_e$ 确定的是非常光垂直于光轴方向的传播速度,其他方向的传播速度是不能用此关系式来确定的。

习题参考解答

5.1　一个弹簧振子按 $x = 0.05\cos(4\pi t + \pi/3)$ m 的规律振动。

(1) 求振子振动的角频率、周期、振幅、初相位、最大速度和最大加速度;

(2) 求当 $t = 1$ s,$t = 2$ s 时的相位;

（3）分别画出位移、速度、加速度与时间的关系曲线。

解：（1）由 $x=0.05\cos(4\pi t+\pi/3)$ m，振子振动的角频率 $\omega=4\pi$ s^{-1}，振幅 $A=0.05$ m，初相位 $\varphi_0=\pi/3$。

周期 $T=2\pi/\omega=0.5$ s，最大速度 $v_{max}=A\omega=0.05\times4\pi$ m/s$=0.63$ m/s，$a_{max}=A\omega^2=0.05\times16\pi^2$ m/s$^2=7.89$ m/s^2 是振子的最大加速度。

（2）振子振动的相位 $\varphi=\omega t+\varphi_0$，当 $t=1$ s 时，相位为

$$\varphi_{t=1\,s}=4\pi\times1+\pi/3=13\pi/3$$

当 $t=2$ s 时，相位为

$$\varphi_{t=2\,s}=4\pi\times2+\pi/3=25\pi/3$$

（3）位移 $x=0.05\cos(4\pi t+\pi/3)$ m，速度 $v=0.63\cos(4\pi t+\pi/3+\pi/2)$ m/s，加速度 $a=7.98\cos(4\pi t+\pi/3\pm\pi)$ m/s^2，它们与时间的关系如图 5-14 所示。

5.2 已知一质点沿 x 轴作简谐振动，其振幅为 1.2 cm，周期为 2 s。开始时，初始位置为 $x_0=0.6$ cm，并向平衡位置移动，求其振动表达式。

解：以平衡位置为坐标原点，简谐振动位移振动表达式 $x=A\cos(\omega t+\varphi_0)$，由题意可知，$A=1.2$ cm，$T=2\pi/\omega=2$ s，$x_0=A\cos\varphi_0=0.6$ cm$=A/2$，$v_0=-A\omega\sin\varphi_0<0$。

由 $A\cos\varphi=A/2$，有 $\cos\varphi=1/2$，在 $-\pi\sim+\pi$ 可得，$\varphi_0=\pm\pi/3$。又因为 $v_0<0$，$\sin\varphi_0>0$，所以初相位应为 $\varphi_0=\pi/3$。则振动表达式为

$$x=1.2\cos(2\pi t/T+\varphi_0)=1.2\cos(\pi t+\pi/3)\ \text{cm}$$

5.3 已知一振动质点的振动曲线如图 5-15 所示，试求：

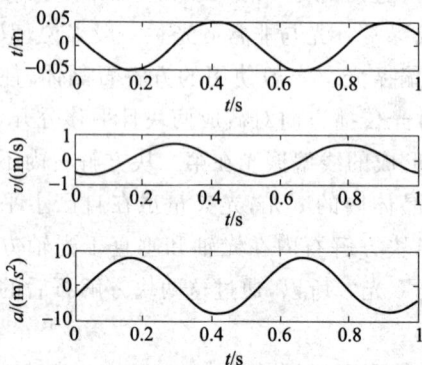

图 5-14　习题 5.1 用图

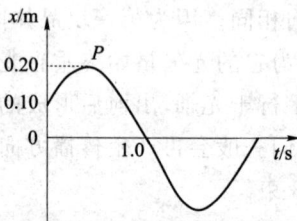

图 5-15　习题 5.3 用图

（1）该振动质点的振动表达式；

（2）振动质点到达点 P 相应位置所需时间。

解：（1）由图 5-15 可知，质点振动为简谐振动，有 $x=A\cos(\omega t+\varphi_0)$，且 $A=0.20$ m，$x_0=A/2$，$v_0>0$；$t=1.0<T/2$，$x(t=1)=A\cos(\omega+\varphi_0)=0$，$v(t=1)=-A\omega\sin(\omega+\varphi_0)<0$。

由 $A\cos\varphi_0=A/2$，有 $\cos\varphi_0=1/2$，在 $-\pi\sim+\pi$ 可得 $\varphi_0=\pm\pi/3$。又因为 $v_0>0$，$\sin\varphi_0<0$，初相位应为 $\varphi_0=-\pi/3$。简谐振动不同时刻的相差 $\Delta\varphi=(\omega t_2+\varphi_0)-(\omega t_1+\varphi_0)=\omega\Delta t$，如果时间相差一个周期，$\omega\Delta t=\omega T=2\pi$，此题的 $\Delta t=1.0-0=1<T/2$，$\omega\Delta t=\omega t<\pi$。因此，由 $A\cos(\omega+\varphi_0)=0$，$\cos(\omega+\varphi_0)=0$，在 $-\pi/3\sim-\pi/3+\pi=2\pi/3$，$\omega+\varphi_0=\pi/2$，得 $\omega=\pi/2-(-\pi/3)=5\pi/6$（s^{-1}）。所以，振动质点的振动表达式为

$$x = 0.20\cos(5\pi t/6 - \pi/3) \text{ m}$$

（2）质点在 P 点时,有 $0.20 = 0.20\cos(5\pi t/6 - \pi/3)$,$\cos(5\pi t/6 - \pi/3) = 1$,在 $t = 0$ 时的 $\varphi_0 = -\pi/3$ 到 $t = 1$ 时的 $\omega + \varphi_0 = \pi/2$ 范围内,应有 $5\pi t/6 - \pi/3 = 0$,所以,振动质点从 $t = 0$ 到达点 P 相应位置所需时间 $t = 0.4$ s。

5.4　一质量为 10 g 的物体沿 x 轴作简谐振动,其振幅为 4 cm,周期为 4.0 s,当 $t = 0$ 时,位移为 $+4$ cm。求:

（1）振动表达式;

（2）$t = 0.5$ s 时物体所在的位置及所受力的大小和方向;

（3）由起始位置运动到 $x = 2$ cm 处所需的时间。

解:（1）以平衡位置为坐标原点,简谐振动位移振动表达式 $x = A\cos(\omega t + \varphi_0)$,由题意可知: $A = 4$ cm $= 0.04$ m,$T = 4$ s,$\omega = 2\pi/T = \pi/2$ （s^{-1}）,且 $t = 0$,有 $A = A\cos\varphi_0$。

由 $A = A\cos\varphi_0$,$\cos\varphi_0 = 1$,在 $-\pi \sim +\pi$ 内有 $\varphi_0 = 0$,所以振动表达式为

$$x = 0.04\cos(0.5\pi t) \text{ m}$$

（2）$t = 0.5$ s 时物体所在的位置为

$$x = 0.04\cos(0.5\pi \times 0.5) \text{ m} = 2.8 \times 10^{-2} \text{ m}$$

$t = 0.5$ s 时物体受力为

$$f = -kx = -m\omega^2 A\cos(\omega t + \varphi_0)$$
$$= -1.0 \times 10^{-2} \times (0.5\pi)^2 \times 0.04\cos(0.5\pi \times 0.5) \text{ N}$$
$$= -6.97 \times 10^{-4} \text{ N}$$

负号表示物体位置为正时力的方向一定是沿 x 负方向指向平衡位置。

（3）由起始位置 $x = 4$ cm $= A$ 运动到 $x = 2$ cm $= A/2$ 处所需的时间一定小于 $T/4$,两个位置的相差（$\omega\Delta t = \omega t$）$<$（$\omega T/4 = 0.5\pi$）。因此,由 $0.02 = 0.04\cos(0.5\pi t)$,在相位 $0 \sim \pi/2$,有 $0.5\pi t = \pi/3$,所求的所需时间 $t = (2/3)$ s。

5.5　一长为 l 的均匀细棒悬于通过其一端的光滑水平固定轴上,形成一复摆,如图 5-16 所示。已知细棒绕通过其一端的转动惯量 $J = ml^2/3$,求此摆作微小振动的周期。

解:对于复摆有

$$T = 2\pi\sqrt{\frac{J}{mgl/2}} = 2\pi\sqrt{\frac{2l}{3g}}$$

5.6　质量为 0.10 kg 的物体以 2.0×10^{-2} m 的振幅作简谐振动,其最大加速度为 4.0 m·s^{-2},求:

（1）振动周期;

（2）通过平衡位置的动能;

（3）总能量。

解:（1）由题意可知: $A = 2.0 \times 10^{-2}$ m,$a_{\max} = A\omega^2 = 4.0$ m/s

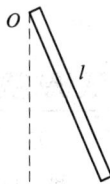
图 5-16　习题 5.5 用图

所以

$$T = \frac{2\pi}{\omega} = 2\pi\sqrt{\frac{A}{a_{\max}}} = 2\pi \times \sqrt{\frac{2.0 \times 10^{-2}}{4.0}} \text{ s} = 0.44 \text{ s}$$

（2）质点通过平衡位置时 $E_p = 0$,则此时其动能等于总机械能,有

$$E_k = E_总 = \frac{1}{2}kA^2 = \frac{1}{2}m\omega^2 A^2 = \frac{1}{2} \times 0.10 \times 4.0 \times (2.0 \times 10^{-2})\ \text{J} = 4.0 \times 10^{-3}\ \text{J}$$

（3）简谐振动总能量为

$$E_总 = \frac{1}{2}kA^2 = 4.0 \times 10^{-3}\ \text{J}$$

5.7 质量为 m 的质点在水平光滑面上，两侧各接一弹性系数为 k 的弹簧，如图 5-17 所示，弹簧另一端被固定于壁上，L 为两弹簧自然长度，如使 m 向右有一小位移后，静止释放，求质点每秒通过此静止点的次数为多少？

解： 静止点即是平衡位置，以平衡位置为坐标原点，质点处于 x 位置受力 $f = -2kx$，则质点运动是作简谐振动。由 $f = -2kx = ma$，有

$$a = -2kx/m = -\omega^2 x$$

得角频率 $\omega = \sqrt{\dfrac{2k}{m}}$，频率 $\nu = \dfrac{\omega}{2\pi} = \dfrac{1}{2\pi}\sqrt{\dfrac{2k}{m}}$。质点完成一次完全振动两次通过原点，所以质点每秒通过平衡位置的次数为 $\dfrac{1}{\pi}\sqrt{\dfrac{2k}{m}}$。

5.8 一个质点同时参与两个在同一直线上的简谐振动：$x_1 = 0.05\cos(2t + \pi/3)$ 和 $x_2 = 0.06\cos(2t - 2\pi/3)$（式中 x 的单位是 m，t 的单位是 s），求合振动的振幅和初相位。

解： 两分振动的相差 $\Delta\varphi = (\omega t - 2\pi/3) - (\omega t + \pi/3) = -\pi$，所以合振动的振幅为

$$A = \sqrt{A_1^2 + A_2^2 + 2A_1 A_2 \cos\Delta\varphi}$$
$$= \sqrt{0.05^2 + 0.06^2 + 2 \times 0.05 \times 0.06\cos(-\pi)}\ \text{m}$$
$$= 1.0 \times 10^{-2}\ \text{m}$$

在 $0 \sim 2\pi$ 之内，合振动初相位为

$$\varphi = \arctan\frac{0.05\sin\dfrac{\pi}{3} + 0.06\sin\left(-\dfrac{2\pi}{3}\right)}{0.05\cos\dfrac{\pi}{3} + 0.06\cos\left(-\dfrac{2\pi}{3}\right)} = \frac{4\pi}{3}$$

用旋转矢量合成很容易看出合振动初相位为 $4\pi/3$（或 $-2\pi/3$），如图 5-18 所示。

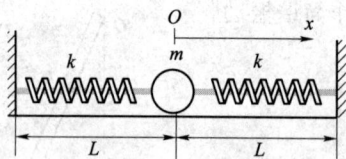

图 5-17　习题 5.7 用图

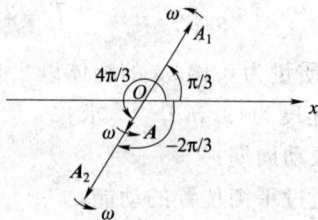

图 5-18　习题 5.8 用图

5.9 一劲度系数为 k 的铅直轻弹簧，下端固定，上端系一直径为 d 的木质小球，小球的密度为 ρ 且小于水的密度 ρ_0。小球被推动后，小球在水中沿铅直方向振动。设不计水对小球的阻力和被小球所吸附的水的质量。

（1）试证明小球的运动为简谐振动。

（2）设开始时，小球在水中处于静平衡位置，并具有铅直向上的速度 v_0，试求其振动表

达式。

解：（1）如图 5-19 所示，取小球平衡位置为原点，平衡位置时，有

$$mg - F_浮 - ky_0 = 0$$

其中，y_0 为平衡位置时的弹簧压缩量；$F_浮 = \rho_0 g V_球$ 是小球受到向上的浮力。因此，小球在 y 处时，其受力为

$$F = (mg - F_浮) - k(y + y_0) = -ky$$

所以，小球在回复力 $F = -kx$ 作用下的运动为简谐振动。

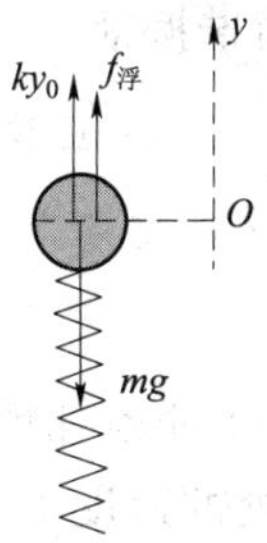

（2）由简谐振动小球位移 $y = A\cos(\omega t + \varphi_0)$，$t = 0$ 时，$y_0 = 0$，

图 5-19　习题 5.9 用图

即 $0 = \cos\varphi_0$，则在 $-\pi \sim +\pi$ 内初相位应为 $\varphi_0 = \pm\pi/2$；$t = 0$ 时在图 5-19 中坐标下 $v_0 > 0$，据小球的初速表达式 $v_0 = -A\omega\sin\varphi_0$，其中 $\sin\varphi_0 < 0$，因此取 $\varphi_0 = -\pi/2$。

简谐振动小球的角频率 $\omega = \sqrt{\dfrac{k}{m}} = \sqrt{\dfrac{k}{\rho(4/3)\pi(d/2)^3}} = \sqrt{\dfrac{6k}{\pi\rho d^3}}$；平衡位置时，小球速度最大，所以有 $v_0 = A\omega$，得到小球的振幅 $A = \dfrac{v_0}{\omega} = v_0\sqrt{\dfrac{\pi\rho d^3}{6k}}$。所以，所求振动表达式为

$$x = \sqrt{\frac{\pi d^3 \rho v_0^2}{6k}}\cos\left(\sqrt{\frac{6k}{\pi d^3 \rho}}\,t + \frac{\pi}{2}\right)$$

5.10　如图 5-20 所示，一质点在 x 轴上作简谐振动，选取该质点向右运动通过 A 点时作为计时起点（$t = 0$），经过 2 s 后质点第一次经过 B 点，再经过 2 s 后质点第二次经过 B 点，若已知该质点在 A，B 两点具有相同的速率，且 $AB = 10$ cm，求：

（1）质点的振动方程；

（2）质点在 A 处的速率。（提示：画旋转矢量图来求解。）

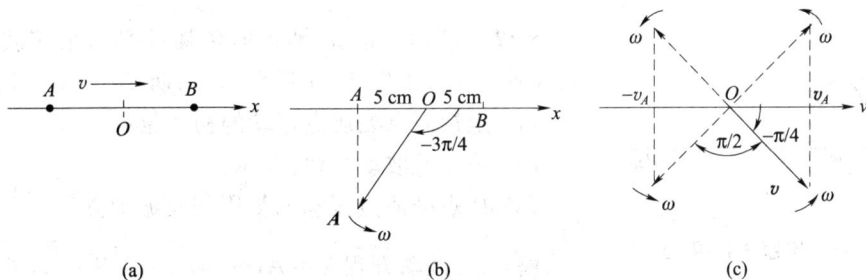

图 5-20　习题 5.10 用图

解：（1）如图 5-20(a) 所示，由于质点在 A，B 两点具有相同的速率，A，B 两点必然位于平衡位置 O 点（作为原点）两侧的对称位置。在一次完全振动中，$A \to B$ 质点运行 2 s，$B \to B$ 质点运行 2 s，$B \to A$ 根据对称性也应是 2 s，同理 $A \to A$ 也是 2 s，因此其振动周期 $T = 8$ s^{-1}，角频率 $\omega = 2\pi/T = \pi/4$ s^{-1}。

简谐振动速度 $v = -A\omega\sin(\omega t + \varphi_0)$。$t = 0$ 时，质点经过 A 点的速度 $v_A = -A\omega\sin\varphi_0$，$t = 2$ s 时质点经过 B 的速度 $v_B = -A\omega\sin(\pi/2 + \varphi_0) = -A\omega\cos\varphi_0$，因为 $v_A = v_B$，有 $\sin\varphi_0 = \cos\varphi_0$，在 $-\pi \sim +\pi$，φ_0 有两个值，即 $\pi/4$ 和 $-3\pi/4$；又因为 $t = 0$ 时，$v_A = -A\omega\sin\varphi_0 > 0$，

$\sin\varphi_0 < 0$，所以其初相位 $\varphi_0 = -3\pi/4$。

简谐振动 $x = A\cos(\pi t/4 - 3\pi/4)$。$t = 0$ 时，质点位置 $x_A = A\cos(-3\pi/4) = -A\sqrt{2}/2$，$t = 2$ 时，质点位置 $x_B = A\cos(2\pi/4 - 3\pi/4) = A\sqrt{2}/2$，因 $x_B - x_A = \sqrt{2}A = 10$，故振幅 $A = 5\sqrt{2}$ cm。此结果由旋转矢量图 5-20(b) 可清晰看出。至此，质点的振动方程为

$$x = 5\sqrt{2}\cos(\pi t/4 - 3\pi/4)\ (\text{cm})$$

（2）质点速度 $v = A\omega\cos(\omega t + \varphi_0 + \pi/2) = (5/4)\sqrt{2}\,\pi\cos(\pi t/4 - \pi/4)$，则 $t = 0$ 时，质点在 A 处的速度为

$$v_A = A\omega\cos(-\pi/4) = 5\sqrt{2}\times\pi/4\times\sqrt{2}/2\ \text{cm/s} = 3.9\ \text{cm/s}$$

它就是质点在 A 点处的速率。速度旋转矢量图 5-20(c) 表明一周期内速度相位 $-\pi/4$ 和 $5\pi/4$ 分别对应 $t = 0$ 和 $t = 5$ s 时质点两次通过 A 点，相位 $\pi/4$ 和 $3\pi/4$ 分别对应 $t = 2$ s 和 $t = 4$ 时质点两次通过 B 点，速率都是 3.9 cm/s。

5.11 波源作简谐运动，其运动方程为 $y = 4\times10^{-3}\cos(240\pi t)\ (\text{m})$，它所形成的波以 $30\ \text{m}\cdot\text{s}^{-1}$ 的速度沿一直线传播。

（1）求波的周期和波长；

（2）写出波动方程。

解：（1）波源的振动方程 $y = 4\times10^{-3}\cos(240\pi t)$，有 $\omega = 240\pi$。波的周期等于振动的周期，所以波的周期为

$$T = 2\pi/\omega = (1/120)\ \text{s} = 8.33\times10^{-3}\ \text{s}$$

由 $\lambda = uT$，波的波长为

$$\lambda = uT = (30/120)\ \text{m} = 0.25\ \text{m}$$

（2）设振动沿某一直线传播的方向为 x 轴正向，波源处于原点。则波动方程为

$$y = A\cos\left(\omega t - \frac{2\pi}{\lambda}x\right) = 4\times10^{-3}\cos(240\pi t - 8\pi x)\ \text{m}$$

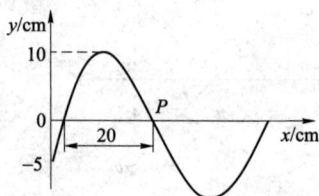

图 5-21　习题 5.12 用图

5.12 已知一沿 x 轴正向传播的平面余弦波，当 $t = 1/3$ s 时的波形如图 5-21 所示，且周期 $T = 2$ s。求：

（1）坐标原点处质点振动的初相位；

（2）该波的波动方程；

（3）P 点处质点振动的初周相及振动方程。

解：（1）波动方程 $y = A\cos\left(\omega t - \dfrac{2\pi}{\lambda}x + \varphi_0\right)$，$T = 2$ s 给出 $\omega = \pi\ \text{s}^{-1}$，则原点振动方程 $y = A\cos(\pi t + \varphi_0)$。由 $t = 1/3$ s 时 $y_0 = -5 = -A/2$，得 $\cos(\pi/3 + \varphi_0) = -1/2$，取 φ_0 范围为 $-\pi\sim\pi$，在 $-2\pi/3\sim4\pi/3$ 内 $(\pi/3 + \varphi_0) = \pm2\pi/3$。$O$ 点处质点向 y 轴的负方向运动 $v(t = 1/3) = -A\omega\sin(\omega/3 + \varphi_0) < 0$，所以应取 $\pi/3 + \varphi_0 = 2\pi/3$，得 O 点处质点振动的初相位 $\varphi_0 = \pi/3$。

（2）由图 5-21 可以看出，波幅 $A = 10$ cm，波长 $\lambda = 2\times0.20$ m $= 0.40$ m。x 轴正向传播的平面余弦波的波动方程为

$$y = A\cos\left(\omega t + \varphi_0 - \frac{2\pi}{\lambda}x\right) = 0.10\cos(\pi t - 5.0\pi x + \pi/3)\ \text{m}$$

（3）由波动方程，p 质元的振动方程形式为

$$y_p = 0.10\cos(\pi t - 5.0\pi x_p + \pi/3) = 0.10\cos(\pi t + \varphi_{p0})\ \text{m}$$

式中，$\varphi_{p0} = -5.0\pi x_p + \pi/3$ 是 p 质元振动的初相位。由图 5-21 可知，在 $t = 1/3$ s 时，P 点位于平衡位置且向 y 轴的正方向运动，有 $0 = A\cos(\pi/3 + \varphi_{p0})$ 及 $-A\omega\sin(\pi/3 + \varphi_{p0}) > 0$（$\sin(\pi/3 + \varphi_{p0}) < 0$）。故 $(\pi/3 + \varphi_{p0})$ 只能取 $-\pi/2$ 的奇数倍。

沿波传播方向相位依次落后 $\Delta\varphi = -5.0\pi\delta_p$，$\delta_p = x_p - 0 = x_p$ 为 $O \rightarrow p$ 的波程差。因 x_p 在 $\lambda/2 \sim 3\lambda/4$，$p$ 质元相位落后原点的 $\Delta\varphi$ 在 $-\pi \sim -3\pi/2$。$t = 1/3$ s 时，原点的振动相位为 $2\pi/3$，因此，此时的相位 $2\pi/3 + \Delta\varphi$ 应在 $-5\pi/6 \sim -\pi/3$。故 $\pi/3 + \varphi_{p0}$ 只能取 $-\pi/2$。即

$$\pi/3 + \varphi_{p0} = -\pi/2$$

得 P 点处质点振动的初相位 $\varphi_{p0} = -\pi/2 - \pi/3 = -5\pi/6$。因此，它的振动表达式为

$$y_A = 0.10\cos(\pi t - 5\pi/6)\ \text{m}$$

5.13 一个沿 x 轴正向传播的平面简谐波（用余弦函数表示），在 $t = 0$ 时的波形曲线如图 5-22(a) 所示。

(1) 原点 O 和 2，3 点的振动相位各是多少？

(2) 画出 $t = T/4$ 时的波形曲线。

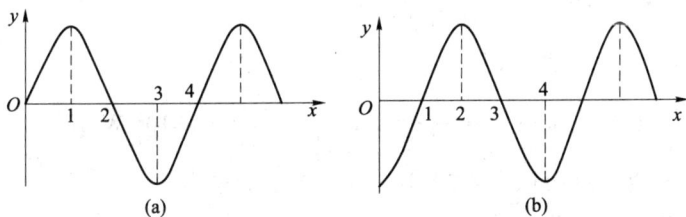

图 5-22　习题 5.13 用图

解：（1）各点振动函数 $y = A\cos(\omega t + \varphi_0)$。如图 5-22(a) 所示，$t = 0$ 时，O 处质点位移为零，且向 y 轴负向运动，速度为负。由 $\cos\varphi_{O0} = 0$ 和 $\sin\varphi_{O0} > 0$，可确定 O 点的初相位 $\varphi_{O0} = \pi/2$。用旋转矢量法也很容易得到此结果。点 2 与原点波程差 $\delta_{2-O} = \lambda/2$，$t = 0$ 时，点 2 的初相位为

$$\varphi_{20} = \varphi_{O0} - \frac{2\pi}{\lambda}\delta_{2-O} = \frac{\pi}{2} - \pi = -\frac{\pi}{2}$$

同样，点 3 与 O 点的波程差 $\delta_{3-O} = 3\lambda/4$，$t = 0$ 时，点 3 的初相位为

$$\varphi_{30} = \frac{\pi}{2} - \frac{2\pi}{\lambda}\delta_{3-O} = \frac{\pi}{2} - \frac{3\pi}{2} = -\pi$$

(2) $t = T/4$ 时的波形曲线如图 5-22(b) 所示。相当于波形图向 x 轴正向传播了 $\lambda/4$ 距离。

5.14 已知波长为 λ 的平面简谐波沿 x 轴负方向传播。在 $x = \lambda/4$ 处质点的振动方程为 $y = A\cos\dfrac{2\pi}{\lambda}ut$（SI）。

(1) 求该平面简谐波的表达式；

(2) 画出 $t = T$ 时刻的波形图。

解：（1）平面简谐波沿 x 轴负向传播，波动方程为

$$y = A\cos\left(\omega t + \frac{2\pi}{\lambda}x + \varphi_0\right) = A\cos\left(\frac{2\pi}{\lambda}ut + \frac{2\pi}{\lambda}x + \varphi_0\right)$$

把 $x = \lambda/4$ 代入就得到 $x = \lambda/4$ 处质点的振动方程，有

$$y = A\cos\left(\frac{2\pi}{\lambda}ut + \frac{2\pi}{\lambda}\frac{\lambda}{4} + \varphi_0\right) = A\cos\left(\frac{2\pi}{\lambda}ut + \frac{\pi}{2} + \varphi_0\right)$$

与已知的 $x = \lambda/4$ 处质点振动方程 $y = A\cos\dfrac{2\pi}{\lambda}ut$ 相比，得 $\varphi_0 = -\dfrac{\pi}{2}$。所以，该平面简谐波的表达式为

$$y = A\cos\left[\frac{2\pi}{\lambda}(ut + x) - \frac{\pi}{2}\right] = A\cos\left[\frac{2\pi}{\lambda}\left(ut + x - \frac{\lambda}{4}\right)\right] \text{ m}$$

（2）$t = T$ 时刻的波形图如图 5-23 所示。

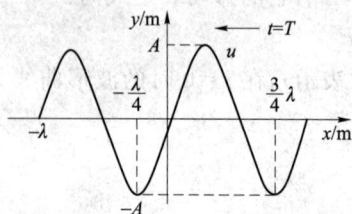

图 5-23 习题 5.14 用图

5.15 有一波在介质中传播，其波速 $u = 1.0 \times 10^3$ m·s^{-1}，振幅 $A = 1.0 \times 10^{-4}$ m，频率 $\nu = 1.0 \times 10^3$ Hz。若介质的密度 $\rho = 8.0 \times 10^2$ kg·m^{-3}，求：

（1）该波的能流密度；

（2）1 min 内垂直通过面积为 4.0×10^{-4} m^2 的总能量。

解：（1）由波的能流密度公式得

$$I = \frac{1}{2}\rho\omega^2 A^2 u = \frac{1}{2}\rho(2\pi\nu)^2 A^2 u = 1.6 \times 10^5 \text{ W/m}^2$$

（2）1 min 内垂直通过面积为 4.0×10^{-4} m^2 的总能量为

$$W = IS\Delta t = 1.6 \times 10^5 \times 4.0 \times 10^{-4} \times 60 \text{ J} = 3.8 \times 10^3 \text{ J}$$

5.16 两个相干波源 S_1 和 S_2 的振动方程分别是 $y_1 = A\cos\omega t$ 和 $y_2 = A\cos(\omega t + \pi/2)$。$S_1$ 距 P 点 3 个波长，S_2 距 P 点 $\dfrac{21}{4}$ 个波长。两波在 P 点引起的两个振动的相位差是多少？

解：从波源 S_1 发出的波从波源到 P 点的波程差 $\delta_1 = 3\lambda$，引起 P 点振动的相位为

$$\varphi_1 = \varphi_{10} - \frac{2\pi}{\lambda}\delta_1 = 0 - \frac{2\pi}{\lambda} \times 3\lambda = -6\pi$$

从波源 S_2 发出的波从波源到 P 点的波程差 $\delta_2 = 21\lambda/4$，引起 P 点振动的相位为

$$\varphi_2 = \varphi_{20} - \frac{2\pi}{\lambda}\delta_2 = \frac{\pi}{2} - \frac{2\pi}{\lambda} \times \frac{21}{4}\lambda = -10\pi$$

所以，两波在 P 点引起的两个振动的相位差 $\Delta\varphi = -10\pi - (-6\pi) = -4\pi$，或者是 4π。两个振动同相，和它们相位差为零的情况一样。

5.17 如图 5-24 所示，由波源 O 处分别向左右两边传播振幅为 A，波长为 λ，角频率为 ω 的简谐波。波源 O 处与反射面 PP' 之间的距离为 $5\lambda/4$，PP' 为波密介质界面，假设从波密介质界面发生全反射，试写出波源 O 两边合成波的波函数。设波源振动初相为 φ_0。

解：设在原点 O 的波源振动 $y_O = A\cos(\omega t + \varphi_0)$，其振

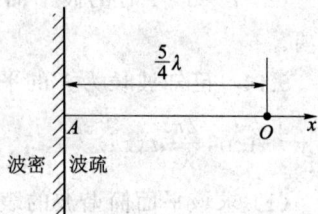

图 5-24 习题 5.17 用图

动沿 x 轴左右两边传播。向 x 轴负向传播的平面简谐波遇到反射面全反射(波幅不变)产生向右沿 x 轴正向传播的反射波,因此在 $\overline{AO}$ 间是相向传播的两列简谐波的叠加,在右半 x 轴是同向传播的两列波叠加。由振源振动向左传播的简谐波波函数为

$$y_{负} = A\cos\left(\omega t + \frac{2\pi}{\lambda}x + \varphi_0\right)$$

由振源振动向右传播的简谐波波函数为

$$y_{正} = A\cos\left(\omega t - \frac{2\pi}{\lambda}x + \varphi_0\right)$$

沿波传播方向相位依次落后,且考虑到半波损失,界面反射形成的反射波引起的原点 O 的振动相位比振源振动相位落后,有

$$\Delta\varphi = -\frac{2\pi}{\lambda}\cdot\frac{5}{4}\lambda + \pi - \frac{2\pi}{\lambda}\cdot\frac{5}{4}\lambda = -4\pi$$

因此,反射波的 O 点的振动函数为 $y_{反O} = A\cos(\omega t + \varphi_0 - 4\pi) = A\cos(\omega t + \varphi_0)$,反射波波函数为

$$y_{反} = A\cos\left(\omega t - \frac{2\pi}{\lambda}x + \varphi_0\right)$$

因此,$\overline{AO}$ 间合成波的波函数为

$$y_{左} = y_{负} + y_{反} = A\cos\left(\omega t + \frac{2\pi}{\lambda}x + \varphi_0\right) + A\cos\left(\omega t - \frac{2\pi}{\lambda}x + \varphi_0\right)$$

$$= 2A\cos\left(\frac{2\pi}{\lambda}x\right)\cos(\omega t + \varphi_0) = 2A\cos\left(\frac{2\pi}{\lambda}x\right)\cos(2\pi\nu t + \varphi_0)$$

是驻波波函数。对于 x 轴右半部合成波的波函数为

$$y_{右} = y_{正} + y_{反} = A\cos\left(\omega t - \frac{2\pi}{\lambda}x + \varphi_0\right) + A\cos\left(\omega t - \frac{2\pi}{\lambda}x + \varphi_0\right)$$

$$= 2A\cos\left(\omega t - \frac{2\pi}{\lambda}x + \varphi_0\right) = 2A\cos\left(2\pi\nu t - \frac{2\pi}{\lambda}x + \varphi_0\right)$$

5.18 已知波长为 λ 的平面简谐波沿 x 轴正向传播,在 $x=L$ 处有一理想的反射面,即入射波在此反射面反射时无能量损失,但出现半波损失。如果入射波经过坐标原点时质元的振动为 $y = A\cos\left(\omega t - \frac{\pi}{2}\right)$,试求:

(1) 反射波的波函数;

(2) 合成波的波节、波腹坐标。

解:(1) 如图 5-25 所示,入射波原点 O 的振动 $y_O = A\cos(\omega t - \pi/2)$,沿 x 轴正向传播入射波的波函数为

$$y_{入} = A\cos\left(\omega t - \frac{2\pi}{\lambda}x - \frac{\pi}{2}\right)$$

沿波传播方向相位依次落后,且考虑到半波损失,界面反射形成的沿 x 轴负向传播的反射波引起的原点 O 的振动相位比入射波原点 O 的振动相位落后,有

$$\Delta\varphi = -\frac{2\pi}{\lambda}\cdot L + \pi - \frac{2\pi}{\lambda}\cdot L = -\frac{4\pi}{\lambda}L + \pi$$

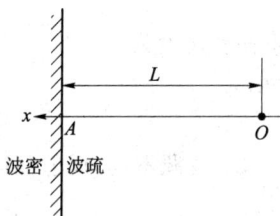

图 5-25　习题 5.18 用图

因此，反射波 O 点的振动函数为 $y_{反O}=A\cos\left(\omega t-\dfrac{\pi}{2}-\dfrac{4\pi}{\lambda}L+\pi\right)$，反射波波函数为

$$y_{反}=A\cos\left(\omega t+\frac{2\pi}{\lambda}x+\frac{\pi}{2}-\frac{4\pi}{\lambda}L\right)=A\cos\left(\omega t+\frac{2\pi}{\lambda}(x-2L)+\frac{\pi}{2}\right)$$

（2）驻波形成于相干的入射波与反射波相向传播的叠加区域，$x\leqslant L$，并且半波损失存在处即 $x=L$ 处一定是波节。相邻波节相距 $\lambda/2$，相邻波节与波腹相距 $\lambda/4$，因此在 x 轴上波节的坐标为

$$x=L,L-\frac{\lambda}{2},L-\frac{2\lambda}{2},L-\frac{3\lambda}{2},\cdots$$

表示为

$$x=L-k\frac{\lambda}{2},\quad k=0,1,2,\cdots$$

波腹的坐标为

$$x=\left(L-\frac{\lambda}{4}\right)-k\frac{\lambda}{2},\quad k=0,1,2,\cdots$$

5.19 一驻波波函数为 $y=0.02\cos20x\cos750t$（m），求：

（1）形成此驻波的两行波的振幅和波速各为多少？

（2）相邻两波节间的距离多大？

解：（1）波幅相同、频率相同、同振动方向的两列相干波，沿 x 轴方向相向传播叠加形成的驻波波函数可写成 $y=2A_0\cos\left(\dfrac{2\pi}{\lambda}x\right)\cos(\omega t)$。由给出的波函数可知，两行波的振幅为

$$A_0=\frac{0.02}{2}\ \text{m}=0.01\ \text{m}$$

而 $2\pi/\lambda=20,\lambda=\pi/10$ m；$\omega=750\ \text{s}^{-1}$，所以两行波的波速为

$$u=\nu\lambda=\frac{\omega}{2\pi}\lambda=\frac{750}{2\pi}\times\frac{\pi}{10}\ \text{m/s}=37.5\ \text{m/s}$$

（2）相邻两波节间的距离为

$$\Delta x=\lambda/2=(\pi/20)\ \text{m}=0.16\ \text{m}$$

5.20 （1）已知一声波源的振动频率为 2000 Hz，当波源以速度 v_S 向墙壁接近时，静止观测者测得墙反射波的频率为 2040 Hz，设声速为 340 m/s，试求波源移动的速度 v_S；

（2）如果（1）中的波源不动，现以一反射面来代替墙壁，设反射面以（1）中所计算速度向观测者接近，此时观测者所测到墙反射波的频率为多少？

解：（1）观测者测得墙反射波的频率就是墙接收到的频率，由 $\nu_R=\left(\dfrac{u}{u-v_S}\right)\nu_S$，得波源向墙移动速度为

$$v_S=u-u\frac{\nu_S}{\nu_R}=340\ \text{m/s}-340\times\frac{2000}{2040}\ \text{m/s}=6.67\ \text{m/s}$$

（2）波源不动，反射面以 6.67 m/s 的速度向声源运动，墙作为新波源的频率应为

$$\nu_{墙}=\left(\frac{u+v_R}{u}\right)\nu_S=\frac{340+6.67}{340}\times2000\ \text{Hz}=2039\ \text{Hz}$$

此新波源又向观测者运动,静止观测者运动测得反射波频率由公式 $\nu_R = \left(\dfrac{u}{u - v_S}\right)\nu_S$ 可得

$$\nu_{R2} = \left(\frac{u}{u - v_{\text{墙}S}}\right)\nu_\text{墙} = \frac{340}{340 - 6.67} \times 2039 \text{ Hz} = 2080 \text{ Hz}$$

5.21 在杨氏双缝干涉实验中,两缝间距为 0.30 mm,用单色光垂直照射双缝,在离缝 1.20 m 的屏上测得中央明纹一侧第 5 条暗纹与另一侧第 5 条暗纹的距离为 22.78 mm。问所用的波长为多少? 是什么颜色的入射光?

解: 各级暗纹相对中央明纹对称排布,如果中央明纹为坐标轴 x 的原点,那中央明纹一侧的各级暗纹中心距中央明纹中心的距离为坐标 $x_k = \left(k - \dfrac{1}{2}\right)\dfrac{D}{d}\lambda$,级数 $k = 1, 2, 3, \cdots$。如果中央明纹两侧的两个同 k 级暗纹距离为 Δx,对于其一侧应有 $\dfrac{\Delta x}{2} = \left(k - \dfrac{1}{2}\right)\dfrac{D}{d}\lambda$,所以所求波长为

$$\lambda = \Delta x \frac{d}{D(2k-1)} = 22.78 \times 10^{-3} \frac{0.30 \times 10^{-3}}{1.20 \times (10-1)} \text{ m} = 6.33 \times 10^{-7} \text{ m}$$

它是红光。

5.22 在杨氏双缝干涉实验装置中,两个缝分别用折射率 $n_1 = 1.4$ 和 $n_2 = 1.7$ 的厚度相等的玻璃片遮着,在光屏上原来的中央明纹处,现在为第 5 级明纹所占据。如入射的单色光波长为 600 nm,求玻璃片的厚度(设玻璃片平面垂直于光路)。

解: 杨氏双缝干涉实验中两缝相干光分别垂直通过厚度 e 相同而 n 不同的两玻璃片引起的光程差 $\delta = (n_2 - n_1)e$。玻璃片加入后,使得原来的中央明纹处为第 5 级明纹所占据,说明两玻璃片引起的光程差 $\delta = 5\lambda$,即有 $(n_2 - n_1)e = 5\lambda$。所以,玻璃片的厚度为

$$e = \frac{5\lambda}{n_2 - n_1} = \frac{5 \times 600}{0.3} \text{ nm} = 1.00 \times 10^4 \text{ nm}$$

5.23 在杨氏双缝干涉实验中,使一束水平的氦氖激光器发出的激光($\lambda = 632.8$ nm)垂直照射一双缝。在缝后 2.0 m 处的光屏上观察到中央明纹和第 1 级明纹的间距为 14 cm。

(1) 求两缝的间距;

(2) 在中央明条纹一侧还能看到几条明纹?

解:(1) 第 k 级明纹与中央明纹的间距 $\Delta x = \dfrac{D}{d}k\lambda$,得两缝的间距 d 为

$$d = \frac{k\lambda D}{\Delta x} = \frac{632.8 \times 10^{-9} \times 1 \times 2.0}{14 \times 10^{-2}} \text{ m} = 9.0 \times 10^{-6} \text{ m}$$

(2) 由 $d\sin\theta = k\lambda$,而 $\sin\theta$ 的最大值为 1,有

$$k = \frac{d\sin\theta}{\lambda} \leqslant \frac{d}{\lambda} = \frac{9.0 \times 10^{-6}}{632.8 \times 10^{-9}} = 14.2$$

因此,在中央明纹一侧最多还能看到 14 条明纹。

5.24 用很薄的玻璃片遮住杨氏双缝干涉实验装置的其中一条缝,这使屏幕上的零级条纹移到原来第 7 级明纹的位置上。如果入射光的波长 $\lambda = 550$ nm,玻璃片的折射率 $n = 1.58$,试求玻璃片的厚度。

解: 未加玻璃片时,双缝干涉公式 $d\sin\theta = k\lambda$ 给出形成 k 级明纹的两缝光束的光程差

为 $k\lambda$。玻璃片的加入使原来零级条纹移到第 7 级明纹的位置上,说明玻璃片本身引起的附加光程差 $(n-1)e=7\lambda$,所以玻璃片的厚度为

$$e=\frac{\lambda}{n-1}=\frac{7\times550\times10^{-9}}{0.58}\ \mu m=6.6\ \mu m$$

5.25 用波长为 500 nm 的单色光垂直照射到由两块光学平玻璃构成的空气劈形膜上。在观察反射光的干涉现象中,距劈形膜棱边 $l=1.56$ cm 的 A 处是从棱边算起的第 4 条暗条纹中心。

(1) 求此空气劈形膜的劈尖角;

(2) 改用 600 nm 的单色光垂直照射到此劈尖上仍观察反射光的干涉条纹,A 处是明条纹还是暗条纹?

(3) 在(2)的情形下,从棱边到 A 处的范围内共有几条明纹?几条暗纹?

解:(1) 空气劈形膜棱边为暗纹,用 $\lambda_1=500$ nm 的单色光垂直入射,相邻暗纹间距 $L_1=\frac{\lambda_1}{2\theta}$。第 4 条暗条纹中心距棱边是 3 个相邻暗纹间距,$l=3L_1$。所以,此空气劈形膜的劈尖角 θ 为

$$\theta=\frac{\lambda_1}{2L_1}=\frac{3\lambda_1}{2l}=\frac{3\times500\times10^{-9}}{2\times1.56\times10^{-2}}\ \mathrm{rad}=4.81\times10^{-5}\ \mathrm{rad}$$

(2) 空气劈形膜干涉条纹中,相邻的暗纹中心与明条纹中心间距应为 $\Delta=\frac{L}{2}=\frac{\lambda}{4\theta}$。用 λ_1 的单色光垂直入射有 $\Delta_1=\frac{L_1}{2}=\frac{\lambda_1}{4\theta}$,用 $\lambda_2=600$ nm 的单色光垂直入射有 $\Delta_2=\frac{\lambda_2}{4\theta}$。因空气劈形膜棱边为第 1 条暗纹,而 $l=3L_1=3\frac{\lambda_1}{2\theta}=6\Delta_1$,$\Delta_1$ 的偶数倍 $6\Delta_1$ 正好是 3 个相邻的暗纹的间距,说明 A 处是第 4 条暗条纹中心。而

$$\frac{l}{\Delta_2}=\frac{6\lambda_1/(4\theta)}{\lambda_2/(4\theta)}=\frac{6\lambda_1}{\lambda_2}=\frac{30}{6}=5$$

奇数倍的 Δ_2 说明用 $\lambda_2=600$ nm 的单色光垂直入射时 A 处不是暗纹。因为第 1 条明纹距棱边是 Δ_2,$4\Delta_2$ 是 2 个相邻明纹的间距,所以 $l=5\Delta_2$ 的 A 处正好是第 3 条明纹中心。

(3) 由(2)的结论可知,用 $\lambda_2=600$ nm 的单色光垂直入射时,从棱边到 A 处的范围内共有 3 条明纹,3 条暗纹。

5.26 一玻璃劈尖,折射率 $n=1.52$。波长 $\lambda=589.3$ nm 的钠光垂直入射,测得相邻条纹间距 $l=5.0$ mm,求劈尖夹角。

解:劈尖等厚干涉中,相邻条纹间距 $L=\frac{\lambda}{2n\theta}$,所以玻璃劈尖夹角 θ 为

$$\theta=\frac{\lambda}{2nL}=\frac{589.3\times10^{-9}}{2\times1.52\times5.0\times10^{-3}}\ \mathrm{rad}=3.877\times10^{-5}\ \mathrm{rad}\approx0.798''$$

5.27 在牛顿环实验中,设平凸透镜的曲率半径 $R=1.0$ m,折射率为 1.51,平板材料的折射率为 1.72,其间充满折射率 $n=1.60$ 的透明液体,垂直投射的单色光 $\lambda=600$ nm,则最小暗纹的半径 r_1 为多少?

解:设平凸透镜和平板材料的折射率分别为 n_1 和 n_2,由于 $n_1<n<n_2$,透明液体膜上、

下表面的反射光都有半波损失,则两束反射光在液体膜上表面干涉时,因膜厚 e 引起的光程差为 $2ne$。$2ne = (2k-1)\dfrac{\lambda}{2}$ 为 k 级暗纹条件,类似空气膜,由几何关系可得到对应的 k 级暗纹几何半径和膜厚关系为 $r_k^2 = 2e_k R$,因此有 $2n\dfrac{r_k^2}{2R} = (2k-1)\dfrac{\lambda}{2}$,即暗纹半径为

$$r_k = \sqrt{(2k-1)R\lambda/(2n)}, \quad k = 1,2,3,\cdots$$

最小暗纹半径对应 $k=1$,正是此反射光牛顿环中的中央亮点的边缘处。所以,最小暗纹的半径 r_1 为

$$r_1 = \sqrt{\frac{\lambda R}{2n}} = \sqrt{\frac{600 \times 10^{-9} \times 1.0}{2 \times 1.60}}\ \text{mm} = 0.43\ \text{mm}$$

5.28　在折射率 $n_3 = 1.50$ 的玻璃片上镀一层 $n_2 = 1.38$ 的增透膜,可使波长为 500 nm 的光由空气垂直入射玻璃表面时尽量减少反射,则增透膜的最小厚度为多少?

解:由空气垂直入射,空气折射率 $n_1 = 1$,有 $n_1 < n_2 < n_3$,增透膜上、下界面两束反射光的光程差满足 $2n_2 d = (2k+1)\lambda/2$。对应 $k=0$,增透膜的最小厚度为

$$d_{\min} = \frac{\lambda}{4n_2} = \frac{500}{4 \times 1.38}\ \text{nm} = 90.6\ \text{nm}$$

5.29　折射率 n_1 为 1.50 的平板玻璃板上有一层折射率 n_2 为 1.20 的油膜,油膜的上表面可近似看作球面,油膜中心最高处的厚度 d 为 1.1 μm。用波长为 600 nm 的单色光垂直照射油膜,看到离油膜中心最近的暗条纹环的半径为 0.3 cm,问整个油膜上可看到的完整暗纹条数有多少? 油膜上表面球面的半径为多少?

解:(1) 由 $n_1 > n_2 > n_空$,入射光在油膜的上、下表面反射光均具有半波损失,则两束反射光在油膜上表面干涉时因膜厚 e 引起的光程差 $\delta = 2n_2 e$,

$$2n_2 e = (2k-1)\frac{\lambda}{2}, \quad k = 1,2,3,\cdots$$

为 k 级暗纹条件。$e=0$ 对应油膜的边缘处为一圈亮纹。因为 $e_{\max} = d = 1.1\ \mu$m,可得

$$k = \frac{4n_2 e_{\max}}{2\lambda} + \frac{1}{2} = \frac{4 \times 1.20 \times 1.1 \times 10^{-6}}{2 \times 600 \times 10^{-9}} + \frac{1}{2} = 4.9$$

k 是小于 4.9 的整数,有 $k_{\max} = 4$。$e=0$ 对应油膜的边缘处为一圈亮纹,$k=1,2,3,4$ 说明能看到对应的 4 条暗纹。

(2) 如图 5-26 所示,由几何关系 $\overline{OE}^2 = \overline{BE}^2 + \overline{OB}^2$。其中,$\overline{OE} = R$,$\overline{OB} = \overline{OC} - \overline{BC}$,$\overline{OC} = R$,有 $R^2 = \overline{BE}^2 + (R - \overline{BC})^2$,即得

$$R = \frac{\overline{BE}^2 + \overline{BC}^2}{2\overline{BC}}$$

其中,$\overline{BE} = r_4 = 0.3$ cm,$\overline{BC} = \overline{AC} - \overline{AB} = d - \overline{AB}$。$\overline{AB}$ 是 $k=4$ 级离油膜中心最近的暗条纹环对应的膜厚,应满足 $2n_2 e_4 = 2n_2 \overline{AB} = (2 \times 4 - 1)\dfrac{\lambda}{2} = \dfrac{7\lambda}{2}$,有

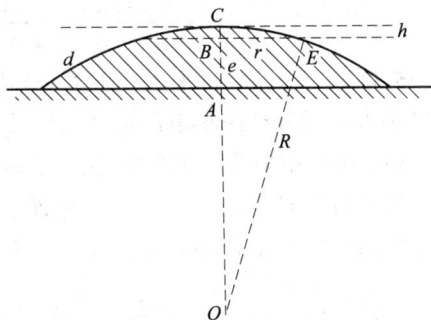

图 5-26　习题 5.29 用图

$$\overline{AB}=e_4=\frac{7\lambda}{4n_2}=\frac{7\times600\times10^{-9}}{4\times1.20}\text{ m}=8.75\times10^{-7}\text{ m}$$

已知 $d=\overline{AC}=1.1\text{ μm}$,有

$$\overline{BC}=\overline{AC}-\overline{AB}=d-e_4=1.1\times10^{-6}\text{ m}-8.75\times10^{-7}\text{ m}=2.25\times10^{-7}\text{ m}$$

所以有

$$R=\frac{\overline{BE}^2+\overline{BC}^2}{2\,\overline{BC}}=\frac{(0.3\times10^{-2})^2+(2.25\times10^{-7})^2}{2\times(2.25\times10^{-7})}\text{ m}=20\text{ m}$$

5.30　在迈克耳孙干涉仪的可调反射镜平移了 0.064 mm 的过程中,观察到 200 个明条纹移动,所用单色光的波长为多少?

解:根据动镜平移距离 d 与干涉条纹移过条数 N 的关系 $d=N\dfrac{\lambda}{2}$,所求波长 λ 为

$$\lambda=\frac{2d}{N}=\frac{2\times0.064\times10^{-3}}{200}\text{ m}=6.4\times10^{-7}\text{ m}$$

5.31　用波长 $\lambda=632.8\text{ nm}$ 的激光垂直照射单缝时,其夫琅禾费衍射图样的第 1 级极小与单缝法线的夹角为 5°,试求该缝的缝宽。

解:第 1 级极小的衍射角 $\theta=5°$,由 $a\sin\theta=\lambda$,该缝的缝宽为

$$a=\frac{\lambda}{\sin\theta}=\frac{632.8\times10^{-9}}{0.087}\text{ m}=7.3\times10^{-6}\text{ m}$$

5.32　单缝的宽度 $a=4.0\text{ mm}$,以波长 $\lambda=589\text{ nm}$ 的单色光垂直照射,设透镜的焦距 $f=1.0\text{ m}$。求:

(1) 第 1 级暗纹距中心的距离;

(2) 第 2 级明纹距中心的距离。

解:(1) 第 1 级暗纹距中心的距离就是中央明纹的半宽度,有

$$x_1=f\frac{\lambda}{b}=\frac{1.0\times589\times10^{-9}}{4.0\times10^{-3}}\text{ m}=1.5\times10^{-4}\text{ m}$$

(2) 由明纹近似中心满足 $b\sin\theta=(2k+1)\lambda/2$,其中 $\sin\theta\approx\tan\theta\approx x/f$,$x$ 是明纹中心在屏幕上的位置坐标,f 是透镜焦距;第 2 级明纹对应 $k=2$,所以第 2 级明纹距中心的距离为

$$x_2=\frac{(4+1)f\lambda}{2b}=\frac{5\times1.0\times589\times10^{-9}}{2\times4.0\times10^{-3}}\text{ m}=3.68\times10^{-4}\text{ m}$$

5.33　一单色平行光垂直入射一单缝,其衍射第 3 级明纹位置恰与波长为 600 nm 的单色光垂直入射该缝时衍射的第 2 级明纹位置重合,试求该单色光波长。

解:单缝衍射明纹近似中心满足 $a\sin\theta=(2k+1)\lambda/2$。设所求单色光波长为 λ_1,其第 3 级明纹位置满足 $a\sin\theta_3=7\lambda_1/2$;而波长 $\lambda_2=600\text{ nm}$ 的第 2 级明纹位置应满足 $a\sin\theta_2=5\lambda_2/2$,两个位置重合即 $\sin\theta_3=\sin\theta_2$,故 $7\lambda_1/2=5\lambda_2/2$,所求 λ_1 为

$$\lambda_1=\frac{5}{7}\lambda_2=\frac{5}{7}\times600\text{ nm}=428.6\text{ nm}$$

5.34　单缝夫琅禾费衍射实验中,缝宽 $a=1.0\times10^{-4}\text{ m}$,薄透镜焦距为 $f=0.5\text{ m}$。如在单缝前面放一厚度 $d=0.2\text{ μm}$,折射率 $n=1.5$ 的光学薄膜,并以波长 $\lambda_1=400\text{ nm}$ 和波长 $\lambda_2=600\text{ nm}$ 的复色光垂直照射薄膜,求透出薄膜而射入单缝的波长及屏上观察到的中央明纹宽度 Δx 是多少?

解：薄膜干涉对应的两个界面反射光的光程差 $\delta = 2nd + \lambda/2$，因为只有一个入射界面存在半波损失现象。对波长 $\lambda_1 = 400$ nm，有

$$\delta_1 = 2nd + \lambda_1/2 = 2 \times 1.5 \times 0.2 \times 10^{-6} + \lambda_1/2 = 2\lambda_1$$

满足干涉相长，所以薄膜对 λ_1 是增反膜。对波长 $\lambda_2 = 600$ nm，有

$$\delta_2 = 2nd + \lambda_2/2 = 2 \times 1.5 \times 0.2 \times 10^{-6} + \lambda_2/2 = 1.5\lambda_2$$

是干涉相消的条件，所以薄膜对 λ_2 是增透膜。因此，通过薄膜透射出的是 600 nm 的光。

屏上观察到的中央明纹宽度为

$$\Delta x = 2f\frac{\lambda}{a} = 2 \times 0.5 \times \frac{600 \times 10^{-9}}{1.0 \times 10^{-4}} \text{ m} = 6.0 \times 10^{-3} \text{ m}$$

5.35 在通常照度下，人眼的瞳孔直径约为 3 mm，视觉最敏感的光波波长为 550 nm，求：

（1）人眼的最小分辨角；

（2）人眼在明视距离（约 25 cm）处能分辨的最小距离；

（3）人眼在 10 m 处能分辨的最小距离。

解：（1）人眼的最小分辨角为

$$\delta\theta = 1.22\frac{\lambda}{D} = 1.22 \times \frac{550 \times 10^{-9}}{3 \times 10^{-3}} \text{ rad} = 2.2 \times 10^{-4} \text{ rad}$$

（2）人眼在明视距离（约 25 cm）处能分辨的最小距离为

$$\Delta x_1 = l_1\delta\theta = 2.2 \times 10^{-4} \times 25 \times 10^{-2} \text{ m} = 5.5 \times 10^{-5} \text{ m}$$

（3）人眼在 10 m 处能分辨的最小距离为

$$\Delta x_2 = l_2\delta\theta = 2.2 \times 10^{-4} \times 10 \text{ mm} = 2.2 \text{ mm}$$

5.36 汽车的两个前灯相距为 1.0 m，问迎面而来的汽车离人多远时，它们刚好为人所分辨？设瞳孔的直径为 3.0 mm，光在空气中的波长为 500 nm。

解：人眼的最小分辨角为

$$\delta\theta = 1.22\frac{\lambda}{D} = 1.22 \times \frac{500 \times 10^{-9}}{3.0 \times 10^{-3}} \text{ rad} = 2.03 \times 10^{-4} \text{ rad}$$

由 $\Delta x = l\delta\theta$，对于 $\Delta x = 1.0$ m 时所求汽车离人的距离应为

$$l = \frac{\Delta x}{\delta\theta} = \frac{1.0}{2.03 \times 10^{-4}} \text{ m} = 4.9 \times 10^3 \text{ m}$$

5.37 一双缝，缝间距 $d = 0.1$ mm，缝宽 $a = 0.02$ mm，用波长 $\lambda = 480$ nm 的平行单色光垂直入射该双缝，双缝后放一焦距为 50 cm 的透镜，试求：

（1）透镜焦平面处屏上干涉条纹的间距；

（2）单缝衍射中央条纹的宽度；

（3）单缝衍射的中央包线内有多少条干涉的主极大？

解：（1）因为透镜的存在，使得同一衍射角 θ 方向来自双缝的相干光通过透镜会聚在屏上进行双缝干涉，干涉主极大来自衍射角 θ 满足 $d\sin\theta = k\lambda$ 时。设干涉主极大在透镜焦平面处屏上的位置为 x，那么在 θ 不大时，有 $\sin\theta = x/f$，$x = f\sin\theta = f\dfrac{k\lambda}{d}$，所以相邻主极大的间距为

$$\Delta x_1 = \frac{f\lambda}{d}\left[(k+1)-k\right] = \frac{f\lambda}{d} = \frac{50 \times 10^{-2} \times 480 \times 10^{-9}}{0.1 \times 10^{-3}}\ \mathrm{m} = 2.4 \times 10^{-3}\ \mathrm{m}$$

θ 不大时是等宽、等间距的干涉图样。

(2) 单缝衍射中央明纹的宽度为

$$\Delta x_2 = \frac{2f\lambda}{a} = \frac{2 \times 50 \times 10^{-2} \times 480 \times 10^{-9}}{0.02 \times 10^{-3}}\ \mathrm{m} = 2.4 \times 10^{-2}\ \mathrm{m}$$

(3) $\Delta x_2/\Delta x_1 = 10$，说明单缝衍射的中央包线内最多能包含 10 个干涉主极大。由于中央包线内的中心处一定是零级主极大，其他主极大是对称排列在零级主极大两边，因此其内只能包含 9 条主极大，如图 5-27 所示，对应的级数分别为 $k=0,1,2,3,4$。又因为 $d/a = 0.1/0.02 = 5$，包线之内不会出现缺级，故结论为单缝衍射的中央包线内有双缝衍射光干涉形成的等宽、等间距对称排列的 9 条主极大。

5.38 波长 $\lambda = 400$ nm 的平行光，垂直投射到某透射光栅上，测得第 3 级衍射主极大的衍射角为 $30°$，且第 2 级明纹不出现。求：

(1) 光栅常量 $(a+b)$；

(2) 透光缝的宽度 a；

(3) 屏幕上可能出现的全部明纹。

图 5-27   习题 5.37 用图

解：(1) 光栅方程 $(a+b)\sin\theta = k\lambda$，由题意得，$(a+b)\sin30° = 3\lambda$，所以光栅常量为

$$a+b = \frac{3\lambda}{\sin30°} = \frac{3 \times 400 \times 10^{-9}}{1/2}\ \mathrm{m} = 2.40 \times 10^{-6}\ \mathrm{m}$$

(2) 第 2 级明纹不出现，即 $(a+b)/a = 2$，所以透光缝的宽度 a 为

$$a = \frac{a+b}{2} = 1.20 \times 10^{-6}\ \mathrm{m}$$

(3) 由光栅方程 $(a+b)\sin\theta = k\lambda$，有

$$k = \frac{(a+b)\sin\theta}{\lambda} < \frac{(a+b)}{\lambda} = \frac{2.40 \times 10^{-6}}{400 \times 10^{-9}} = 6$$

注意 2、4 级缺失，所以屏上出现的级数为 $k=0,\pm1,\pm3,\pm5$，共 7 条明纹。

5.39 双星之间的角距离为 1.00×10^{-7} rad，其辐射均为 577 nm 和 579 nm 两个波长。

(1) 望远镜物镜的最小口径为多大才能分辨此两星？

(2) 若要在光栅的第 3 级光谱中分辨这两个波长，光栅的缝数应为多少？

解：(1) 由 $\delta\theta = 1.22\dfrac{\lambda}{D}$，望远镜物镜的最小口径应为

$$D = 1.22\frac{\lambda}{\delta\theta} = \frac{1.22 \times 579 \times 10^{-9}}{1 \times 10^{-7}}\ \mathrm{m} = 7.06\ \mathrm{m}$$

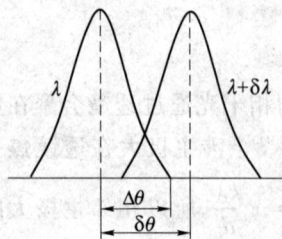

图 5-28   习题 5.39 用图

(2) 参考思考题 5.43。光栅的每条谱线都有一定的宽度，如图 5-28 所示，其中 $\Delta\theta$ 是每条谱线的半角宽，N 越多光谱线的宽度越窄越明亮；图 5-28 中 $\delta\theta$ 称为 λ 与 $\lambda+\delta\lambda$ 两个波长同 k 级谱线的角间距，它表示光栅光谱中光栅把不同波长分开的本领。按照瑞利判据，$\delta\theta = \Delta\theta$ 时光栅恰能分辨出 λ 与 $\lambda+\delta\lambda$ 两

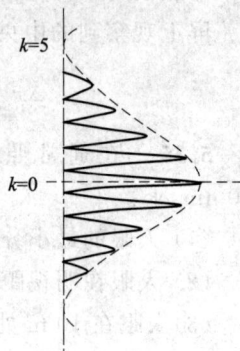

个波长。

求角间距 $\delta\theta$。由光栅方程 $d\sin\theta = k\lambda$，两边微分有 $d\cos\theta\,\delta\theta = k\,\delta\lambda$，角间距 $\delta\theta$ 为

$$\delta\theta = \frac{k\,\delta\lambda}{d\cos\theta}$$

再求半角宽 $\Delta\theta$。光栅方程 $d\sin\theta = k\lambda$ 给出 λ 波长 k 级谱线中心的衍射角为 θ，k 级明纹边缘对应角位置为 $(\theta + \Delta\theta)$，$\Delta\theta$ 就是 k 级明纹的半角宽，根据光栅衍射的暗纹条件，此时应有 $d\sin(\theta + \Delta\theta) = k\lambda + \lambda/N$。考虑到 $\Delta\theta$ 为小量，有

$$d\sin(\theta + \Delta\theta) - d\sin\theta = d\cos\theta\sin\Delta\theta = d\cos\theta\,\Delta\theta = \lambda/N$$

$$\Delta\theta = \frac{\lambda}{N d\cos\theta}$$

由 $\delta\theta = \Delta\theta$，可得

$$R = \frac{\lambda}{\delta\lambda} = kN$$

$R = \lambda/\delta\lambda = kN$ 表示了光栅对相近波长的分辨本领，正比于级数 k 和缝数 N。所以，此题要在光栅的第 3 级光谱中分辨此两波长，光栅的缝数至少应为

$$N = \frac{R}{k} = \frac{\lambda}{k\,\delta\lambda} = \frac{577}{3 \times (579 - 577)} = 96.17 \approx 97$$

5.40　自然光入射到相互重叠在一起的两偏振片上。

(1) 如果透射光的强度为最大透射光强度的 1/3，问两偏振片的偏振化方向之间的夹角是多少？

(2) 如果透射光强度为入射光强度的 1/3，问两偏振片的偏振化方向之间的夹角又是多少？

解：(1) 设自然光的光强为 I_0，两偏振片的偏振化方向之间的夹角为 α。自然光透过第一个偏振片后光强度为 $I_0/2$，根据马吕斯定律，当 $\alpha = 0$ 时，透过第二个偏振片后光强度有最大值 $I_0/2$。所以，对所求的 α 有

$$\frac{I_0}{2}\cos^2\alpha = \frac{1}{3} \times \frac{I_0}{2}$$

得 $\cos\alpha = \sqrt{3}/3$，$\alpha = 54.7°$。

(2) 如果透射光强度为入射光强度的 1/3，根据马吕斯定律，有

$$\frac{I_0}{2}\cos^2\alpha = \frac{1}{3}I_0$$

得 $\cos\alpha = 2\sqrt{3}/3$，$\alpha = 35.3°$。

5.41　使自然光通过两个偏振化方向相交 60° 的偏振片，透射光强为 I_1，今在这两个偏振片之间插入另一偏振片，它的方向与前两个偏振片均成 30°，则透射光强为多少？

解：设自然光的光强为 I_0，根据马吕斯定律，有 $I_1 = \frac{I_0}{2}\cos^2 60° = \frac{I_0}{8}$，得 $I_0 = 8I_1$。在这两个偏振片之间插入另一偏振片后，透射光强为（见图 5-29）：

$$I_2 = \frac{I_0}{2}\cos^2 30°\cos^2 30° = \frac{9}{4}I_1$$

5.42　两块偏振片叠在一起，其偏振化方向成 30°。由强度相同的自然光和线偏振光混

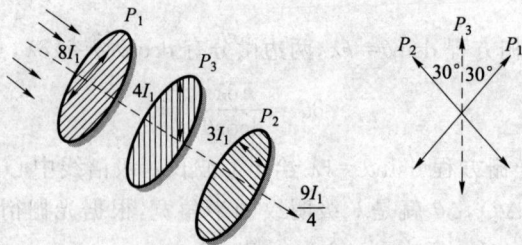

图 5-29   习题 5.41 用图

合而成的光束垂直入射在偏振片上。已知两种成分的入射光透射后强度相等。

（1）若不计偏振片对可透射分量的反射和吸收，求入射光中线偏振光的光矢量振动方向与第一个偏振片偏振化方向之间的夹角。

（2）与（1）中条件相同，求透射光与入射光的强度之比。

（3）若每个偏振片对透射光的吸收率为 5%，再求透射光与入射光的强度之比。

解：（1）设入射自然光和线偏振光的强度均为 I_0。若不计偏振片对可透射分量的反射和吸收，自然光通过第一偏振片后的光强为 $I_0/2$，由马吕斯定律，通过第二偏振片后的光强为 $I_1 = \dfrac{I_0}{2}\cos^2 30°$。再设入射光中线偏振光的光矢量振动方向与第一个偏振片偏振化方向之间的夹角为 α，线偏振光通过第一偏振片后的光强为 $I_0 \cos^2 \alpha$，通过第二偏振片后的光强为 $I_2 = I_0 \cos^2 \alpha \cos^2 30°$。由 $I_2 = I_3$，有

$$\frac{I_0}{2}\cos^2 30° = I_0 \cos^2 \alpha \cos^2 30°$$

则 $\cos^2 \alpha = 1/2$，所以 $\alpha = 45°$ 为所求。

（2）入射光的强度为 $I_0 + I_0 = 2I_0$，透射光的强度为

$$I_1 + I_2 = \frac{I_0}{2}\cos^2 30° + I_0 \cos^2 45° \cos^2 30° = \frac{3}{8}I_0 + \frac{3}{8}I_0 = \frac{3}{4}I_0$$

因此，透射光与入射光的强度之比为 $(3I_0/4) : 2I_0 = 3 : 8$。

（3）若每个偏振片对透射光的吸收率为 5%，透射光与入射光的强度之比为

$$\frac{3}{4}I_0(1-5\%)(1-5\%) : 2I_0 = 0.338 : 1$$

5.43   一束自然光，以某一入射角入射到平面玻璃上，这时的反射光为线偏振光，透射光的折射角为 32°。求：

（1）自然光的入射角；

（2）玻璃的折射率。

解：（1）由于反射光为线偏振光，根据布儒斯特定律，入射角 i_0 和折射角 r 互余，即 $i_0 + r = 90°$，所以自然光的入射角为

$$i_0 = 90° - r = 90° - 32° = 58°$$

（2）空气折射率为 1，由布儒斯特定律，玻璃的折射率为

$$n_2 = \tan 58° = 1.6$$

5.44   水的折射率为 1.33，玻璃的折射率为 1.50，当光由水中射向玻璃而反射时，起偏

角为多少？当光由玻璃中射向水而反射时，起偏角又是多少？这两个起偏角在数值上有什么关系？

解：根据布儒斯特定律，当光由水中射向玻璃而反射时，起偏角为

$$i_{01}=\arctan\frac{n_2}{n_1}=\arctan\frac{1.50}{1.33}=48°26'$$

当光由玻璃中射向水而反射时，起偏角为

$$i_{02}=\arctan\frac{n_1}{n_2}=\arctan\frac{1.33}{1.50}=41°34'$$

可以看出两个起偏角在数值上是互余的。

5.45　请用惠更斯作图法确定方解石晶体的 o 光和 e 光的传播方向和振动方向。

（1）平行光垂直入射晶体，光轴在入射面内并与晶面平行；

（2）平行光斜入射晶体，光轴也在入射面内并与晶面平行；

（3）平行光斜入射晶体，光轴垂直入射面并与晶面平行；

（4）平行光垂直入射晶体，光轴也在入射面内并与晶面垂直。

答：（1）图 5-30(a)。平行光垂直入射晶体，光轴在入射面内并与晶面平行。此时 o 光和 e 光以不同速度都沿原方向传播，产生双折射；o 光振动方向垂直自己主平面，e 光振动方向平行于自己主平面。此时，因光轴在入射面内，这两个主平面重合（也就是纸面）。

（2）图 5-30(b)。平行光斜入射晶体，光轴也在入射面内并与晶面平行。此时，o 光以折射定律指示方向传播，而 e 光则不同（见图 5-30(b)），产生双折射；同样，因光轴在入射面内，o 光和 e 光两个主平面重合（也就是纸面）。o 光振动方向垂直纸面，e 光振动方向平行于自己主平面即此时的纸面。

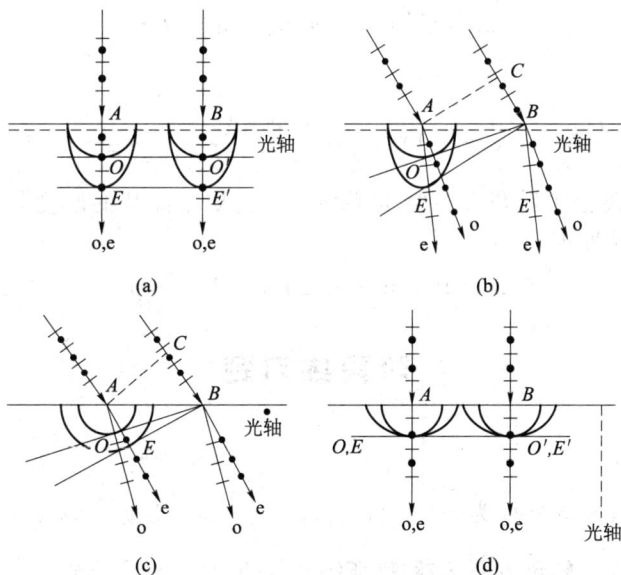

图 5-30　习题 5.45 用图

（3）图 5-30(c)。平行光斜入射晶体，光轴垂直入射面并与晶面平行。此时，o 光以折射定律指示方向传播，而 e 光传播方向不同于 o 光（见图 5-30(c)），产生双折射；在这特殊情况

下，入射角用 i 表示，n_o、n_e 分别表示 o 光和 e 光的主折射率，r_o 和 r_e 分别表示它们的折射角，此时有 $\sin i/\sin r_o = n_o$，$\sin i/\sin r_e = n_e$。也就是说，在这特殊情况下 e 光也服从普通折射定律，它的传播方向也可以用折射定律求得。此时的 o 光和 e 光两个主平面同样重合（也就是纸面），它们的振动方向如图 5-30(c) 所示。

（4）图 5-30(d)。平行光垂直入射晶体，光轴也在入射面内并与晶面垂直。此时，光沿光轴方向传播速度相同，不发生双折射。

5.46　一厚度为 $10.0~\mu m$ 的方解石晶片，如图 5-31 所示。其光轴平行于表面，放置在两正交偏振片之间，晶片光轴与第 1 个偏振片的偏振化方向夹角为 45°，若用波长为 600 nm 的光通过上述系统后呈现极大，晶片厚度至少需磨去多少？（方解石的 $n_o=1.658$，$n_e=1.486$。）

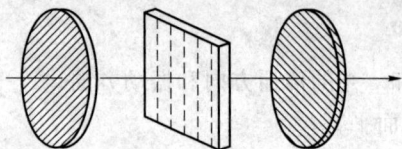
图 5-31　习题 5.46 用图

解：波长为 600 nm 的光通过第一个偏振片后为线偏振，偏振化方向与晶片光轴夹角为 45°；进入晶片分成 o 光和 e 光，它们都沿原方向传播，设晶片厚度为 d，两束相互垂直的偏振光在晶片后表面时的相位差为

$$\Delta\varphi_0 = \frac{2\pi}{\lambda}(n_o - n_e)d$$

两束偏振光通过第 2 个偏振片时又附加了相位 π，则有

$$\Delta\varphi = \frac{2\pi}{\lambda}(n_o - n_e)d + \pi$$

600 nm 的光通过上述系统后呈现极大，意指此两束偏振光干涉加强，有 $\Delta\varphi=2k\pi$。即

$$\Delta\varphi = \frac{2\pi}{\lambda}(n_o - n_e)d + \pi = 2k\pi$$

要求晶片厚度为

$$d = (2k-1)\frac{\lambda}{2(n_o - n_e)} = (2k-1)\times\frac{600\times10^{-3}}{2\times(1.658-1.486)}~\mu m = (2k-1)\times1.744~\mu m$$

所求 $10~\mu m$ 晶片厚度至少需磨去多少，应取 $k=3$，得要求晶片的厚度 $d=8.72~\mu m$。因此，至少需要磨去的晶片厚度为

$$\Delta = 10~\mu m - 8.72~\mu m = 1.28~\mu m$$

阶段练习题

一、选择题

1. 一弹簧振子，振动方程为 $x=0.2\cos\left(\pi t - \frac{\pi}{3}\right)$ m。若振子从 $t=0$ 时刻的位置到达 $x=-0.1$ m 处，且向 x 轴负方向运动，则所需的最短时间为（　　）。

　　A. $\frac{1}{3}$ s　　　　　B. $\frac{5}{3}$ s　　　　　C. $\frac{1}{2}$ s　　　　　D. 1 s

2. 一弹簧振子作简谐振动，当其偏离平衡位置的位移大小为振幅的 1/3 时，其动能为振动总能量的（　　）。

A. $\dfrac{1}{9}$　　　　　B. $\dfrac{5}{9}$　　　　　C. $\dfrac{2}{9}$　　　　　D. $\dfrac{8}{9}$

3. 图 5-32 中 3 条曲线分别表示简谐振动中的位移 x,速度 v 和加速度 a。下面说法中,正确的是(　　)。

　　A. 曲线 1,2,3 分别表示 x,v,a 曲线

　　B. 曲线 1,3,2 分别表示 x,v,a 曲线

　　C. 曲线 2,1,3 分别表示 x,v,a 曲线

　　D. 曲线 2,3,1 分别表示 x,v,a 曲线

4. 一个弹簧振子作简谐振动,已知此振子势能的最大值为 200 J。当振子处于最大位移的 1/2 处时其动能瞬时值为(　　)。

　　A. 50 J　　　　　B. 100 J　　　　　C. 150 J　　　　　D. 200 J

5. 简谐波在介质中传播的速度大小取决于(　　)。

　　A. 波源的能量　　　　　　　　　　B. 波源的频率

　　C. 介质的性质　　　　　　　　　　D. 波源的频率和介质的性质

6. 如图 5-33 所示,在坐标原点 O 处有一波源,它所激发的振动表达式为:$y_O = A\cos 2\pi\nu t$。该振动以平面波的形式沿 x 轴正方向传播,在距波源 d 处有一平面将波全反射回来(反射时无半波损失),则在坐标 x 处反射波的表达式为(　　)。

A. $y = A\cos 2\pi\left(\nu t + \dfrac{2d-x}{\lambda}\right)$　　　　　B. $y = A\cos 2\pi\left(\nu t - \dfrac{2d-x}{\lambda}\right)$

C. $y = A\cos 2\pi\left(\nu t + \dfrac{d-x}{\lambda}\right)$　　　　　D. $y = A\cos 2\pi\left(\nu t - \dfrac{d-x}{\lambda}\right)$

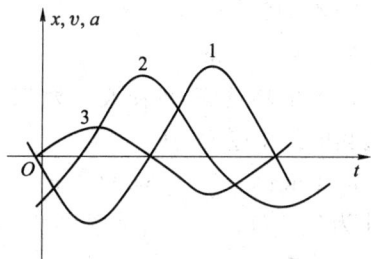

图 5-32　选择题 3 用图　　　　　　　　图 5-33　选择题 6 用图

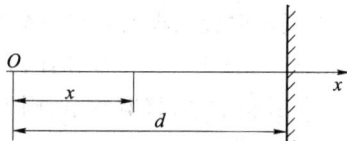

7. 已知一平面简谐波在 x 轴上传播,波速为 8 m/s。波源位于坐标原点 O 处,已知波源的振动方程为 $y_O = 2\cos 4\pi t$(SI)。那么,在坐标 $x_P = -1$ m 处 P 点的振动方程为(　　)。

A. $y_P = 2\cos\left(4\pi t - \dfrac{\pi}{2}\right)$　　　　　B. $y_P = 2\cos\left(4\pi t + \dfrac{\pi}{2}\right)$

C. $y_P = 2\cos 4\pi t$　　　　　D. $y_P = 2\cos(4\pi t - \pi)$

8. 一平面简谐波在弹性介质中传播,在介质质元从平衡位置运动到最大位移处的过程中,(　　)。

　　A. 它的势能转换成动能

　　B. 它的动能转换成势能

　　C. 它从相邻的一段质元获得能量,其能量逐渐增大

D. 它把自己的能量传给相邻的一段质元,其能量逐渐减小

9. 假设汽笛发出的声音频率由 500 Hz 增加到 1500 Hz,而波幅保持不变,则 1500 Hz 声波对 500 Hz 声波的强度比为(　　)。

A. 1:1 　　　　　B. 1:5 　　　　　C. 9:1 　　　　　D. 1:9

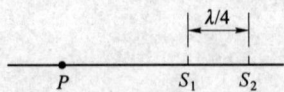
图 5-34　选择题 10 用图

10. 如图 5-34 所示,两相干波源 S_1 和 S_2 相距 $\lambda/4$(λ 为波源的波长),S_1 的相位比 S_2 的相位超前 $\dfrac{\pi}{2}$。在 S_1,S_2 的连线上,S_1 外侧各点(如 P 点)两波引起的两谐振动的相位差是(　　)。

A. 0 　　　　　B. π 　　　　　C. $\dfrac{\pi}{2}$ 　　　　　D. $\dfrac{3\pi}{2}$

11. 两光源发出的光波产生相干的必要条件是:两光源(　　)。

A. 频率相同,振幅相同,相位差恒定

B. 频率相同,振动方向相同,相位差恒定

C. 发出的光波传播方向相同,频率相同,相位差恒定

D. 发出的光波传播方向相同,振动方向相同,振幅相同

12. 由惠更斯-菲涅耳原理,已知光在某时刻的波阵面为 S,则 S 的前方某点 P 的光强决定于波阵面 S 上各点发出的子波传到 P 点的(　　)。

A. 振动振幅之和 　　　　　　　　B. 光强之和

C. 振动振幅之和的平方 　　　　　D. 振动的相干叠加

13. 一钠蒸气灯发出的光(波长为 589 nm)在距离双缝 1.0 m 远的屏上形成干涉图样。图样上明纹之间的距离为 0.35 cm,则双缝之间的距离为(　　)。

A. $1.68×10^{-5}$ m 　　　　　　　　B. $1.68×10^{-4}$ m

C. $1.68×10^{-3}$ m 　　　　　　　　D. $1.68×10^{-2}$ m

14. 在折射率 $n_3=1.50$ 的玻璃片上镀一层 $n_2=1.38$ 的增透膜,可使波长为 500 nm 的光由空气垂直入射玻璃表面时尽量减少反射,则增透膜的最小厚度为(　　)。

A. 125 nm 　　　　　B. 181 nm 　　　　　C. 78.1 nm 　　　　　D. 90.6 nm

15. 在单缝衍射中,缝宽越窄,则衍射条纹的变化为(　　)。

A. 越密集 　　　　　　　　　　B. 越稀疏

C. 条纹位置与缝宽无关 　　　　D. 中央明纹变窄,其他条纹不变

16. 在单缝夫琅禾费衍射实验中,波长为 λ 的单色平行光垂直入射在宽度为 $a=6\lambda$ 的单缝上对应于衍射角为 30°的方向,单缝处波阵面可分成半波带的数目为(　　)。

A. 2 　　　　　B. 4 　　　　　C. 6 　　　　　D. 8

17. 光学仪器最小分辨角 $\delta\theta$(　　)。

A. 与所用光波波长成正比与仪器孔径成反比

B. 与所用光波波长成反比与仪器孔径成正比

C. 与所用光波波长与仪器孔径均成正比

D. 与所用光波波长与仪器孔径无关

18. 一平面光栅每厘米有 2000 条狭缝,用波长为 590 nm 的黄光以 30°的入射角照到光栅上,能观察到的明纹最大级次为(　　)。

　　A. 3　　　　　　　　B. 6　　　　　　　　C. 9　　　　　　　　D. 12

19. 自然光由介质 1 射到两种介质的分界面上,介质 1 的折射率 $n_1=\sqrt{3}$,介质 2 的折射率 $n_2=1.0$,要使反射光是线偏振光,自然光的入射角为(　　)。

　　A. 30°　　　　　　　B. 45°　　　　　　　C. 60°　　　　　　　D. 75°

20. 3 个偏振片 P_1,P_2 与 P_3 堆叠在一起,P_1 与 P_3 的偏振化方向相互垂直,P_2 与 P_1 的偏振化方向间的夹角为 30°。强度为 I_0 的自然光垂直入射于偏振片 P_1,并依次透过偏振片 P_1,P_2 与 P_3,则通过 3 个偏振片后的光强为(　　)。

　　A. $I_0/4$　　　　　　B. $3I_0/8$　　　　　　C. $3I_0/32$　　　　　　D. $I_0/16$

二、填空题

1. 一弹簧振子沿 x 轴作简谐振动,振动方程为 $x=0.2\cos\left(4\pi t+\dfrac{\pi}{2}\right)$(SI)。振子振动的振幅为_____,周期为_____,初相位为_____,角频率为_____;当 $t=2$ s 时,振子振动速度为_____,加速度为_____。

2. 一质点作简谐振动,周期为 T,振幅为 A,计时开始时刻,若 $x_0=-\dfrac{A}{2}$,质点沿 x 轴正向运动,则初相位为_____;若 $x_0=\dfrac{\sqrt{2}}{2}A$,并向 x 轴负向运动,其振动表达式为_____。

3. 两个相同的轻质弹簧下各悬挂一物体,两物体的质量比为 1∶5,则二者作简谐振动的周期之比为_____。

4. 一平面简谐波在弹性媒质中传播,在某一瞬时,媒质中某质元正处于平衡位置,此时,其动能为_____,势能为_____。

5. 两个同方向简谐振动的方程分别为 $x_1=\cos\left(3t+\dfrac{\pi}{4}\right)$ cm 和 $x_2=\sqrt{3}\cos\left(3t+\dfrac{3\pi}{4}\right)$ cm,则它们的合振动方程为_____。

6. 一平面简谐波以波速 u 沿 x 轴正向传播,t 时刻波形曲线如图 5-35 所示。试分别指出图 5-35 中 A,B,C 各质元在该时刻的运动方向。A_____,B_____,C_____。

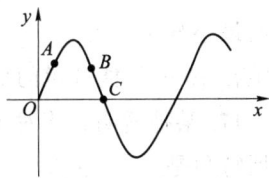

图 5-35　填空题 6 用图

7. 一平面简谐波的波动表达式为 $y=2.0\cos\left(4\pi t+\dfrac{3}{4}\pi x\right)$(SI),该波的振幅为_____,角频率为_____,周期为_____,波长为_____,波速为_____,该波的传播方向是_____。

8. 一个平面简谐波的表达式可以表示为 $y=A\cos\left(t-\dfrac{x}{u}\right)=A\cos\left(\omega t-\dfrac{\omega x}{u}\right)$,其中 $\dfrac{x}{u}$ 表示_____,$\dfrac{\omega x}{u}$ 表示_____,y 表示_____。

9. 在同一介质中,两频率相同的平面简谐波的强度之比 $\dfrac{I_1}{I_2}=9$,可知这两波的振幅之比 $\dfrac{A_1}{A_2}=$_____。

10. 用波长为 λ 的单色光进行杨氏双缝干涉实验时,若把实验装置放在水中(水的折射率 $n=1.33$)观测到干涉条纹相邻明纹的间距为 1.00 mm,若把实验装置放在空气中,则观察到的相邻明纹的间距变为_____。

11. 波长为 λ 的单色光垂直照射在由两块平玻璃板构成的空气劈尖上,测得相邻明纹的间距为 l,若将劈尖角增大至原来的 2 倍,相邻明纹的间距变为_____。

12. 在牛顿环实验中,设平凸透镜的曲率半径 $R=1.0$ m,折射率为 1.51,平板材料的折射率为 1.72,其间充满折射率为 1.60 的透明液体,垂直投射的单色光波长 $\lambda=600$ nm,则最小暗纹的半径 $r_1=$_____。

13. 光强均为 I 的两束相干光在某区域内叠加,则可能出现的最大光强为_____。

14. 在杨氏双缝干涉实验中,若单色光线光源 S 到两缝 S_1,S_2 距离相等,则观察屏上中央明纹条纹位于图 5-36 中 O 处。现将线光源 S 向上移动到 S' 位置,如图 5-36 所示,则中央明纹_____,条纹间距_____。

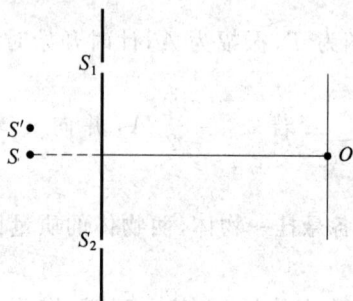

图 5-36　填空题 14 用图

15. 在迈克耳孙干涉仪的可调反射镜平移了 0.063 mm 的过程中,观察到 200 条明纹移动,所用单色光的波长为_____。

16. 在通常照度下,人眼的瞳孔直径约为 3 mm,视觉最敏感的光波波长为 550 nm,则人眼的最小分辨角为_____;人眼在明视距离(大约 25 cm)能分辨的最小距离为_____;人眼在 10 m 处能分辨的最小距离为_____。

17. 某种透明介质对于空气的临界角(指全反射)等于 45°,光从空气射向此介质时的布儒斯特角是_____。

18. 若波长为 625.0 nm 的单色光,垂直入射到一个每毫米有 800 条刻痕的光栅上时,则第 1 级谱线的衍射角为_____。

19. 一束自然光和线偏振光组成的混合光,垂直通过一偏振片,以此入射光束为轴旋转偏振片,测得投射光强度的最大值是最小值的 5 倍,则入射光束中自然光与线偏光的强度之比为_____。

20. 如果要使一束线偏振光通过偏振片之后振动方向转过 90°,则至少需要让这束线偏振光通过_____块理想的偏振片。在此情况下,透射光强最大是原来光强的_____倍。

阶段练习题参考答案

一、选择题

1. D;	2. D;	3. A;	4. C;	5. C;
6. B;	7. A;	8. D;	9. C;	10. B;
11. B;	12. D;	13. B;	14. D;	15. B;
16. C;	17. A;	18. D;	19. D;	20. C

二、填空题

1. 0.2 m,0.5 s,$\pi/2$,4π,-2.5 m/s,0 m/s

2. $4\pi/3$,$x = A\cos[(2\pi/T)t + \pi/4]$

3. $1 : \sqrt{5}$

4. 最大,最大

5. $x = 2\cos\left(3t + \dfrac{7}{12}\pi\right)$ (cm)

6. 向下,向上,向上

7. 2.0 m,4π,0.5 s,2.67 m,5.34 m/s,沿 x 轴负向传播

8. 波从坐标原点传至 x 处所需时间,x 处质元比原点处质元滞后的振动位相,t 时刻 x 处质元振动位移

9. 3

10. 1.33 mm

11. $l/2$

12. 0.43 mm

13. $4I$

14. 向下移动,不变

15. 630 nm

16. 2.2×10^{-4} rad,5.5×10^{-5} m,2.2×10^{-3} m

17. $54.7°$

18. $30°$

19. $1/2$

20. 两,$1/4$

第 6 章　量子物理基础

思考题参考解答

6.1　霓虹灯发的光是热辐射吗？熔炉中的铁水发的光是热辐射吗？

答：霓虹灯发的光不是热辐射,熔炉中的铁水发的光是热辐射。热辐射是指与温度有关的电磁辐射,是指任何物质在任何温度下都向外辐射各种波长的电磁波,并且辐射的电磁波的能量按波长的分布与温度有关。

霓虹灯是高能电子撞击灯管中低密度的惰性气体分子(原子)使其被激发(或者是通过灯管壁的荧光物质的光致其发光)而辐射各种颜色的可见光,其发光颜色与管内所用气体和荧光物质有关,而本身温度并不高,故霓虹灯发的光不是热辐射。熔炉中的铁水发光,是由于温度表征的热运动激发铁原子发光,使热能转化成辐射光能,因此铁水的亮度和颜色都随温度变化而连续变化,通过发光的颜色可以判断铁水表面的温度,这正是热辐射的特点,所以熔炉中的铁水发的光是热辐射。

6.2　对于绝对黑体,下面说法正确的是(　　)。

A. 绝对黑体是不辐射可见光的物体,所以它在任何温度下都是黑色

B. 绝对黑体是没有任何辐射的物体,所以观测不到它而被称为绝对黑体

C. 绝对黑体是可以反射可见光的物体,所以它不一定是黑色

D. 绝对黑体是辐射可见光的物体,所以它在不同温度下呈现不同颜色

答：D。如果一个热辐射物体在任何温度下都能把照射到其表面上的各种波长的电磁波完全吸收,这样的物体称为绝对黑体,故 C 错。由于温度的存在,黑体自身是不断对外进行着包括可见光在内各种波长的电磁辐射,故 A 和 B 错。而且,黑体热辐射中同一温度下各种波长的可见光的单色辐射出射度不同,不同温度下,它们各自在热辐射能量中所占比例也不同,使黑体在不同温度下会呈现不同颜色,所以选 D。

6.3　在光电效应实验中,分别将入射光强度增加一倍和入射光频率增加一倍,各对实验结果有什么影响？

答：(1)光强与光子数成正比,入射光强增加一倍说明入射光子数增加一倍。由光电效应方程 $h\nu = mv_{\mathrm{m}}^2/2 + A$,能产生光电效应的光子数也增加一倍,受光照射的金属释放出的光电子数也增加一倍,即饱和光电流的值增加一倍。

(2)光强度不变入射光频率增加一倍时,能产生光电效应的光子数不变,逸出功 A 一定,但入射光子能量增加一倍,由 $h\nu = mv_{\mathrm{m}}^2/2 + A$,光电子的最大动能增加 $h\nu$。由于 $mv_{\mathrm{m}}^2/2 = eU_{\mathrm{c}}$,即 $h\Delta\nu = e\Delta U_{\mathrm{c}}$,截止电压增加 $\Delta U_{\mathrm{c}} = h\Delta\nu/e = h\nu/e$。

6.4　用一定波长的光照射金属表面产生光电效应时,为什么逸出金属表面的光电子的速度大小不同？

答：光电效应过程中能量守恒有$(1/2)mv^2 = h\nu - W$，其中 W 电子逸出金属时克服阻力所做的功。一定波长的光照射金属表面，$h\nu$ 一定，但电子逸出前在金属中所处状况各有不同，如它们在金属内部的深度不同，被原子束缚的状况不同，不同的表面处逸出等，都会使它们逸出时克服阻力所做的功 W 不同。吸收同样光子能量，它们克服阻力做功越大者其初动能 $(1/2)mv^2$ 就会越小，其速度就小，因此导致了光电子的速度大小不同的实验现象。但每种金属在一定波长的光照射下，对光电子的初动能有一定的限制，也就是光电子的初速有一最大值 v_m，与此对应的金属逸出功（此时用 A 表示）就表明了金属的这样一种特性。所以，光电子速度的可能范围是 $0 \rightarrow v_m$，用光电子的最大初动能和 A 表征的光电效应的能量守恒式为 $\dfrac{1}{2}mv_m^2 = h\nu - A$，这就是光电效应方程。

6.5　在康普顿散射中，如果设反冲电子的速度为光速的 60%，则因散射使电子获得的能量是其静止能量的（　　）。

　A. 2 倍　　　　　　　　B. 1.5 倍　　　　　　　　C. 0.5 倍　　　　　　　　D. 0.25 倍

答：D。电子静止时的能量为 $m_0 c^2$，因为散射使电子获得的能量为

$$E_k = mc^2 - m_0 c^2 = \frac{m_0}{\sqrt{1 - 0.6^2}}c^2 - m_0 c^2 = 0.25 m_0 c^2$$

所以，因散射使电子获得的能量是静止能量的 0.25 倍。

6.6　为什么对光电效应只考虑光子的能量转化，而对康普顿效应则还要考虑光子的动量转化？

答：光电效应与康普顿效应都是光子与电子的相互作用，都必须同时满足能量守恒定律和动量守恒定律。

在康普顿效应中，入射光子是和散射物中与原子联系较弱的电子的碰撞作用。由于入射光的波长一般是很短的，入射光子的能量大大超过电子的束缚能，参加作用的电子可以看作自由电子，所以对于相互作用的入射光子和自由电子可以看作孤立系统，孤立系统的内部变化就一定要同时考虑动量和能量守恒才能解释实验现象。

在光电效应中，入射光子与电子的相互作用纯是一个电子吸收光子的过程。这个电子是被束缚在原子或金属内的束缚电子，不是自由电子。当束缚电子吸收光子的同时也把一部分动量传递给了原子或金属，即光子的动量转化为电子和束缚着电子的物体的动量，动量守恒定律自然满足。解释光电效应现象只涉及出射光电子的动能，没有方向问题，所以对于电子吸收光子的过程中的电子和入射光子系统，只考虑光子的能量转化，使之满足能量守恒定律就可以了。

在光电效应和康普顿效应中，光子都是作为个体参与的作用，都表明了光的粒子性。入射光子能量较低时以光电效应为主，中等能量的光子产生康普顿效应概率较大。康普顿效应中同时考虑动量守恒和能量守恒，说明波粒二象性的光子能量越高，其粒子性越明显。

6.7　若一个电子和一个质子具有同样的动能，哪个粒子的德布罗意波长较大？

答：非相对论下 $E_k = \dfrac{p^2}{2m}$，具有同样动能 E_k 的电子和质子的动量分别为 $p_e = \sqrt{2m_e E_k}$ 和 $p_p = \sqrt{2m_p E_k}$。由德布罗意关系式 $\lambda = \dfrac{h}{p}$，它们的德布罗意波长分别为

$$\lambda_e = \frac{h}{\sqrt{2m_e E_k}}; \quad \lambda_p = \frac{h}{\sqrt{2m_p E_k}}$$

因为 $m_p > m_e$，所以 $\lambda_p < \lambda_e$，即电子的德布罗意波长较大。

6.8 如果两种不同质量的粒子，其德布罗意波长相同，则这两种粒子的(　　)。

A. 动量相同　　　　B. 能量相同　　　　C. 速度相同　　　　D. 动能相同

答：A。根据德布罗意关系式 $\lambda = h_1/p$，德布罗意波长相同，则动量相同。

6.9 将粒子波函数在空间的概率幅同时增大 D 倍，粒子在空间的概率分的变化(　　)。

A. 增大 D^2 倍　　　B. 增大 $2D$ 倍　　　C. 增大 D 倍　　　D. 不变

答：D。若使概率幅增加 D 倍，$|D\psi|^2$ 所表示空间各处的相对概率分布与 $|\psi|^2$ 相比是一样的，即 ψ 和 $D\psi$ 所描述的是同一个概率波，是粒子的同一个运动状态。

6.10 为什么说原子内电子的运动状态用轨道来描述是错误的？

答：量子力学中对电子绕核运动的图像描述是电子坐标的概率密度分布(电子云)。只能说电子在空间某处小体积内出现的概率多大，而没有经典的位移随时间变化的"轨道"概念。

6.11 根据不确定关系，一个分子在 0 K 时能完全静止吗？

答：不能。如果温度 $T = 0$ K 时一个分子完全静止，那么它的动量为零且具有完全确定的位置，即同时会有 $\Delta x = 0$ 和 $\Delta p_x = 0$。但不确定关系 $\Delta x \Delta p_x \geq \hbar/2$ 给出粒子的动量和坐标不能够同时具有完全确定的值，当 $\Delta p_x \to 0$ 时，其位置 $\Delta x \to \infty$，这说明上面假设违背了不确定关系，即分子在 0 K 时也不会完全静止。

6.12 设粒子运动的波函数图线分别如图 6-1 中 A，B，C，D 所示，那么其中确定粒子动量的精确度最高的波函数是哪个图？

答：A。因为 A 的位置不确定性最大，由 $\Delta x \Delta p_x = h$ 判断，其 Δp_x 最小，动量的精确度最高。

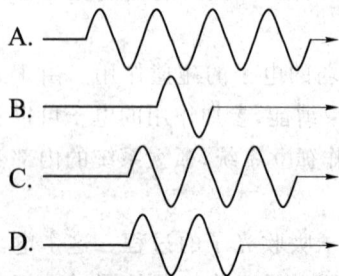

图 6-1　思考题 6.12 用图

6.13 关于不确定关系 $\Delta p_x \Delta x \geq \hbar (\hbar = h/2\pi)$，有以下几种理解：(1)粒子的动量不可能确定；(2)粒子的坐标不可能确定；(3)粒子的动量和坐标不可能同时准确确定；(4)不确定关系不仅适用于电子和光子，也适用于其他粒子。对于这些说法，下列结论中，正确的是(　　)。

A. 只有(1)、(2)是正确的　　　　　　　B. 只有(2)、(4)是正确的

C. 只有(3)、(4)是正确的　　　　　　　D. 只有(1)、(4)是正确的

答：C。海森伯不确定关系 $\Delta p_x \Delta x \geq \hbar (\hbar = h/2\pi)$ 适用于所有粒子，说的是粒子的 p_x 动量和坐标 x 不能够同时准确确定。对于(1)、(2)，当粒子位置不确定量 Δx 很大时，可以说粒子的动量具有某一确定的值，当动量不确定量 Δp_x 很大时，可以说粒子的坐标具有某一确定的值，故(1)、(2)的说法欠妥。

6.14 薛定谔方程是通过严格的推理过程导出的吗？

答：不是。作为量子力学的一个基本方程，是不能由别的基本原理推导出来的。它是根据少量的事实，半猜半推理的思维方式"凑"出来的。这种创造性的思维方式会产生全新的概念和理论，像普朗克的量子概念、爱因斯坦的相对论、德布罗意的物质波大致都是这样

的。它的正确性是靠它的预言和大量事实或实验结果的相符来证明的。

6.15 对于无限深势阱中的粒子(包括谐振子)处于激发态时的能量都是完全确定的,即没有不确定量。这意味着粒子处于这些激发态的寿命将为多长?它们自己能从一个态跃迁到另一态吗?

答:由不确定关系 $\Delta E \Delta t \geqslant \hbar/2,\Delta E=0,\Delta t \to \infty$,即粒子处于这些激发态的寿命是无限长,处于定态。如果没有外界扰动,它们自己不能从一个态跃迁到另一个态。

6.16 一矩形势垒如图 6-2 所示,U_0 和 d 都不很大。能量 $E<U_0$ 的微观粒子中,从 I 区向右运动的那些粒子( )。

A. 有一定的概率穿透势垒 II 进入 III 区,但粒子能量有所减少

B. 都将受到 $x=0$ 处势垒壁的反射,不能进入 II 区

C. 都不可能穿透势垒 II 进入 III 区

D. 有一定的概率穿透势垒 II 进入 III 区,且粒子能量不变

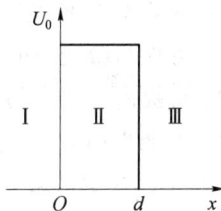

图 6-2 思考题 6.16 用图

答:D。根据隧道效应,当势垒的能量 U_0 和势垒的宽度 d 都不很大的情况下,能量 $E<U_0$ 的微观粒子中会有少量的粒子穿过势垒从 II 进入 III 区,且粒子能量不变。因为粒子能量为 $h\nu$,如果能量变化就等于不是此种粒子了。

6.17 普朗克常量 $h=6.63\times10^{-34}$ J·s,如果 h 为 6.63 J·s,弹簧振子将会表现出什么奇特的行为?

答:如果普朗克常量大到 10^{34} 倍,宏观世界的弹簧振子的量子效应将非常明显。没有一个弹簧振子是静止的,它们都以很大的能量在作明显的振动,因为零点能扩大到 10^{34} 倍。并且谐振子振动状态的改变将是非常明显跳跃式的,因为相邻能级间距也扩大到 10^{34} 倍,很大的能级间距使得很难改变它们最小能量的运动状态。

6.18 直接证实了电子自旋存在的最早的实验之一是( )。

A. 康普顿实验

B. 卢瑟福实验

C. 戴维孙-革末实验

D. 施特恩-格拉赫实验

答:D。康普顿实验证实了光量子假说的正确性。卢瑟福实验证实了原子的有核模型。戴维孙-革末实验证实了实物粒子的波动性。施特恩-格拉赫实验最早发现了氢元素中电子的自旋。

6.19 根据量子力学理论,氢原子中电子的动量矩在外磁场方向上的投影为 $L_z=m_l\hbar$,当角量子数 $l=2$ 时,L_z 的可能取值为_____。

答:0、$\pm\hbar$、$\pm2\hbar$。m 的取值为:$m=0,\pm1,\pm2,\cdots,\pm l$。

6.20 下列各组量子数中,可以描述原子中电子的状态的一组是( )。

A. $n=2,l=2,m_l=0,m_s=1/2$

B. $n=3,l=1,m_l=-1,m_s=-1/2$

C. $n=1,l=2,m_l=1,m_s=1/2$

D. $n=1,l=0,m_l=1,m_s=-1/2$

答:B。因为 $l=0,1,2,\cdots,n-1$,而 A,C 中 $l\geqslant n$,故错。因为 $m_l=0,\pm1,\pm2,\cdots,\pm l$,而 D 中 $m_l>l$,故错。

6.21 锂($Z=3$)原子中含有 3 个电子,电子的量子态可用 (n,l,m_l,m_s)4 个量子数来

描述,若已知基态锂原子中一个电子的量子态为(1,0,0,1/2),则其余两个电子的量子态分别为＿＿＿＿和＿＿＿＿。

答:$(1,0,0,-1/2)$ $(2,0,0,1/2)$。

6.22 氦-氖激光器的激光是以＿＿＿＿＿＿＿辐射方式产生的,产生的必要条件是＿＿＿＿＿＿,激光的 3 个主要特征是＿＿＿＿＿＿。

答:受激辐射;粒子数布居反转;高单色性、高方向性、高强度性。

6.23 在氦-氖激光器中,利用光学谐振腔(　　)。

A. 可提高激光束的方向性,而不能提高激光束的单色性

B. 可提高激光束的单色性,而不能提高激光束的方向性

C. 可提高激光束的方向性,同时能提高激光束的单色性

D. 不能提高激光束的方向性,也不能提高激光束的单色性

答:C。光学谐振腔的作用是使输出的激光具有良好的方向性、高的强度,以及非常好的单色性。

6.24 什么是能带、禁带、价带、导带?

答:对于 N 个相同的孤立原子而言,各原子具有完全的电子能级分布。当它们相互靠近形成晶体而发生电子共有化时,原子的同一个能级不再具有完全相同的能量,形成 N 个彼此能量略有差别的 N 个能级。即孤立原子的一个能级在形成晶体后分裂为 N 个彼此非常靠近的新能级,这 N 个几乎连成一片的新能级称为一个能带。

两个相邻能带之间不存在能级的区域叫作禁带。如果两个相邻能带互相重叠,它们之间就不存在禁带。

由价电子能级分裂形成的晶体能带中,有电子存在的最上面的能带叫作价带。它可能被电子填满成为满带(半导体或绝缘体晶体能带结构),也可能未被填满成为未满带(导体能带结构)。

晶体能带中,起导电作用的能带称为导带。导体能带结构中未被电子填满的能带,半导体或绝缘体晶体能带结构中价带上面相邻的没有电子填充而空着的能带(称为空带)也称为导带。

6.25 导体、绝缘体和半导体的能带结构有何不同?

答:导体:价带未填满,或者是导带与相邻空带有交叠,或者是满带与空带有交叠,如图 6-3(a)所示。

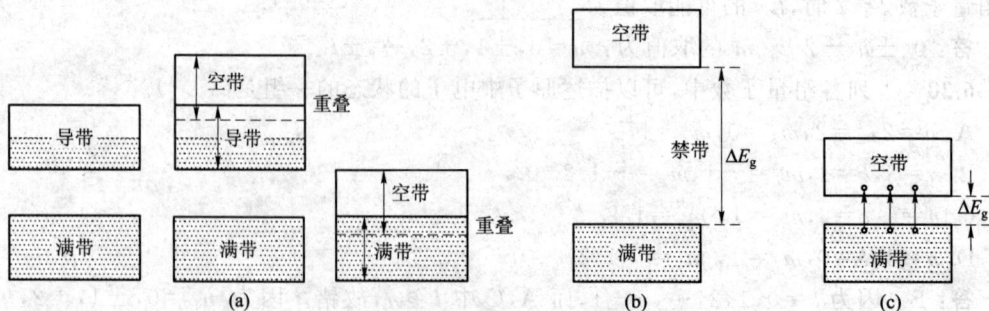

图 6-3　思考题 6.25 用图
(a) 导体能带；(b) 绝缘体能带；(c) 半导体能带

绝缘体:价带是满带,且与上面相邻的空带(导带)之间的禁带宽度很大,满带中的电子难以跃迁到空带中去,如图 6-3(b)所示。

半导体:价带是满带,且与上面相邻的空带(导带)之间的禁带宽度较小,用不太大的能量就可以把满带中的电子激发到空带中去,使价带和导带均成为未满带,而具有一定的导电性,如图 6-3(c)所示。

6.26 硅晶体掺入硼原子后变成什么型的半导体?这种半导体是电子多了,还是空穴多了?这种半导体是带正电、带负电,还是不带电?

答:硅晶体掺入硼原子后变成 P 型半导体。由于杂质原子只有 3 个价电子,取代硅原子后与硅原子的 4 个价电子形成共价键时缺了一个电子,产生了一个空穴,如图 6-4 所示。这种杂质中电子的能级原来位于价带顶上方很近处,价带中的电子很容易跃入杂质能级而在价带产生大量空

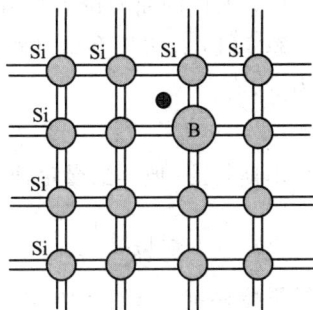

图 6-4　思考题 6.26 用图

穴,所以硅晶体掺入硼原子后空穴数增加了。但进入杂质能级的电子,由于禁带宽度较大又很难进入导带,导带中电子数基本不变,所以这种掺杂半导体的自由电子数基本没有增加。由于电荷守恒,硅晶体不会因为硼杂质的掺杂而带上正电荷,只是掺杂使得硅晶体导电能力增强,且起导电作用的空穴是多子,电子是少子。

6.27 下列说法中,正确的是( )。

A. 本征半导体是电子与空穴两种载流子同时参与导电,而杂质半导体只有一种载流子(电子或空穴)参与导电

B. 杂质半导体中,电子与空穴两种载流子的整体对半导体的导电性能有相同的贡献

C. N 型杂质半导体中载流子电子对导电性能的贡献大,是由于载流子电子数比载流子空穴数多

D. 一个载流子电子比一个空穴载流子对半导体导电性能的贡献大,所以同样载流子浓度的 N 型半导体比 P 型半导体导电性能好

答:C。本征半导体是成对出现的电子与空穴两种载流子同时参与导电,有相对较高载流子浓度的杂质半导体也是电子与空穴两种载流子参与导电,所以 A 错。N 型半导体的多数载流子为电子,P 型半导体的多数载流子为空穴,由于两种载流子对导电性能的贡献是一样的,因此 N 型半导体中电子对导电性贡献较大,而 P 型半导体中空穴对导电性起主要作用,故 B、D 不正确。

6.28 本征半导体、单一的杂质半导体都和 PN 结一样都具有单向导电性吗?

答:不是。只有 PN 结具有单向导电性,是半导体各种应用的基础结构。本征半导体、单一的杂质半导体都不具有单向导电性。

习题参考解答

6.1 假设一个温度为 T 的物体,其表面积是 A,它所辐射的能量只是同样温度、同样表面积黑体所辐射能量的一部分,即存在一个小于 1 的辐射系数 ε。已知星球的辐射系数接近于 1,人体的辐射系数约为 0.85。

(1) 在地球表面,太阳光的强度为 1.4×10^3 W/m², 地球与太阳的距离约为 1.5×10^{11} m, 太阳可看作半径为 7.0×10^8 m 的球体, 试计算太阳表面的温度及它的辐射出射度最大的光的波长。

(2) 人体的面积按 1.40 m² 计算, 人体温度为 37℃, 每秒钟向室内辐射多少能量?

解: (1) 设太阳和地球距离为 r, 地球表面太阳光强为 I, 太阳辐射出射度为 M, 太阳半径为 R, 有

$$4\pi r^2 I = 4\pi R^2 M$$

由斯特潘-玻耳兹曼定律 $M = \sigma T^4$, 太阳表面的温度约为

$$T = \left(\frac{r^2 I}{R^2 \cdot \sigma}\right)^{1/4} = \left[\frac{(1.5 \times 10^{11})^2 \times 1.4 \times 10^3}{(7.0 \times 10^8)^2 \times 5.67 \times 10^{-8}}\right]^{1/4} \text{K} = 5.8 \times 10^3 \text{ K}$$

由维恩位移定律 $\lambda_m T = b$, 辐射出射度最大的光的波长为

$$\lambda_m = \frac{b}{T} = \frac{2.897 \times 10^{-3}}{5.8 \times 10^{-3}} \mu m = 0.5 \mu m$$

(2) 人体不能看作绝对黑体, 有一辐射系数 $M(T_1) = \varepsilon \sigma T_1^4$, T_1 为人体温度, 表面积为 A 的人体每秒钟向室内辐射能量 $A\varepsilon\sigma T_1^4$。有

$$\Delta M = A\varepsilon\sigma T_1^4 = 1.40 \times 0.85 \times 5.67 \times 10^{-8} \times 310^4 \text{ J} = 6.2 \times 10^2 \text{ J}$$

6.2 夜间地面降温主要是由于地面的热辐射, 如果晴天夜里地面温度是 -5℃, 按黑体辐射计算, 1 m² 地面失去热量的速率是多少?

解: 根据斯特潘-玻耳兹曼定律 $M = \sigma T^4$, 地面的辐射出射度为

$$M = \sigma T^4 = 5.67 \times 10^{-8} \times 268^4 \text{ W/m}^2 = 292 \text{ W/m}^2$$

所以, 1 m² 地面失去热量的速率为 292 J/s。

6.3 地球表面太阳光的强度是 1.0×10^3 W/m²。一太阳能水箱的漆黑面直对阳光, 按黑体辐射计, 热平衡水箱内的水温可达多少摄氏度? 设忽略水箱其他面的热辐射。

解: 设水箱的漆黑面面积为 A, 太阳光的强度为 I。作为黑体水箱单位时间内吸收太阳电磁能 AI, 向外辐射电磁能 $AM = A\sigma T^4$, 热平衡时应有 $AI = A\sigma T^4$, 故水温 T 为

$$T = \left(\frac{I}{\sigma}\right)^{1/4} = \left(\frac{1.0 \times 10^3}{5.67 \times 10^{-8}}\right)^{1/4} \text{K} = 364 \text{ K} = 91 \text{ ℃}$$

6.4 铂的逸出功为 8 eV, 用 300 nm 的紫外光照射, 它能否产生光电效应?

解: 由光电效应方程 $\frac{1}{2}mv_m^2 = h\nu - A$, $\frac{1}{2}mv_m^2 = 0$ 时铂的红限波长为

$$\lambda_0 = \frac{c}{\nu_0} = \frac{hc}{A} = \frac{6.63 \times 10^{-34} \times 3 \times 10^8}{8 \times 1.6 \times 10^{-19}} \text{nm} = 155 \text{ nm}$$

故用 300 nm 的紫外光照射, 它不能产生光电效应。

6.5 已知铯的逸出功为 1.8 eV, 今用某波长的光使其产生光电效应, 如光电子的最大动能为 2.1 eV, 求:

(1) 入射光的波长;

(2) 铯的红限频率。

解: (1) 由光电效应方程 $h\nu = \frac{hc}{\lambda} = \frac{1}{2}mv_m^2 + A$, 可知入射光的波长为

$$\lambda = \frac{hc}{mv_{\mathrm{m}}^2/2 + A} = \frac{6.63 \times 10^{-34} \times 3 \times 10^8}{(1.8 + 2.1) \times 1.6 \times 10^{-19}} \text{ nm} = 318 \text{ nm}$$

（2）铯的红限频率为

$$\nu_0 = \frac{A}{h} = \frac{1.8 \times 1.6 \times 10^{-19}}{6.63 \times 10^{-34}} \text{ Hz} = 4.34 \times 10^{14} \text{ Hz}$$

6.6　波长为 $\lambda = 0.0708$ nm 的 X 射线被石蜡中电子散射,求与入射光方向成 90°观察散射线的波长偏移是多少?

解：由康普顿散射公式,与入射光方向成 90°的散射线的波长偏移为

$$\Delta\lambda = \lambda - \lambda_0 = \frac{h}{m_0 c}(1 - \cos\phi) = \lambda_{\mathrm{C}} = 2.43 \times 10^{-3} \text{ nm}$$

6.7　用波长 $\lambda_0 = 0.1$ nm 的光子做康普顿实验。已知普朗克常量 $h = 6.63 \times 10^{-34}$ J·s, 电子静止质量 $m_{\mathrm{e}} = 9.11 \times 10^{-31}$ kg。

（1）散射角 $\varphi = 90°$ 的康普顿散射波长是多少?

（2）反冲电子获得的动能有多大?

解：（1）散射角 $\varphi = 90°$ 的康普顿散射波长为

$$\lambda = \lambda_0 + \frac{h}{m_{\mathrm{e}} c}(1 - \cos\phi) = \lambda_0 + \lambda_{\mathrm{C}}$$

$$= 1 \times 10^{-10} \text{ m} + 2.43 \times 10^{-12} \text{ m} = 1.024 \times 10^{-10} \text{ m}$$

$$= 0.1024 \text{ nm}$$

（2）能量守恒,反冲电子获得的动能为

$$E_{\mathrm{k}} = mc^2 - m_0 c^2 = h\nu_0 - h\nu = hc\left(\frac{1}{\lambda_0} - \frac{1}{\lambda}\right)$$

$$= 6.63 \times 10^{-34} \times 3 \times 10^8 \times \left(\frac{1}{1 \times 10^{-10}} - \frac{1}{1.024 \times 10^{-10}}\right) \text{ eV}$$

$$= 291 \text{ eV}$$

6.8　银河系间宇宙空间内星光的能量密度为 10^{-15} J/m^3,相应的光子数密度多大? 假定光子平均波长为 500 nm。

解：相应的光子数密度为

$$n = \frac{E}{h\nu} = \frac{E\lambda}{hc} = \frac{10^{-15} \times 5000 \times 10^{-10}}{6.63 \times 10^{-34} \times 3 \times 10^8} \text{ 个 /m}^3 = 2.51 \times 10^3 \text{ 个 /m}^3$$

6.9　求氢原子光谱莱曼系的最小波长和最大波长。

解：氢原子从高能态 $E_\infty = 0$ 跃迁到基态 $E_1 = -13.6$ eV 时有莱曼系的最小波长,为

$$\lambda_{\min} = \frac{hc}{E_\infty - E_1} = \frac{6.63 \times 10^{-34} \times 3 \times 10^8}{0 - (-13.6 \times 1.6 \times 10^{-19})} \text{ nm} = 91.4 \text{ nm}$$

氢原子从 $E_2 = E_1/n^2 = E_1/4$ 跃迁到基态 $E_1 = -13.6$ eV 时有莱曼系的最大波长,为

$$\lambda_{\max} = \frac{hc}{E_2 - E_1} = \frac{6.63 \times 10^{-34} \times 3 \times 10^8}{(1/4 - 1) \times (-13.6 \times 1.6 \times 10^{-19})} \text{ nm} = 122 \text{ nm}$$

6.10　具有下列能量的光子,能被处在 $n = 2$ 的能级的氢原子吸收的是(　　)。

A. 1.5 eV　　　　　　B. 1.89 eV　　　　　　C. 2.16 eV　　　　　　D. 2.40 eV

解：B。1.89 eV 光子能量正好是 $n = 3$ 与 $n = 2$ 氢原子的能级差,即

$$\Delta E_{23} = E_3 - E_2 = E_1/9 - E_1/4 = -1.51 \text{ eV} - (-3.40) \text{ eV} = 1.89 \text{ eV}$$

它正是处在 $n=2$ 能级的氢原子跃迁到第二激发态所要求的能量。

6.11 电子和光子各具有波长 0.2 nm，它们的动量和总能量各是多少？

解：由德布罗意关系式，电子和光子的动量都为

$$p = \frac{h}{\lambda} = \frac{6.63 \times 10^{-34}}{2 \times 10^{-10}} \text{ kg} \cdot \text{m/s} = 3.32 \times 10^{-24} \text{ kg} \cdot \text{m/s}$$

光子的总能量为

$$E = h\nu = \frac{hc}{\lambda} = \frac{6.63 \times 10^{-34} \times 3 \times 10^8}{2 \times 10^{-10} \times 1.6 \times 10^{-19}} \text{ eV} = 6.22 \times 10^3 \text{ eV}$$

考虑相对论效应，电子的总能量为

$$E = \sqrt{(pc)^2 + (m_0 c^2)^2} \approx m_0 c^2 = \frac{9.11 \times 10^{-31} \times 9 \times 10^{16}}{1.60 \times 10^{-19}} \text{ eV} = 5.12 \times 10^5 \text{ eV}$$

6.12 电子显微镜中的电子从静止开始通过电势差为 U 的静电场加速后，其德布罗意波长是 0.04 nm，求 U 约为多少？

解：非相对论下电子加速后得到的动能为 $E_k = eU = \dfrac{p^2}{2m}$，而德布罗意波关系式给出 $p = h/\lambda$，因此有

$$U = \frac{p^2}{2em} = \frac{(h/\lambda)^2}{2em} = \frac{(6.63/0.04)^2 \times 10^{-50}}{2 \times 1.60 \times 10^{-19} \times 9.1 \times 10^{-31}} \text{ V} = 943 \text{ V}$$

6.13 试根据不确定关系求出限定在 1 nm 范围内的一个电子速度的不确定量是多少？

解：电子位置的不确定量为 $\Delta x = 1$ nm。由不确定关系 $\Delta p_x \Delta x \geqslant \hbar/2$ 估计，电子动量的不确定量 $\Delta p_x = m \Delta \nu_x = \hbar/(2\Delta x)$，所以电子速度的不确定值为

$$\Delta \nu_x = \frac{\hbar}{2m\Delta x} = \frac{1.05 \times 10^{-34}}{2 \times 9.1 \times 10^{-31} \times 10^{-9}} \text{ m/s} = 5.8 \times 10^4 \text{ m/s}$$

6.14 电视机显像管中的电子束直径为 0.1×10^{-3} m，则电子横向速度的不确定量为多少？

解：电子束直径大小即为电子横向位置不确定量，有 $\Delta x = 0.1 \times 10^{-3}$ m。由不确定关系 $\Delta p_x \Delta x \geqslant \hbar/2$ 估计，电子动量的不确定量 $\Delta p_x = m \Delta \nu_x = \hbar/(2\Delta x)$，所以电子横速度的不确定值为

$$\Delta \nu_x = \frac{\hbar}{2m\Delta x} = \frac{1.05 \times 10^{-34}}{2 \times 9.1 \times 10^{-31} \times 0.1 \times 10^{-3}} \text{ m/s} = 0.58 \text{ m/s}$$

6.15 请写出动量为 p，能量为 E、沿 x 轴方向运动的自由粒子的薛定谔方程。

解：x 向非相对论一维薛定谔方程为

$$-\frac{\hbar^2 E}{2m} \frac{\partial^2 \psi(x,t)}{\partial x^2} + U(X)\psi(x,t) = i\hbar \frac{\partial \psi(x,t)}{\partial t}$$

自由粒子的 $U(x) = 0, E = p^2/(2m)$，故自由粒子一维薛定谔方程为

$$-\frac{\hbar^2 E}{p^2} \frac{\partial^2 \psi(x,t)}{\partial x^2} = i\hbar \frac{\partial \psi(x,t)}{\partial t}$$

6.16 一粒子在一维无限深势阱（$-a \leqslant x \leqslant +a$）中运动，其波函数为

$$\psi(x) = \frac{1}{\sqrt{a}} \cos \frac{3\pi x}{2a}, \qquad -a \leqslant x \leqslant +a$$

那么,粒子在 $x = 5a/6$ 处出现的概率密度为多少?

解: 概率密度函数 $|\psi(x)|^2 = \dfrac{1}{a}\cos^2\left(\dfrac{3\pi}{2a}x\right)$,$x = 5a/6$ 处粒子出现的概率密度为

$$|\psi(5a/6)|^2 = \frac{1}{a}\cos^2\left(\frac{3\pi}{2a} \times \frac{5a}{6}\right) = \frac{1}{2a}$$

6.17 一粒子被限制在 x 轴上 $0 \sim a$ 的一维势垒之间,已知描写其状态的波函数为 $\psi = Cx(a-x)\exp(-iEt/\hbar)$,$C$ 为待定常数。求在 $0 \sim a/3$ 区间发现粒子的概率。

解: 由归一化条件:

$$\int_0^a |\psi|^2 \, \mathrm{d}x = \int_0^a C^2 x^2 (a-x)^2 \, \mathrm{d}x = C^2 a^5/30 = 1$$

得 $C = \sqrt{30}\, a^{-\frac{5}{2}}$,在 $0 \sim a/3$ 区间发现粒子的概率为

$$P = \int_0^{\frac{a}{3}} C^2 x^2 (a-x)^2 \, \mathrm{d}x = \frac{17}{81}$$

6.18 已知粒子在无限深势阱中运动,其波函数为

$$\psi(x) = \sqrt{2/a}\,\sin(\pi x/a), \quad 0 \leqslant x \leqslant a$$

求发现粒子的概率为最大的位置。

解: 粒子的概率密度分布为 $|\psi(x)|^2 = \dfrac{2}{a}\sin^2\left(\dfrac{2\pi}{a}x\right)$,粒子概率最大处(极值)应有

$$\frac{\mathrm{d}(|\psi(x)|^2)}{\mathrm{d}x} = \frac{8\pi}{a^2}\sin\left(\frac{2\pi}{a}x\right)\cos\left(\frac{2\pi}{a}x\right) = 0$$

即在 $0 \leqslant x \leqslant a$ 之间有极值点 $x = 0, a/4, a/2, 3a/4, a$。但 $x = 0$,$x = a/2$,$x = a$ 是概率密度为零处,所以 $x = a/4$ 和 $x = 3a/4$ 是最有可能发现粒子之处。

6.19 H_2 分子中原子的振动相当于一个谐振子,其劲度系数 $k = 1.13 \times 10^3$ N/m,质量 $m = 1.67 \times 10^{-27}$ kg。此原子相邻能级间隔(以 eV 为单位)多大?当此谐振子由某一激发态跃迁到相邻的下一激发态时,所发出的光子的能量和波长各是多少?

解: 氢分子原子谐振动的振动频率为 $\nu = \dfrac{1}{2\pi}\sqrt{\dfrac{k}{m}}$,氢分子振动的本征能量为

$$E_n = \left(n + \frac{1}{2}\right)h\nu = \left(n + \frac{1}{2}\right)\frac{h}{2\pi}\sqrt{\frac{k}{m}}$$

$n = 0, 1, 2, 3, \cdots$ 是能量量子数。此谐振子由某一激发态跃迁到相邻的下一激发态时,所发出的光子的能量就是其相邻能级间隔大小,即

$$\Delta E = E_n - E_{n-1} = \left[n + \frac{1}{2} - (n-1) - \frac{1}{2}\right]h\nu = h\nu$$

$$= \frac{6.63 \times 10^{-34}}{2\pi \times 1.6 \times 10^{-19}}\sqrt{\frac{1.13 \times 10^3}{1.67 \times 10^{-27}}} \text{ eV} = 0.54 \text{ eV}$$

所发出光子的波长为

$$\lambda = \frac{hc}{\Delta E} = \frac{6.63 \times 10^{-34} \times 3 \times 10^8}{0.54 \times 1.6 \times 10^{-19}} \text{ nm} = 2.30 \times 10^3 \text{ nm}$$

6.20 在氢原子的 K 壳层中,电子可能具有的量子数 (n, l, m_l, m_s) 是(　　　)。

A. $(1, 0, 0, 1/2)$　　　　　　　　　　B. $(1, 0, -1, 1/2)$

C. $(1,1,0,-1/2)$ D. $(2,1,0,-1/2)$

答：A。K 壳层的主量子数 $n=1$，副量子数只能是 $l=0$，磁量子数也只能是 $m_l=0$，所以选 A。

6.21 原子中电子的主量子数 $n=2$，它可能具有的状态数最多为_____个。在主量子数 $n=2$，自旋磁量子数 $m_s=1/2$ 的量子态中，能够填充的最大电子数是_____。

答：8；4。能量简并度为 $G=2n^2$。$n=2$ 时，$G=8$，所以可能的状态数最多为 8。在 $n=2$，$m_s=1/2$ 时，可能的量子态只能是 $(2,0,0,1/2)$，$(2,1,0,1/2)$，$(2,1,1,1/2)$，$(2,1,-1,1/2)$，按照泡利不相容原理，能够填充的最大电子数是 4 个。

6.22 请写出钠原子（$Z=11$）的电子排布式。

解：$1s^2 2s^2 2p^6 3s^1$。

6.23 CO_2 激光器发出的激光波长为 $10.6\ \mu m$。求：

（1）和此波长相应的 CO_2 的能级差；

（2）温度为 $300\ K$ 时，处于热平衡的 CO_2 气体中在相应的高能级上的分子数是低能级上的分子数的百分之几？

解：（1）能级差为

$$\Delta E = h\nu = \frac{hc}{\lambda} = \frac{6.63\times10^{-34}\times3\times10^8}{10.6\times10^{-6}\times1.60\times10^{-19}}\ eV = 0.117\ eV$$

（2）分子数之比为

$$\frac{N_2}{N_1} = \exp\left(-\frac{\Delta E}{kT}\right) = \exp\left(\frac{-1.88\times10^{-20}}{1.38\times10^{-23}\times300}\right) = 1.07\%$$

6.24 与绝缘体相比较，半导体能带结构的特点是（   ）。

A. 导带也是空带

B. 满带与导带重合

C. 满带中总是有空穴，导带中总是有电子

D. 禁带宽度较窄

答：D。与绝缘体相比，半导体能带结构中最高满带与相邻空带间的禁带宽度较窄。

6.25 若在四价元素半导体中掺入五价元素原子，则可构成_____型半导体，参与导电的多数载流子是_____。

答：N 型；电子。

6.26 硫化镉（CdS）晶体的禁带宽度为 $2.42\ eV$，要使这种晶体产生本征光电导效应，入射到晶体上的光的波长不能大于（   ）。

A. $650\ nm$ B. $628\ nm$ C. $550\ nm$ D. $514\ nm$

解：D。入射光的能量 $h\nu$ 应等于满带与空带间的禁带宽度，$\Delta E_g = h\dfrac{c}{\lambda}$，有

$$\lambda = \frac{hc}{\Delta E_g} = \frac{6.63\times10^{-34}\times3\times10^8}{2.42\times1.60\times10^{-19}}\ nm = 514\ nm$$

6.27 硅晶体的禁带宽度为 $1.2\ eV$，适量掺入磷后，施主能级和硅的导带底的能级差为 $\Delta E_D = 0.045\ eV$。试计算此掺杂半导体能吸收的光子的最大波长。

解：如图 6-5 所示,此掺杂半导体能吸收的最大波长光子的能量等于 ΔE_D,$\Delta E_D = h\nu = hc/\lambda$,有

$$\lambda = \frac{hc}{\Delta E_D} = \frac{6.63 \times 10^{-34} \times 3 \times 10^8}{0.045 \times 1.60 \times 10^{-19}}\ \mu m = 27.6\ \mu m$$

6.28　金刚石的禁带宽度按 5.5 eV 计算。求：

(1) 禁带顶和禁带底的能级上的电子数的比值。设温度为 300 K。

(2) 使电子越过禁带上升到导带需要的光子的最大波长。

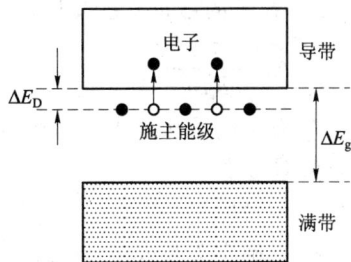
图 6-5　习题 6.27 用图

解：(1) 禁带顶和禁带底的能级上的电子数的比值为

$$\frac{N_2}{N_1} = \exp\left(-\frac{\Delta E}{kT}\right) = \exp\left(\frac{-5.5 \times 1.60 \times 10^{-19}}{1.38 \times 10^{-23} \times 300}\right) = 4.9 \times 10^{-93}$$

(2) 需要最大波长光子的能量正好等于禁带宽度,即 $h\nu = hc/\lambda = \Delta E_g$,有

$$\lambda = \frac{hc}{\Delta E_g} = \frac{6.63 \times 10^{-34} \times 3 \times 10^8}{5.5 \times 1.6 \times 10^{-19}}\ nm = 226\ nm$$

阶段练习题

一、选择题

1. 有一单色光照射在钠金属表面上,测得光电子的最大动能是 1.2 eV,而钠的红限波长是 540 nm,那么入射光的波长是(　　)。

    A. 500 nm　　　　　B. 535 nm　　　　　C. 355 nm　　　　　D. 435 nm

2. 设用频率分别为 ν_1 和 ν_2 的两种单色光,先后照射同一种金属均能产生光电效应。已知金属的红限频率为 ν_0,测得两次照射时的截止电压 $|U_{c2}| = 2|U_{c1}|$,则下列有关这两种单色光的频率关系中,正确的是(　　)。

    A. $\nu_2 = \nu_1 - \nu_0$　　　　　　　　　　　　B. $\nu_2 = 2\nu_1 - \nu_0$

    C. $\nu_2 = \nu_1 + \nu_0$　　　　　　　　　　　　D. $\nu_2 = \nu_1 - 2\nu_0$

3. 光电效应的红限频率只是依赖于(　　)。

    A. 入射光的频率　　　　　　　　　　B. 入射光的强度

    C. 金属的逸出功　　　　　　　　　　D. 入射光的频率和金属的逸出功

4. 用光照的办法将氢原子基态的电子电离,可用的最大波长的光是 91.3 nm 的紫外光,那么氢原子从各受激态跃迁至基态的赖曼系光谱的波长可表示为(　　)。

    A. $\lambda = 91.3\dfrac{n^2+1}{n^2-1}\ nm$　　　　　　　　　　B. $\lambda = 91.3\dfrac{n-1}{n+1}\ nm$

    C. $\lambda = 91.3\dfrac{n^2}{n^2-1}\ nm$　　　　　　　　　　D. $\lambda = 91.3\dfrac{n+1}{n-1}\ nm$

5. 氢原子光谱的巴耳末线系中,谱线最小波长与最大波长之比为(　　)。

    A. $\dfrac{7}{9}$　　　　　　　B. $\dfrac{5}{9}$　　　　　　　C. $\dfrac{4}{9}$　　　　　　　D. $\dfrac{2}{9}$

6. 有一带电量为 $2e$ 的 α 粒子在磁感应强度为 B 的均匀磁场中作半径为 R 的圆周运

动,则 α 粒子的德布罗意波长是(　　)。

A. $\dfrac{1}{2eRBh}$　　　　　B. $\dfrac{h}{2eRB}$　　　　　C. $\dfrac{h}{eRB}$　　　　　D. $\dfrac{1}{eRBh}$

7. 有一电子从静止开始通过电势差为 U 的静电场加速后,其德布罗意波长是 0.04 nm,则电势差 U 约为(　　)。

A. 940 V　　　　　B. 640 V　　　　　C. 340 V　　　　　D. 140 V

8. 不确定关系式 $\Delta x \cdot \Delta p_x \geqslant \hbar$ 表示在 x 轴方向上,粒子的(　　)。

A. 位置不能准确确定　　　　　　　　　B. 动量不能准确确定

C. 位置和动量不能同时准确确定　　　　D. 位置和动量都不能准确确定

二、填空题

1. 在加热黑体的过程中,其单色辐射本领最大值所对应的波长,由 $\lambda_{m1} = 700$ nm 变化到 $\lambda_{m2} = 500$ nm。那么,此黑体加热前后的温度比 $T_1/T_2 = $ _____;加热后单位时间内的总辐射能增加到原来的 _____ 倍。

2. 太阳辐射本领的峰值在 465 nm 处。若将太阳视为黑体,则太阳表面温度为 _____。

3. 当波长为 300 nm 的光照射在某金属表面时,光电子的能量范围是 $0 \sim 4 \times 10^{-19}$ J。在做上述光电效应实验时截止电压为 $|U_c| = $ _____ V。

4. 从某一金属表面逸出的光电子完全被 2 V 反向电压所遏止,若这一金属光电效应的红线频率为 6×10^{14} Hz,则此金属的逸出功为 _____,入射光的频率为 _____。

5. 在氢原子光谱中,赖曼系的最短波长的谱线所对应的光子能量为 _____ eV;巴耳末系的最短波长的谱线所对应的光子能量为 _____ eV。

6. 若光子波长为 λ,则其能量为 _____;动量为 _____;质量为 _____。

7. 质量为 40 g 的子弹,以 1000 m/s 的速度飞行,其德布罗意波长为 _____。

阶段练习题参考答案

一、选择题

1. C;　　2. B;　　3. C;　　4. C;　　5. B;　　6. B;　　7. A;　　8. C

二、填空题

1. 5/7,3.84

2. 6230.1 K

3. 2.5

4. 2.48 eV,1.1×10^{15} Hz

5. 13.6,3.4

6. hc/λ,h/λ,$h/(c\lambda)$

7. 1.66×10^{-35} Hz

大学物理考试试题汇编

大学物理考试试题 Ⅰ

一、选择题(每题 3 分,共 30 分)

1. 一个人站在旋转平台的中央,两臂侧平举,整个系统以 2π rad/s 的角速度旋转,对应于平台中心轴转动惯量为 6.0 kg/m^2;如果将两臂收回,该系统对应的转动惯量变为 2.0 kg/m^2。此时系统的转动动能与原来的转动动能之比为(   )。

A. 3   B. $\sqrt{2}$ C. 2   D. $\sqrt{3}$

2. 均匀细棒 OA 可绕通过其一端 O 而与棒垂直的水平固定光滑轴转动,如图 1-1 所示。今使棒从水平位置由静止开始下落。在棒摆动到竖直位置的过程中,其(   )。

A. 动能从小到大,所受重力矩从大到小

B. 动能从小到大,所受重力矩从小到大

C. 角速度从大到小,角加速度从大到小

D. 角速度从大到小,角加速度从小到大

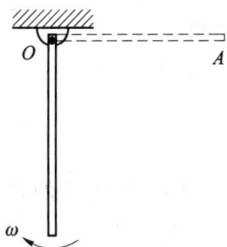

图 1-1 选择题 2 用图

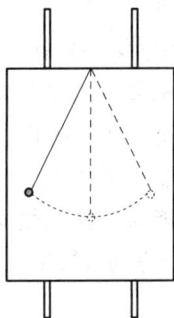

图 1-2 选择题 3 用图

3. 如图 1-2 所示,一单摆固定在一块重木板上,板可以沿竖直方向的导轨自由下落。使单摆摆动起来且当摆球达到最低点时使木板自由下落,那么在木板下落过程中,摆球相对于木板的运动形式将是(忽略空气阻力)(   )。

A. 圆周运动   B. 直线运动

C. 抛体运动   D. 静止

4. S,S' 为两个惯性系,S' 相对 S 匀速运动。下列说法正确的是(   )。

A. 如果光速是无限大,同时的相对性就不会存在了

B. 宇宙间任何速度都不能大于光速 c

C. 运动钟的钟慢效应是由于运动走得不准时了

D. 运动棒的长度收缩效应是指棒沿运动方向受到了实际压缩

5. 一个 α 粒子飞过一金原子核而被散射,金原子核基本上未动,如图 1-3 所示。在这一过程中,α 粒子的动量和对金原子核中心的角动量的正确的说法是(　　)。

A. α 粒子的动量不守恒,对金原子核中心的角动量守恒

B. α 粒子的动量不守恒,对金原子核中心的角动量也不守恒

C. α 粒子的动量守恒,对金原子核中心的角动量也守恒

D. α 粒子的动量守恒,对金原子核中心的角动量不守恒

6. 在一密闭容器中,储有 A,B,C 3 种理想气体。处于平衡状态时,A 种气体的分子数密度为 n_1,它产生的压强为 p_1;B 种气体的分子数密度为 $2n_1$;C 种气体的分子数密度为 $3n_1$,则混合气体的压强 p 为(　　)。

　A. $6p_1$　　　　　B. $4p_1$　　　　　C. $2p_1$　　　　　D. p_1

7. 温度、压强相同的氦气和氧气,它们分子的平均动能 ε_k 和平均平动动能 ε_t 的关系为(　　)。

　A. ε_k 和 ε_t 都相等　　　　　　　　B. ε_k 相等,而 ε_t 不相等

　C. ε_t 相等,而 ε_k 不相等　　　　　　D. ε_k 和 ε_t 都不相等

8. 根据热力学第二定律判断,下列正确的说法是(　　)。

A. 热力学第二定律可表述为效率等于 100% 的热机是不可能制成的

B. 功可以全部变为热,但热不能全部变为功

C. 热量能从高温物体传到低温物体,但不能从低温物体传到高温物体

D. 有序运动的能量能够变为无序运动的能量,但无序运动的能量不能变为有序运动的能量

9. 根据热力学第一定律判断,下列不正确的说法是(　　)。

A. 空调机制冷和制热功能的工质运行机理是不一样的

B. 如果使客厅中冰箱的门敞开着,冰箱不会使客厅降温

C. 有可能对物体不加热而升高物体的温度

D. 有可能对物体加热而不升高物体的温度

10. 如图 1-4 所示,行星绕太阳运行时,从远日点 A 向近日点 P 运行的过程中,下面说法正确的是(　　)。

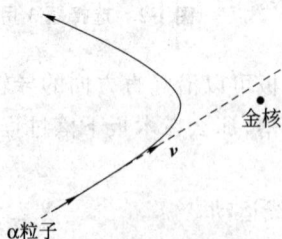

图 1-3　选择题 5 用图　　　　　图 1-4　选择题 10 用图

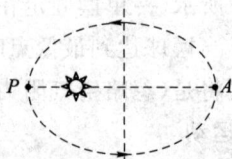

A. 行星和太阳系统的动能增加

B. 行星和太阳系统的势能增加

C. 由于行星的动能在变化,所以此过程中行星和太阳系统的机械能是不守恒的

D. 由于行星的动量在变化,所以此过程中行星和太阳系统的动量是不守恒的

二、填空题(每题 **5** 分,共 **30** 分)

1. 静止时边长为 a 的正方体,当它以速率 v 沿与它的一个边平行的方向运动时,测得它的运动面积将是_____。

2. 一质点作直线运动,其运动方程为 $x = 3 + 2t - t^2$(式中 t 以 s 计,x 以 m 计),则从 $t = 0$ 到 $t = 4$ s 时间间隔内质点的位移为_____。

3. 如图 1-5 所示,系有细绳的一小球放在光滑的水平桌面上,细绳的另一端向下穿过桌面的一小竖直孔道并用手拉住。如果给予小球速度 v_0 使之在桌面上绕小孔 O 作半径为 r_0 的圆周运动,然后缓慢地往下拉绳,使小球最后作半径为 r 的圆周运动,则小球作半径为 r 的圆周运动的速率为_____。

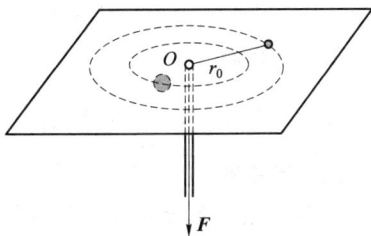

图 1-5　填空题 3 用图

4. 设一株高 50 m 的树的外层木质导管(树液传输管)为均匀圆管,其半径为 2.0×10^{-4} cm 导管中树液表面张力系数为 5.0×10^{-2} N·m^{-1},密度近似于水的密度,它与管壁的接触角为 45°。毛细作用能把树液输送的高度为_____。

5. 家用冰箱的箱内要保持 −3℃,箱外空气的温度为 27℃。按卡诺制冷循环计算,其冰箱的制冷系数为_____。

6. 冬天室外温度设为 −10℃,室内温度为 18℃。设空调是工作于这两个温度之间以卡诺制冷循环为基础的热泵,其压缩机的功率是 2.2 kW,则单位时间内室内得到的热量是_____(单位 kJ)。

三、计算题(每题 **10** 分,共 **20** 分)

1. 如图 1-6 所示。质量为 5 kg 的一桶水系于绕在辘轳上的轻绳的下端,辘轳可看作一质量为 10 kg 的圆柱体。桶从井口由静止释放,忽略轴的摩擦,求桶下落过程中绳中的张力。辘轳对其轴的转动惯量为 $MR^2/2$,R 为辘轳的半径。

2. 金属导体中的自由电子,在金属内部作无规则运动,与容器中的气体分子很类似,称为电子气。设金属中共有 N 个自由电子,其中电子的最大速率为 v_F(称为费米速率)。已知电子速率的分布函数为

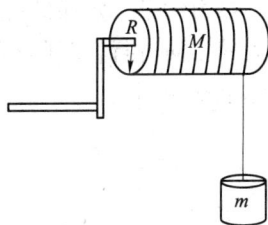

图 1-6　计算题 1 用图

$$f(v) = \begin{cases} 4\pi A v^2, & 0 \leqslant v \leqslant v_F \\ 0, & v > v_F \end{cases}$$

式中,A 是常数。求:

(1) 常数 A。

(2) N 个自由电子的平均速率。

四、问答题(每题 **5** 分,共 **20** 分)

1. 花样滑冰运动员欲高速旋转时,先把一条腿和双臂伸开,并用脚蹬冰使自己转动起来,然后再收拢腿和臂,这时其转速就明显地加快了。这利用了什么原理?

2. 从水龙头徐徐流出的水流,下落时逐渐变细,为什么?

3. 在狭义相对论的时空观中,同时的相对性是什么意思?

4. 热力学第二定律的微观意义和统计意义分别是什么?

大学物理考试试题 I 参考答案

一、选择题

1. A；2. A；3. A；4. A；5. A；6. A；7. C；8. A；9. A；10. A

二、填空题

1. $a^2\sqrt{1-v^2/c^2}$；2. $\Delta x = -8i$ m；3. $v = v_0 r_0/r$；4. $h = 3.5$ m；5. $w_c = 9$；6. 22.9 kJ

三、计算题

1. $T = 24.5$ N；2.(1) $A = 3/(4\pi v_F^3)$；(2) $\bar{v} = \frac{3}{4}v_F$。

四、问答题

1. 答：系统角动量守恒原理：$J_1\omega_1 = J_2\omega_2$。

2. 答：伯努利方程 $\frac{1}{2}\rho v_1^2 + \rho g h_1 = \frac{1}{2}\rho v_2^2 + \rho g h_2$，因为 $h_2 < h_1$，所以有 $v_2 > v_1$。连续流体 $v_1 S_1 = v_2 S_2$，故 $S_2 < S_1$。

3. 答：$t_2' - t_1' = \gamma[(t_2 - t_1) - (u/c^2)(x_2 - x_1)]$。在一个惯性系中，两个同时的事件，在另一个惯性系中不一定不同时。在一个惯性系同时发生的事件，在别的惯性系不一定同时；在一个惯性系不同时发生的事件，在别的惯性系有可能同时。同时性不是绝对的，与参考系有关，这就是同时的相对性。

4. 答：热力学第二定律的微观意义：自然界的一切宏观实际过程都是单方向进行的不可逆过程，总是沿着大量分子热运动的无序性增大的方向进行。

热力学第二定律的统计意义：孤立系统内自然过程的方向总是沿着使系统热力学概率增大的方向进行，直到 Ω 的最大值。反向的过程，原则上不是不可能，只是概率非常之小，实际上观测不到。

大学物理考试试题 II

一、选择题（每题 3 分，共 30 分）

1. 如图 2-1 所示，在阴极射线管外，放置一个蹄形磁铁，则阴极射线即阴极放出的电子束将（　　　）。

    A. 向下偏　　　　　B. 向上偏　　　　　C. 向纸外偏　　　　　D. 向纸内偏

2. 由高斯定理得出以下结论，正确的是（　　　）。

    A. 如果高斯面内的电荷代数和为零，则该面上任一点的电场强度必为零

    B. 如果高斯面上各点的电场强度为零，则该面面内一定没有电荷

    C. 高斯面上各点的电场强度仅由该面内的电荷确定

    D. 通过高斯面的电通量仅由该面内的电荷决定

3. 如图 2-2 所示，导体棒 AB 在均匀磁场 B 中绕通过 C 点的垂直于棒长且沿磁场方向的轴 OO' 转动（角速度 ω 与 B 同方向），若 BC 的长度为棒长的 1/3，则（　　　）。

    A. A 点比 B 点电势高　　　　　　B. A 点与 B 点电势相等

    C. A 点比 B 点电势低　　　　　　D. 有稳恒电流从 A 点流向 B 点

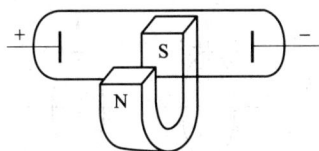

图 2-1　选择题 1 用图

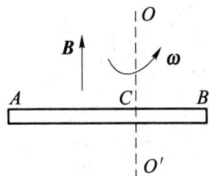

图 2-2　选择题 3 用图

4. 光强均为 I 的两束相干光在某区域内叠加,则可能出现的最大光强为(　　)。

A. I　　　　　　B. $2I$　　　　　　C. $3I$　　　　　　D. $4I$

5. 一导体圆线圈在均匀磁场中运动,下列几种情况中,线圈中会产生感应电流的是(　　)。

A. 线圈沿磁场方向平移

B. 线圈沿垂直磁场方向平移

C. 线圈以自身的直径为轴转动,轴与磁场方向平行

D. 线圈以自身的直径为轴转动,轴与磁场方向垂直

6. 下列说法中,正确的是(　　)。

A. 场强的方向是电势降落的方向　　　　B. 场强的方向是电势升高的方向

C. 电势为零处,场强一定为零　　　　　　D. 场强为零处,电势一定为零

7. 一束平行单色光垂直入射在光栅上,其光栅常量 $(a+b)$ 有下列几种情况(a 代表每条缝的宽度),能使 $k=3,6,9$ 等级次的主极大均不出现的光栅常量是(　　)。

A. $a+b=2a$　　　B. $a+b=3a$　　　C. $a+b=4a$　　　D. $a+b=6a$

8. 在单缝夫琅禾费衍射实验中,波长为 λ 的单色光垂直入射在宽度为 $a=4\lambda$ 的单缝上,对应于衍射角为 $30°$ 的方向,单缝处波阵面可分成的半波带数目为(　　)。

A. 2 个　　　　　　B. 4 个　　　　　　C. 6 个　　　　　　D. 8 个

9. 自然光以布儒斯特角由空气入射到一玻璃表面上,反射光是(　　)。

A. 在入射面内振动的完全线偏振光

B. 平行于入射面的振动占优势的部分偏振光

C. 垂直于入射面振动的完全线偏振光

D. 垂直于入射面的振动占优势的部分偏振光

10. 如果两种不同质量的粒子,其德布罗意波长相同,则这两种粒子的(　　)。

A. 动量相同　　　B. 能量相同　　　C. 速度相同　　　D. 动能相同

二、填空题(每题 **4** 分,共 **28** 分)

1. 如图 2-3 所示,在恒定磁场中,磁感应强度 $\boldsymbol{B}$ 沿闭合路径 L 的线积分($\boldsymbol{B}$ 的环流)$\oint_L \boldsymbol{B} \cdot \mathrm{d}l =$ _____。

2. 在通常照度下,人眼的瞳孔直径约为 3 mm,视觉最敏感的光波波长为 550 nm,则人眼在明视距离(约 25 cm)处能分辨的最小距离为_____。

3. 如图 2-4 所示,偏振片 P_1、P_2 互相平行放置,它们的透光方向与铅直方向的夹角分别为 $\alpha=30°$ 和 $\beta=60°$。入射光强为 I_0,其电振动沿铅直方向的线偏振光从 P_1 的左侧正入射,最后通过 P_2 出射。则通过 P_2 出射光的光强为_____。

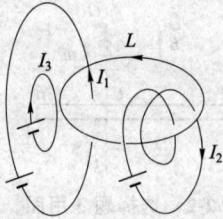

图 2-3　填空题 1 用图

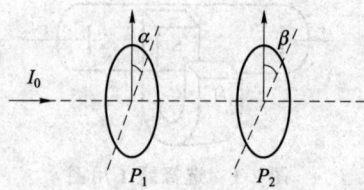

图 2-4　填空题 3 用图

4. 两个振动方向相同的分振动分别为 $x_1=0.03\cos(3t+2\pi/3)$，$x_2=0.06\cos(3t-\pi/3)$（式中，x 的单位是 m，t 的单位是 s），则它们的合振动的振幅 $A=$ _____ m。

5. 如图 2-5 所示，AB 长为 $2l$，$\overparen{OCD}$ 是以 B 为圆心，l 为半径的半圆。A 点有正电荷 $+q$，B 点有负电荷 $-q$，如果把单位正电荷从 O 点沿 $\overparen{OCD}$ 移到 D 点，那电场力对它做的功 $A=$ _____。

6. 4 条皆垂直于纸面的载流细长直导线，每条中的电流皆为 I。这 4 条导线被纸面截得的断面如图 2-6 所示，它们组成了边长为 $2a$ 的正方形的 4 个角顶，每条导线中的电流流向亦如图 2-6 所示，则在图 2-6 中正方形中心点 O 的磁感强度的大小为 _____。

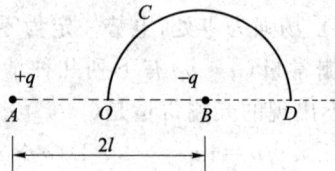

图 2-5　填空题 5 用图

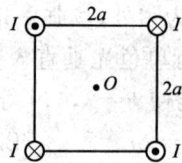

图 2-6　填空题 6 用图

7. 已知纯金属钠的逸出功为 2.29 eV（1 eV＝1.60×10^{-19} J），其光电效应的红限（截止）频率为 _____。

三、计算题（每题 **10** 分，共 **30** 分）

1. 在介电常数为 ε 的无限大均匀电介质中，有一半径为 R 的导体球，带电荷为 Q，求其空间电场能量。

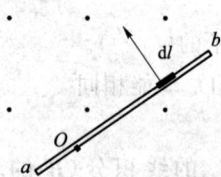

图 2-7　计算题 2 用图

2. 如图 2-7 所示，在均匀磁场 $\boldsymbol{B}$ 中，金属棒 ab 长为 L，它绕棒长 1/5 处的垂直轴 O 在水平面内逆时针转动，其角速度为 ω。求金属棒 ab 两端的电势差。

3. 设在同一均匀介质中沿 x 轴正、负向传播的波长为 λ 且同方向振动的两列简谐波的波函数分别为 $y_1=A_0\cos\left(\omega t-\dfrac{2\pi}{\lambda}x\right)$ 和 $y_2=A_0\cos\left(\omega t+\dfrac{2\pi}{\lambda}x\right)$。

（1）求合成驻波的波函数表达式；

（2）求出驻波的波节和波腹的位置。

四、问答题（每题 **6** 分，共 **12** 分）

1. 为什么摩擦过的塑胶棒能够吸引轻小的碎纸屑？

2. 什么是动生电动势和感生电动势？它们之间有什么关系？

大学物理考试试题 **Ⅱ** 参考答案

一、选择题

1. B；　　　　2. D；　　　　3. A；　　　　4. D；　　　　5. D；

6. A；　　　　7. B；　　　　8. B；　　　　9. C；　　　　10. A

二、填空题

1. $u_0(I_1-2I_2)$；2. 5.5×10^{-5} m；3. $3I_0/16$；4. 0.03；

5. $q/6\varepsilon_0 l$；6. 0；7. 5.53×10^{14} Hz

三、计算题

1. $W_e = \dfrac{Q^2}{8\pi\varepsilon R}$

2. $\varepsilon_{ab} = \dfrac{3}{10}Bl^2\omega$

3. (1) $y = 2A_0\cos\left(\dfrac{2\pi x}{\lambda}\right)\cos(\omega t)$

(2) 波腹：$x = \dfrac{\lambda}{2}k$，$k=0,\pm1,\pm2,\cdots$；波节：$x = \dfrac{\lambda}{4}(2k+1)$，$k=0,\pm1,\pm2,\cdots$

四、问答题

1. 答：摩擦起电和电介质极化。

2. 答：动生电动势是切割磁感线的运动产生的，感生电动势是由变化的磁场产生的。

大学物理考试试题 **Ⅲ**

一、选择题（每题 **3** 分；共 **27** 分）

1. 一运动质点在某瞬时位于矢径 $r(x,y)$ 的端点处，其速度大小为（　　　）。

　　A. $\dfrac{dr}{dt}$　　　　B. $\dfrac{d\boldsymbol{r}}{dt}$　　　　C. $\dfrac{d|\boldsymbol{r}|}{dt}$　　　　D. $\sqrt{\left(\dfrac{dx}{dt}\right)^2+\left(\dfrac{dy}{dt}\right)^2}$

2. 如图 3-1 所示，一只质量为 m 的猴，原来抓住一根用绳吊在天花板上的质量为 M 的直杆，悬线突然断开，小猴则沿杆子竖直向上爬以保持它离地面的高度不变，此时直杆下落的加速度为（　　　）。

　　A. g　　　　B. $\dfrac{m}{M}g$　　　　C. $\dfrac{M+m}{M}g$　　　　D. $\dfrac{M-m}{M}g$

3. 如图 3-2 所示，A，B 两木块质量分别为 m_A 和 m_B，且 $m_B=2m_A$，两者用一轻弹簧连接后静止于光滑水平桌面上。若用外力将两木块压近使弹簧被压缩，然后将外力撤去，则此后两木块运动动能之比 E_{kA}/E_{kB} 为（　　　）。

　　A. $\dfrac{1}{2}$　　　　B. $\dfrac{\sqrt{2}}{2}$　　　　C. $\sqrt{2}$　　　　D. 2

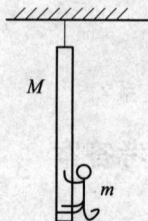

图 3-1   选择题 2 用图

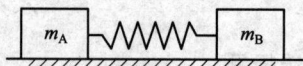

图 3-2   选择题 3 用图

4. 人造地球卫星,绕地球作椭圆轨道运动,地球在椭圆的一个焦点上,则卫星的(　　)。

    A. 动量不守恒,动能守恒

    B. 动量守恒,动能不守恒

    C. 对地心的角动量守恒,动能不守恒

    D. 对地心的角动量不守恒,动能守恒

5. 对质点系有下列几种说法:(1)质点系总动量的改变与内力无关;(2)质点系总动能的改变与内力无关;(3)质点系机械能的改变与保守内力无关。上述说法中,正确的是(　　)。

    A. 只有(1)是正确的   B. 只有(1)、(3)是正确的

    C. 只有(1)、(2)是正确的   D. 只有(2)、(3)是正确的

6. 如图 3-3 所示,一个人坐在无摩擦的旋转转凳的中央,两臂侧平举,整个系统以 2π rad/s 的角速度旋转,转动惯量为 6.0 kg/m²;如果将两臂收回,该系统的转动惯量变为 2.0 kg/m²,此时系统的转动动能与原来的转动动能之比为(　　)。

    A. 3   B. $\sqrt{2}$ C. 2   D. $\sqrt{3}$

7. 如图 3-4 所示,一单摆挂在木板上的小钉上,木板质量远大于单摆质量。木板平面在竖直平面内,并可以沿两竖直轨道无摩擦地自由下落。现使单摆摆动起来,当单摆离开平衡位置但未达到最高点时木板开始自由下降,则摆球相对于木板(　　)。

    A. 仍作简谐振动   B. 作匀速率圆周运动

    C. 作非匀速率圆周运动   D. 上述结论都不对

图 3-3   选择题 6 用图

图 3-4   选择题 7 用图

8. 一瓶氦气和一瓶氮气密度相同,分子平均平动动能相同,而且它们都处于平衡状态,则它们(　　)。

    A. 温度相同、压强相同

    B. 温度、压强都不相同

    C. 温度相同,但氦气的压强大于氮气的压强

    D. 温度相同,但氦气的压强小于氮气的压强

9. 根据热力学第二定律判断,下列说法正确的是(　　)。

　　A. 热力学第二定律可表述为效率等于 100% 的热机是不可能制造成功的

　　B. 理想气体自由扩散过程的不可逆性是指其反方向的压缩过程是不能实现的

　　C. 热量能从高温物体传到低温物体,但不能从低温物体传到高温物体

　　D. 机械能能够变为热能,但热能不能变为机械能

二、填空题(每题 **3** 分,共 **27** 分)

1. 一质点作半径为 0.1 m 的圆周运动,其角位置的运动学方程为 $\theta = \dfrac{\pi}{4} + \dfrac{1}{2} t^2$(式中,$y$ 以 m 计,t 以 s 计)则其切向加速度 $a_t =$ _____。

2. 边长为 a 的正方形薄板静止于惯性系 S 的 Oxy 平面内,且两边分别与 x、y 轴平行。今有惯性系 S' 以 $0.8c$(c 为真空中光速大小)的速度相对于 S 沿 x 轴作匀速直线运动,则从 S' 中测得薄板的面积为 _____。

3. 图 3-5 所示的是氢气和氦气在同一温度下的麦克斯韦速率分布曲线。$M_{\text{mol},H_2} = 2.0 \times 10^{-3}$ kg·mol^{-1},$M_{\text{mol},He} = 4.0 \times 10^{-3}$ kg·mol^{-1},由图 3-5 可得出氦气分子的最概然速率 v_p 是 _____。

4. 家用冰箱的箱内要保持 -3℃,箱外空气的温度为 27℃。按卡诺制冷循环计算,其冰箱的制冷系数 w_c 为 _____。

5. 如图 3-6 所示的虹吸管,如果容器内水(理想流体)的自由表面比引管的横截面大得多,则引管 B 处水的流速为 _____。(p_0 是大气压,且设 h_A、h_B 和重力加速度 g 均为已知。)

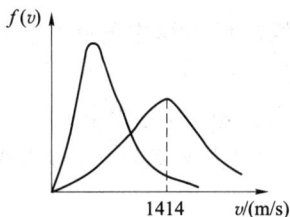

图 3-5　填空题 3 用图

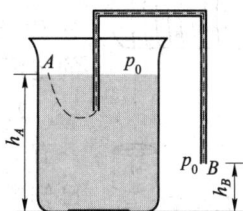

图 3-6　填空题 5 用图

6. 一物体的静质量为 m_0,当它以速率 $0.6c$(c 为真空中的光速大小)运动时,其动能 $E_k =$ _____。

7. 质量为 0.20 kg 的物体以 2.0 cm 的振幅作简谐振动,测得其振动周期为 3.14 s,则物体的最大速率为 _____。

8. 热力学第二定律的数学表达式是 $\Delta S \geqslant 0$(熵增原理),是指当孤立热力学系统从一个平衡态经可逆过程到达另一平衡态时,熵变 ΔS _____,当孤立系统从一个平衡态经不可逆过程到达另一平衡态时,熵变 ΔS _____。

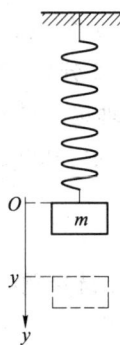

图 3-7　填空题 9 用图

9. 如图 3-7 所示,重物在平衡位置 O 附近作往复上下无空气阻力的振动。如果把地球、不计质量的弹簧和重物看成一个质点系,那么当重物由平衡位置 O 往下运动到位置 y 时,系统势能的增加 $\Delta E_p =$ _____。设弹簧

劲度系数为 k。

三、问答题（每题 5 分，共 10 分）

1. 花样滑冰运动员欲高速旋转时，先把一条腿和双臂伸开，并用脚蹬冰使自己转动起来，然后再收拢腿和臂，这时其转速就明显地加快了，如图 3-8 所示。这是利用了什么原理？并请简单说明。

2. 如图 3-9 所示，从水龙头徐徐流出的水流，下落时逐渐变细，为什么？可按连续理想流体进行简单分析及说明。

图 3-8　问答题 1 用图

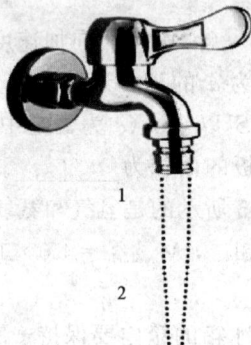

图 3-9　问答题 2 用图

四、计算题（共 36 分）

1. (15 分)质量 $m = 2.5\ \text{kg}$ 的一木桶系于绕在辘轳上的轻绳的下端，辘轳可看作一质量 $M = 5\ \text{kg}$ 的圆柱体（定滑轮），如图 3-10 所示。桶从井口由静止释放，忽略轴的摩擦，求桶下落过程中绳中的张力。（半径为 R 的定滑轮绕定轴的转动惯量式为 $MR^2/2$。）

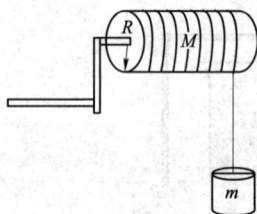

图 3-10　计算题 1 用图

2. (15 分)金属导体中的自由电子，称为电子气。设金属中共有 N 个自由电子，其中电子的最大速率为 v_F（称为费米速率）。已知电子速率的分布函数为

$$f(v) = \begin{cases} Av^2, & 0 \leqslant v \leqslant v_F \\ 0, & v > v_F \end{cases}$$

式中，A 是常数。求自由电子的速率处于 $v \sim v + \mathrm{d}v$ 区间的概率和自由电子的平均速率 $\bar{v}$。

3. (6 分)一个人在相对地面飞行速度大小 $v = 0.9998c$（c 为真空中光速大小，$0.9998c$ 至少在理论上是允许的）的火箭中生活了 50 年，在地面上的观察者测得此人生活了多长时间？（提示：$0.9998 = 1 - 0.0002$。）

大学物理考试试题 Ⅲ 参考答案

一、选择题

1. D；　　　2. C；　　　3. D；　　　4. C；　　　5. B；

6. A；　　　7. B；　　　8. C；　　　9. A

二、填空题

1. $0.1\ \text{m/s}^2$；2. $0.6a^2$；3. $1000\ \text{m/s}$；4. 9；5. $\sqrt{2g(h_A - h_B)}$；6. $m_0 c^2/4$；

7. 0.04 m/s；8. $=0,>0$；9. $ky^2/2$

三、问答题

1. 答：角动量守恒原理；转动惯量减小。

2. 答：伯努利方程；流体连续性。

四、计算题

1. $T=12.5$ N；2. $v\sim v+\mathrm{d}v$ 区间概率：$\dfrac{3}{v_{\mathrm{F}}^3}v^2\mathrm{d}v$；平均速率 $\bar{v}=\dfrac{3}{4}v_{\mathrm{F}}$；3. $\tau=2500$ 年。

大学物理考试试题 Ⅳ

一、选择题（每题 **3** 分，共 **27** 分）

1. 两个同心均匀带电球面，半径分别为 R_a 和 R_b（$R_a<R_b$），所带电荷分别为 Q_a 和 Q_b，设某点与球心相距 r，当 $R_a<r<R_b$ 时，该点的电场强度的大小为（　　）。

A. $\dfrac{1}{4\pi\varepsilon_0}\cdot\dfrac{Q_a+Q_b}{r^2}$ 　　　　　　　　B. $\dfrac{1}{4\pi\varepsilon_0}\cdot\dfrac{Q_a-Q_b}{r^2}$

C. $\dfrac{1}{4\pi\varepsilon_0}\cdot\left(\dfrac{Q_a}{r^2}+\dfrac{Q_b}{R_b^2}\right)$ 　　　　　D. $\dfrac{1}{4\pi\varepsilon_0}\cdot\dfrac{Q_a}{r^2}$

2. 真空中一半径为 R 的球面均匀带电 Q，在球心 O 处有一带电荷为 q 的点电荷，如图 4-1 所示，设无穷远为电势零点，则在球内离球心 O 距离为 r 的 P 点处的电势为（　　）。

A. $\dfrac{q}{4\pi\varepsilon_0 r}$ 　　　　　　　　　　　B. $\dfrac{1}{4\pi\varepsilon_0}\left(\dfrac{q}{r}+\dfrac{Q}{R}\right)$

C. $\dfrac{q+Q}{4\pi\varepsilon_0 r}$ 　　　　　　　　　D. $\dfrac{1}{4\pi\varepsilon_0}\left(\dfrac{q}{r}+\dfrac{Q-q}{R}\right)$

3. 如图 4-2 所示，C_1 和 C_2 两空气电容器并联以后接电源充电，在电源保持连接的情况下，在 C_1 中插入一电介质板，则（　　）。

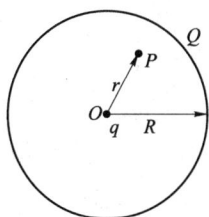

图 4-1　选择题 2 用图　　　　　图 4-2　选择题 3 用图

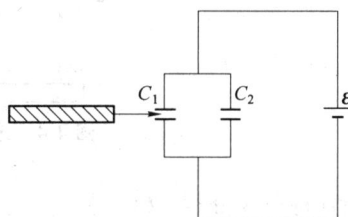

A. C_1 极板上电量增加，C_2 极板上电量减少
B. C_1 极板上电量减少，C_2 极板上电量增加
C. C_1 极板上电量增加，C_2 极板上电量不变
D. C_1 极板上电量减少，C_2 极板上电量不变

4. 如图 4-3 所示，两根直导线 ab 和 cd 沿半径方向被接到一个截面处处相等的铁环上，稳恒电流 I 从 a 端流入而从 d 端流出，则磁感应强度 $\boldsymbol{B}$ 沿图 4-3 中闭合路径 L 的积分 $\oint_L \boldsymbol{B}\cdot\mathrm{d}\boldsymbol{l}$ 等于（　　）。

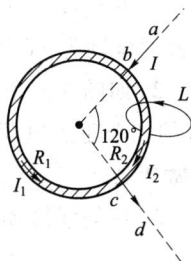

图 4-3　选择题 4 用图

A. $\mu_0 I$ B. $\mu_0 I/3$ C. $\mu_0 I/4$ D. $2\mu_0 I/3$

5. 两偏振片堆叠在一起,一束自然光垂直入射其上时没有光线通过。当其中一偏振片慢慢转动180°时,透射光强度发生的变化为( )。

    A. 光强单调增加

    B. 光强先增加,后又减小至零

    C. 光强先增加,后减小,再增加

    D. 光强先增加,然后减小,再增加,再减小至零

6. 在通常照度下,人眼的瞳孔直径约为 3 mm,视觉最敏感的光波波长为 550 nm,人眼在 5 m 处能分辨的最小距离为( )。

    A. 10 mm   B. 5 mm   C. 2.2 mm   D. 1.1 mm

7. 以下一些材料的逸出功分别为:铯 1.9 eV,铍 3.9 eV,钯 5.0 eV,钨 4.5 eV。今要制造能在可见光下工作的光电管,在上面的材料中应选( )。

(可见光频率范围为 $3.9 \times 10^{14} \sim 7.5 \times 10^{14}$ Hz,普朗克常量 $h = 6.63 \times 10^{-34}$ J·s, 1 eV $= 1.602 \times 10^{-19}$ J。)

    A. 铯   B. 钯   C. 铍   D. 钨

8. 一个质子和一个电子具有相同的动能,则它们的德布罗意波长( )。

    A. 质子的较大   B. 电子的较大

    C. 相等   D. 无法比较

9. 如图 4-4 所示,在带电粒子的速度选择器中,均匀电场 $E = 10.0$ V·m^{-1} 和均匀磁场 $B = 0.1$ T 是相互垂直的。一束速度差异的带电粒子垂直射入电场和磁场,能无偏转前进的带电粒子的速度是( )。

    A. 100 m·s^{-1} B. 1.0 m·s^{-1} C. 10 m·s^{-1} D. 0.1 m·s^{-1}

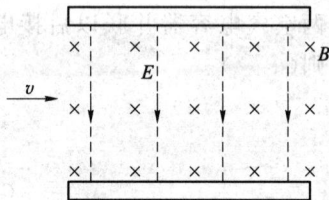

图 4-4 选择题 9 用图

二、填空题(每空 **3** 分,共 **24** 分)

1. A、B 为真空中两个平行的"无限大"均匀带电平面,已知两平面间的电场强度大小都为 E_0,两平面外侧电场强度大小都为 $E_0/3$,方向如图 4-5 所示。则 A,B 两平面上的电荷面密度分别为 $\sigma_A = $ _____,$\sigma_B = $ _____。

2. 如图 4-6 所示为一边长均为 a 的等边三角形,其 3 个顶点分别放置着电量为 q,$2q$,$3q$ 的 3 个正点电荷,若将一电量为 Q 的正点电荷从无穷远移至三角形的中心 O 处,则外力需做功 $A = $ _____。

3. 在匀强磁场 $\boldsymbol{B}$ 中,取一半径为 R 的圆,圆的法线 $\boldsymbol{n}$ 与 $\boldsymbol{B}$ 成 60°角,如图 4-7 所示,则通过以该圆周为边线的任意曲面 S 的磁通量:$\phi_m = \iint_S \boldsymbol{B} \cdot \mathrm{d}\boldsymbol{S} = $ _____。

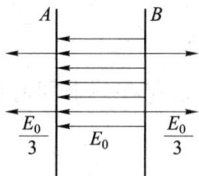

图 4-5　填空题 1 用图　　图 4-6　填空题 2 用图　　图 4-7　填空题 3 用图

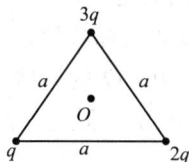

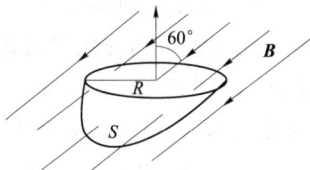

4. 在折射率 $n_2 = 1.50$ 的玻璃片上镀一层 $n_1 = 1.38$ 的增透膜,可使波长为 500 nm 的光由空气垂直入射玻璃表面时尽量减少反射,则增透膜的最小厚度为_____nm。

5. 如图 4-8 所示,在真空中有一半径为 a 的半圆形导线,其中通以稳恒电流 I,导线置于均匀外磁场 B 中,且 B 与导线所在平面垂直,则该半圆形载流导线所受的磁力大小为_____。

6. 一束自然光从空气投射到玻璃表面上(设空气折射率为 1),当折射角为 30°时反射光是完全偏振光,则此玻璃板的折射率等于_____。

7. 如图 4-9 所示,在双缝干涉实验中,若把一厚度为 e,折射率为 n 的薄云母片覆盖在 S_1 缝上,中央明条纹将向_____移动。

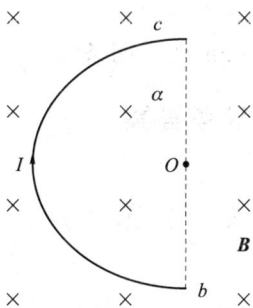

图 4-8　填空题 5 用图　　　　　图 4-9　填空题 7 用图

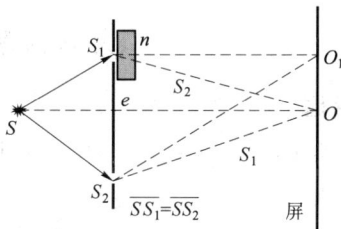

三、问答题(共 9 分)

1. (5 分)请简单阐述麦克斯韦方程组中关于磁场的环路定律 $\oint_L \boldsymbol{H} \cdot \mathrm{d}\boldsymbol{l} = \int_S \left(\boldsymbol{j}_c + \dfrac{\partial \boldsymbol{D}}{\partial t} \right) \cdot \mathrm{d}\boldsymbol{S}$ 的物理含义。

2. (4 分)由两块玻璃板构成的空气劈,将上玻璃板缓慢向上移动,但保持劈尖角不变,请说明上述过程干涉条纹的变化规律。

四、计算题(每题 10 分,共 40 分)

1. 两段导体 $ab = bc = 0.1$ m,在 b 处连成 30°的角,如图 4-10 所示。若导体在匀强磁场中以速率 $v = 3$ m/s 在垂直于磁场的平面内沿平行于 ab 边的方向运动,磁感应强度 $B = 2 \times 10^{-2}$ T,求 ac 间的电势差是多少? 哪端电势高?

2. 一列横波在绳索上传播,其表达式为

$$y_1 = 0.05 \cos \left[2\pi \left(\frac{t}{0.05} - \frac{x}{4} \right) \right] (\mathrm{SI})$$

(1) 现有另一列横波(振幅也是 0.05 m)与上述已知横波在绳索上形成驻波。设这一横

波在 $x=0$ 处与已知横波同相位,写出该波的表达式。

(2) 写出绳索上离原点最近的 4 个波节的坐标数值。

3. 如图 4-11 所示,半径为 R_1 的带电量为 $+Q$ 的导体球 A 的外面套有一个同心的内外表面半径分别为 R_2,R_3 的不带电的导体球壳 B。求:

(1) 各空间的电场分布;

(2) 设无穷远处为电势零点,求各空间的电势场分布。

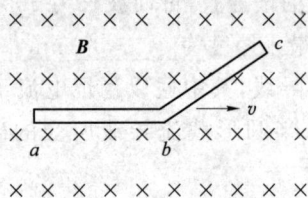

图 4-10 计算题 1 用图

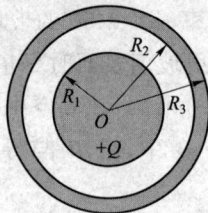

图 4-11 计算题 3 用图

4. 一衍射光栅,每厘米有 2000 条透光缝,每条透光缝宽为 $a=2.5\times10^{-4}$ cm,在光栅后放一焦距 $f=1$ m 的凸透镜。现以 $\lambda=500$ nm 的单色平行光垂直照射光栅,求:

(1) 透光缝 a 的单缝衍射对应的中央明条纹宽度为多少?

(2) 对于此光栅会有缺级现象,最多能看到多少条 500 nm 光的明条纹?

大学物理考试试题 Ⅳ 参考答案

一、选择题

1. D;   2. B;   3. C;   4. D;   5. B;   6. D;   7. A;   8. B;   9. A

二、填空题

1. $-2\varepsilon_0E_0/3$,$4\varepsilon_0E_0/3$; 2. $(3\sqrt{3}qQ)/(2\pi\varepsilon_0a)$; 3. $B\pi R^2/2$; 4. 90.6; 5. $2aBI$; 6. $\sqrt{3}$;

7. 上

三、问答题

1. 答:传导电流和变化的电场都可以在空间产生磁场。

2. 答:干涉条纹间隔不变,但条纹向劈尖方向移动。

四、计算题

1. -3×10^{-3} V;c 端电势高于 a 端。

2. (1) $y_2=0.05\cos\left[2\pi\left(\dfrac{t}{0.05}+\dfrac{x}{4}\right)\right]$(SI); (2) $x=1$ m,-1 m,3 m,-3 m。

3. (1) $\boldsymbol{E}=0,r<R_1$;$\boldsymbol{E}=\dfrac{Q}{4\pi\varepsilon_0r^2},R_1<r<R_2$;$\boldsymbol{E}=0,R_2<r<R_3$;$\boldsymbol{E}=\dfrac{Q}{4\pi\varepsilon_0r^2},r>R_3$;

方向沿矢径方向向外。

(2) $U=\dfrac{Q}{4\pi\varepsilon_0R_1}-\dfrac{Q}{4\pi\varepsilon_0R_2}+\dfrac{Q}{4\pi\varepsilon_0R_3}$, $r\leqslant R_1$

$U=\dfrac{Q}{4\pi\varepsilon_0r}-\dfrac{Q}{4\pi\varepsilon_0R_2}+\dfrac{Q}{4\pi\varepsilon_0R_3}$, $R_1<r\leqslant R_2$

$$U=\frac{Q}{4\pi\varepsilon_0 R_3}, \quad R_2 < r \leqslant R_3; U=\frac{Q}{4\pi\varepsilon_0 r}, \quad r > R_3$$

4. (1) 4×10^{-1} m,(2) $0,\pm1,\pm3,\pm5,\pm7,\pm9$ 条明条纹。

大学物理考试试题 Ⅴ

一、选择题(每题 **3** 分,共 **30** 分)

1. 已知水星的半径是地球半径的 0.4 倍,质量为地球的 0.04 倍。设在地球上的重力加速度为 g,则水星表面上的重力加速度为(   )。

    A. $0.25g$ B. $0.1g$ C. $2.5g$ D. $4g$

2. 下述说法中,正确的是(   )。

(1) 不受外力作用的系统,它的动量和机械能必然同时都守恒。

(2) 内力都是保守力的系统,当它所受的合外力为零时,其机械能必然守恒。

(3) 只有保守内力作用而不受外力作用的系统,它的动量和机械能必然都守恒。

    A. (3)正确   B. (2)正确   C. (1)正确   D. (2)和(3)正确

3. 关于力矩有以下几种说法,其中正确的是(   )。

    A. 作用力和反作用力对同一轴的力矩之和必为零

    B. 内力矩会改变刚体对某个定轴的角动量

    C. 角速度的方向一定与外力矩的方向相同

    D. 相同力矩作用下的质量相等、形状不同的两个刚体,它们的角加速度一定相等

4. 某人骑自行车以速率 v 向西行驶,今有风以相同速率从北偏东 $30°$ 方向吹来,试问人感到风从哪个方向吹来?(   )

    A. 北偏东 $30°$ B. 南偏东 $30°$ C. 北偏西 $30°$ D. 西偏南 $30°$

5. 如图 5-1 所示,在一根管子两端形成一大一小的两个肥皂泡。如果把中间开关打开,使两个肥皂泡连通,它们将发生的变化是(   )。

    A. A 泡不断扩张,B 泡不断收缩

    B. A 泡不断收缩,B 泡不断扩张

    C. A 泡和 B 泡都不断收缩

    D. A 泡和 B 泡都不断扩张

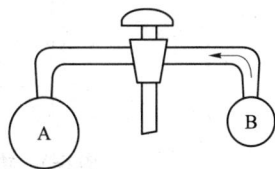

图 5-1 选择题 5 用图

6. 在爱因斯坦狭义相对论的时空观中,以下判断正确的是(   )。

    A. 在一个惯性系中,两个同时的事件,在另一个惯性系中一定不同时

    B. 在一个惯性系中,两个同时的事件,在另一个惯性系中一定同时

    C. 在一个惯性系中,两个同时又同地的事件,在另一惯性系中一定同时又同地

    D. 在一个惯性系中,两个同时不同地的事件,在另一惯性系中只可能同时不同地

7. 已知 $f(v)$ 为麦克斯韦速率分布函数,N 为总分子数,v_p 为分子的最概然速率,则速率大于 v_p 的分子数为(   )。

    A. $\int_{v_p}^{\infty} Nf(v)dv$ B. $\int_{v_p}^{\infty} vf(v)dv$ C. $\int_{v_p}^{\infty} f(v)dv$ D. $\int_{0}^{\infty} Nf(v)dv$

8. 温度、压强相同的氦气和氧气,它们分子的平均动能 ε_k 和平均平动动能 ε_t 的关系为( )。

　　A. ε_t 相等,而 ε_k 不相等　　　　B. ε_k 相等,而 ε_t 不相等

　　C. ε_k 和 ε_t 都相等　　　　　　D. ε_k 和 ε_t 都不相等

9. 一定量的理想气体向真空做绝热自由膨胀,体积由 V_1 增至 V_2,在此过程中气体的( )。

　　A. 内能不变,熵减少　　　　　　B. 内能变化,熵减少

　　C. 内能不变,熵增加　　　　　　D. 内能变化,熵增加

10. 有两个卡诺机使用同一个低温热库(温度为 T_2),而高温热库不同(它们的温度分别为 T_1 和 T_1',$T_1'>T_1$)。在图 5-2 所示的 p-V 图中,它们的循环曲线所包围的面积相等,那它们对外所做的净功和热循环效率的关系为( )。

　　A. 净功和热循环效率都相等

　　B. 净功相等,而热循环效率不相等

　　C. 净功不相等,而热循环效率相等

　　D. 净功和热循环效率都不相等

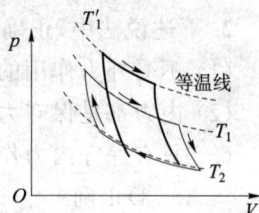

图 5-2　选择题 10 用图

二、填空题(每题 3 分,共 30 分)

1. 质量为 m 的小球,用轻绳 AB,BC 连接,如图 5-3 所示。其中 AB 水平,剪断绳 AB 前后的瞬间绳 BC 中的张力比 $T:T'=$ _____。

2. 有一半径为 R 的球形肥皂泡,如图 5-4 所示。设 α 为其表面张力系数,那么液膜内外两点 A,C 的压强差等于 _____。

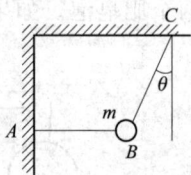

图 5-3　填空题 1 用图　　　　图 5-4　填空题 2 用图

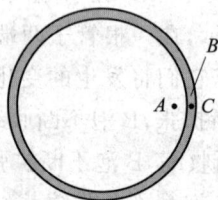

3. 热力学第二定律的数学表达式是 $\Delta S \geqslant 0$ (熵增原理),是指当孤立热力学系统从一个平衡态经可逆过程到达另一平衡态时,熵变 ΔS _____,当孤立系统从一个平衡态经不可逆过程到达另一平衡态时,熵变 ΔS _____。

4. 设一株高 50 m 的树,外层木质导管(树液传输管)为均匀圆管,其半径为 2.0×10^{-4} cm。导管中树液表面张力系数为 5.0×10^{-2} N·m^{-1},密度近似于水的密度,它与管壁的接触角为 $45°$。毛细作用能把树液输送的高度为 _____。

5. 一定质量的气体,保持容积不变。当温度升高时分子运动得更剧烈,因而平均碰撞次数增多,而平均自由程是 _____。(填增大、减少或不变。)

6. 质量为 1.0 g 的物体以 1.0 cm 的振幅作简谐振动,测得其振动周期为 2π s,则振动物

体加速度的最大值为_____。

7. 一物体的静质量为 m_0，当它以速率 $0.8c$（c 为真空中的光速大小）运动时，其具有的能量 $E=$_____。

8. 如图 5-5 所示的是氢气和氦气在同一温度下的麦克斯韦速率分布曲线。$M_{mol,H_2}=2.0\times10^{-3}\ \text{kg}\cdot\text{mol}^{-1}$，$M_{mol,He}=4.0\times10^{-3}\ \text{kg}\cdot\text{mol}^{-1}$，由图 5-5 可得出氢气分子的最概然速率 $v_p=$_____。

9. 冬天室外温度设为 -10℃，室内温度为 20℃。工作于这两个温度之间以卡诺制冷循环为基础的热泵的供热效率 $w_h=$_____。

10. 如图 5-6 所示的虹吸管，如果容器内水（理想流体）的自由表面比引管的横截面大得多，则引管 B 处小孔流量 $Q_V=$_____（p_0 是大气压，且设 h_A，h_B，重力加速度 g 和 B 处细流管的横截面积 S_B 均为已知）。

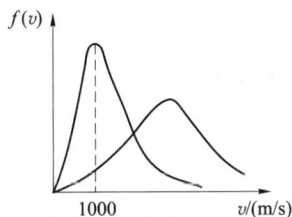

图 5-5　填空题 8 用图

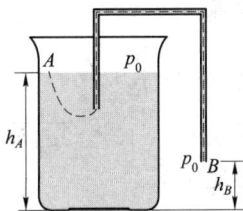

图 5-6　填空题 10 用图

三、问答题（每题 **5** 分，共 **15** 分）

1. 熵的负值（$-S$）被定义为负熵，热力学系统向外排熵等于从外界吸收负熵。有人说"人们在地球上的日常活动中并没有消耗能量，而是不断地消耗负熵。"此说法对吗？

2. 在一个房间里，有一台电冰箱正工作着，如果打开冰箱的门，会不会使房间降温？简要说明其原因。

3. 表演走钢丝的杂技演员的手中要拿一根长直棍（见图 5-7），人过独木桥时本能地会把两臂伸开些，他们这样做的目的主要是什么？

图 5-7　问答题 3 用图

四、计算题（共 **25** 分）

1. （10 分）长为 l 的均匀直棒，其质量为 M，上端用光滑水平轴吊起而静止下垂，如图 5-8 所示。今有一质量为 m 的子弹，以水平速度 v_0 射入杆的悬点下距离为 d 处而不复出。求子弹刚停在杆中时的角速度多大？

2. （10 分）在加速度 a_0 向上运动的升降机内，竖直悬挂在升降机天花板上的弹簧的下端挂有质量为 m 的物体，如图 5-9 所示。当升降机内的人使物体在竖直向小幅度振动起来，物体的振动频率是多大？

3. （5 分）设一热机的工作物质为一定量的双原子刚性分子的理想气体，经历如图 5-10 所示的循环过程。其中，ab 为等温过程，bc 为等压过程，ca 为等容过程。求其热机效率 η。已知 V_a 和 $V_b=3V_a$。

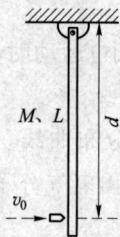

图 5-8　计算题 1 用图　　　图 5-9　计算题 2 用图　　　图 5-10　计算题 3 用图

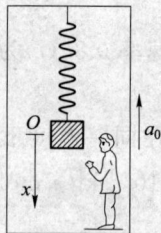

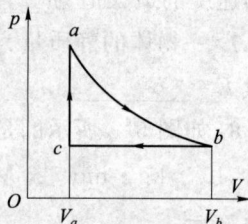

大学物理考试试题 V 参考答案

一、选择题

1. A；　2. A；　3. A；　4. C；　5. A；　6. C；　7. A；　8. A；　9. C；　10. B

二、填空题

1. $1 : \cos^2 \theta$；2. $\dfrac{4\alpha}{R}$；3. $=0, >0$；4. 3.5 m；5. 不变；6. 1.0×10^{-2} m/s²；7. $\dfrac{5}{3} m_0 c^2$；

8. 1414 m/s；9. 9.8；10. $\sqrt{2g(h_A - h_B)} S_B$

三、问答题

1. 答：对。能量是守恒，开放系统的人体与周围环境能量(物质)的交换是收支平衡。为了维持健康，人体必须维持在一个低熵的有序状态。为此只有从自然界输入高品质的低熵的物质能量，输出低品质高熵的物质能量，使 $dS = dS_i + dS_e < 0$。$dS_e < 0$ 即"负熵流"是人体维持生命的基础，但是周围环境却是熵增加了，这相当于人体从周围环境取走了"负熵"。

2. 答：不会。对于电冰箱，两个热库都在房间，向高温热源放热 Q_1 大于从低温热源吸收的热 Q_2，$Q_1 = Q_2 + A$(电能)，不但不会使房间降温，反而会使房间升温。

3. 答：主要增大身体绕轴(钢丝或独木桥)的转动惯量，且易于调节重心以免重心在竖直向偏离转轴。

四、计算题

1. $\omega = \dfrac{3mv_0 d}{3md^2 + Ml^2}$；2. $\nu = \dfrac{\omega}{2\pi} = \dfrac{1}{2\pi}\sqrt{\dfrac{k}{m}}$；3. $\eta = 15.6\%$。

大学物理竞赛试题汇编

大学物理竞赛试题 Ⅰ

一、填空题

1. 如图 1-1 所示,系有细绳的一小球放在光滑的水平桌面上,细绳的另一端向下穿过桌面的一小竖直孔道并用手拉住。如果给予小球速度 v_0 使之在桌面上绕小孔 O 作半径为 r_0 的圆周运动,然后缓慢地往下拉绳,使小球最后作半径为 r 的圆周运动,则小球作半径为 r 的圆周运动的速率为_____。

2. 冬天室外温度设为 -10℃,室内温度为 18℃。设空调是工作于这两个温度之间以卡诺制冷循环为基础的热泵,其压缩机的功率是 2.2 kW,则单位时间内室内得到的热量是_____(单位 kJ)。

3. 一质点作直线运动,其运动方程为 $x=3+2t-t^2$(式中,t 以 s 计,x 以 m 计),则从 $t=0$ 到 $t=4\text{ s}$ 时间间隔内质点的位移为_____。

4. 沿 x 轴运动的质点,速度 $v=\alpha x,\alpha>0$。$t=0$ 时刻,质点位于 $x_0>0$ 处,而后的运动过程中,质点加速度与所到位置 x 之间的函数关系为 $a=$_____,加速度与时刻 t 之间的函数关系为 $a=$_____。

5. 如图 1-2 所示,升降机内有两个物体,质量分别为 m_1 和 m_2,用细绳连接后跨过滑轮;绳子的长度不变,绳和滑轮的质量、滑轮轴上的摩擦及桌面的摩擦可略去不计。当升降机以匀加速度 a 上升时,在机内的观察者看来,m_1 和 m_2 的加速度分别为 $a_1=$_____和 $a_2=$_____。

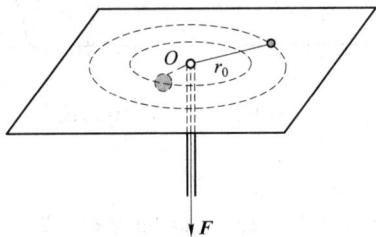

图 1-1　填空题 1 用图　　　　　图 1-2　填空题 5 用图

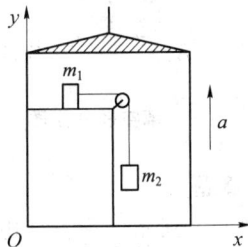

6. 4 个恒温热源的温度之间的关系为 $T_1=aT_2=a^2T_3=a^3T_4$,其中常数 $a>1$。工作于其中任选热源之间的可逆卡诺热机的循环效率最大可取值 $\eta_{\max}=$_____。图 1-3 中每一条实线或者为 T_1,T_2,T_3,T_4 等温线,或者为绝热线,由它们(共 8 条)组成的循环过程效率 $\eta=$_____。

7. 如图 1-4 所示。带电荷为 Q，半径为 R_0 的导体球外，同心地放置一个内半径为 R_1，外半径为 R_2 本不带电的导体球壳，两者之间有一电荷为 q，与球心相距 r($R_1 > r > R_0$)的固定点电荷。静电平衡后，导体球电势 $U_{球}$ = _____，导体球壳电势 $U_{球壳}$ = _____。

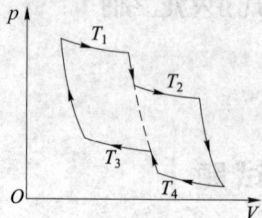

图 1-3　填空题 6 用图

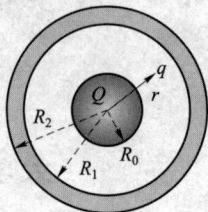

图 1-4　填空题 7 用图

8. 热力学第二定律的开尔文表述为：_____；热力学第二定律的克劳修斯表述为：_____。

9. 惯性系 S、S' 间的相对运动关系如图 1-5(a)所示，相对运动速度大小为 u。若一块匀质平板静止地放在 S' 中的 $x'y'$ 平面上(见图 1-5(a))，在 S' 中测得其质量面密度(单位面积质量)为 σ_0，在 S 中测得其质量面密度 σ_1 = _____ σ_0。若平板相对 S' 沿 x' 轴正方向以匀速 u 运动，如图 1-5(b)所示，则在 S 中测得其质量面密度 σ_2 = _____ σ_0。

10. 质量可忽略的圆台形薄壁容器内，盛满均匀液体。容器按图 1-6(a)中所示方式平放在水平地面上时，因液体重力而使容器底面所受压强记为 p_1，地面给容器底板向上的支持力记为 N_1；容器按图 1-6(b)中所示方式放置时，相应的力学参数记为 p_2，N_2。那么必定有 p_1 _____ p_2，N_1 _____ N_2。(分别选填小于、等于或大于。)

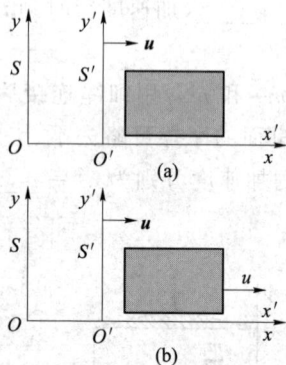

图 1-5　填空题 9 用图

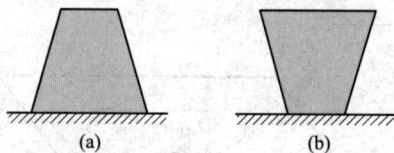

图 1-6　填空题 10 用图

二、计算题

1. 如图 1-7 所示的平行板电容器，两极板分别带有 $+Q$、$-Q$ 的电荷，极板面积为 S。忽略边缘效应，问：

(1) 两极板上 4 个面上的电荷面密度分别是多少？

(2) 负极板受到的静电力是多大？

(3) 固定正极板，如果缓慢地把负极板右移 Δl 的距离，外力做功多大？

(4) 如果外力功全部转化为电容器内的新建场区，匀场区中的电场能量密度 $w_e \sim E$ 的关系怎样？

2. 长为 L 的均匀软绳静止对称地挂在光滑固定的细钉上，如图 1-8(a)所示。后因扰动，软绳朝右侧滑下，某时刻左侧绳段长度记为 x，如图 1-8(b)所示。问：

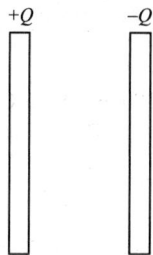

图 1-7　计算题 1 用图

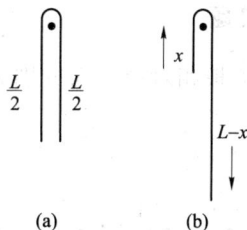

图 1-8　计算题 2 用图

(1) $x(x<L/2)$ 达何值时细钉为软绳提供的向上支撑力 N 恰为零？

(2) 如果在支撑力 N 恰为零时突然去掉细钉，你认为软绳经过一段时间后可以处于伸直状态吗？

3. 如图 1-9 所示，质量 $m=50\text{ g}$、截面积 $S=2\text{ cm}^2$ 的均匀薄长试管，初始时直立在水中，露出水面部分的长度 $l=1\text{ cm}$，管内上方封入一部分空气，外部大气压强 $p_0=10^5\text{ Pa}$。

(1) 试求管内、外水面的高度差 H。

(2) 将试管缓慢地下压到某一深度，松手后试管既不上浮也不下沉，试求此时试管顶端和管外水面之间的高度差 x。

4. 平行板电容器极板面积为 S，中间充满两层介质，它们的厚度、相对介电常数分别为 d_1、ε_{r1}、d_2、ε_{r2}，两端加恒定不变的电压 V，如图 1-10 所示。设忽略边缘效应，试求：

(1) 两种介质内的电场强度和电位移；

(2) 导体内表面自由电荷面密度及两种介质表面的极化电荷面密度。

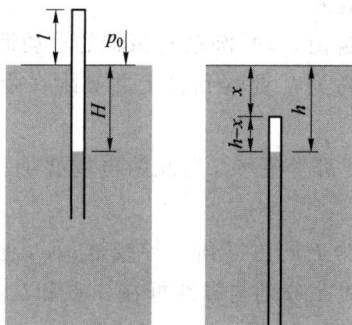

图 1-9　计算题 3 用图

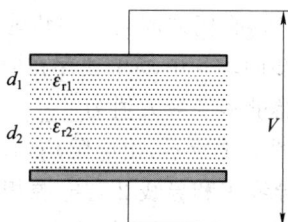

图 1-10　计算题 4 用图

大学物理竞赛试题 I 参考答案

一、填空题

1. $v=v_0 v_0/r$；2. 22.9 kJ；3. $\Delta x=-8i$ m；4. $a^2 x a^2 x_0 \mathrm{e}^{at}$；

5. $\dfrac{m_2}{m_1+m_2}(g+a)\dfrac{m_2}{m_1+m_2}(g+a)$；6. $1-\dfrac{1}{a^3}$，$1-\dfrac{1}{a^2}$；

7. $\dfrac{1}{4\pi\varepsilon_0}\left(\dfrac{Q}{R_0}+\dfrac{q}{r}-\dfrac{Q+q}{R_1}+\dfrac{Q+q}{R_2}\right)\dfrac{Q+q}{4\pi\varepsilon_0 R_2}$；8. 略；9. $(1-u^2/c^2)^{-1}\dfrac{(1+\beta^2)^2}{(1-\beta^2)^2}$；

10. 等于,等于。

二、计算题

1. (1) 极板相对内表面分别为 $+\sigma=Q/S$, $-\sigma=-Q/S$；(2) $\dfrac{\sigma}{2\varepsilon_0}S\sigma$；(3) $\dfrac{\sigma^2 S}{2\varepsilon_0}\Delta l$；

(4) $\dfrac{1}{2}\varepsilon_0\dfrac{\sigma^2}{\varepsilon_0^2}$。

2. (1) $x=x_0=\dfrac{1}{4}(2-\sqrt{2})L$；(2)可以。

3. (1) $H=25$ cm；(2) 41.8 cm。

4. 略。

大学物理竞赛试题 Ⅱ

一、填空题

1. 在标准状态下,体积比为 $\dfrac{V_1}{V_2}=\dfrac{1}{2}$ 的氧气和氮气(均视为刚性分子理想气体)相混合,则其混合气体中氧气和氮气的内能比为_____。

2. 在惯性系 S 中有一个静止的等腰直角三角形薄片 P。现令 P 相对 S 以 V 作匀速运动,且 V 在 P 所确定的平面上。若因相对论效应而使在 S 中测量 P 恰为一等边三角形薄片,则可判定 V 的方向为_____。

3. 一个质量为 m_0 的静止粒子,受到频率为 ν 的光子(光子的能量为 $h\nu$)碰撞,粒子将光子的能量全部吸收,则撞击后此合并系统的静止质量为_____。

4. 均质圆盘水平放置,可绕通过盘心的铅垂轴自由转动,圆盘对该轴的转动惯量为 J_0,当其转动角速度为 ω_0 时,有一质量为 m 的质点从高为 h 处落到盘上并黏附在距转轴 $R/2$ 处,则粘上后,它们共同转动的角速度为_____。

5. 已知两均匀电场单独存在时其电场能量密度都等于 w,当此两电场叠加在一起时,合电场的能量密度最大值为_____。

6. 如图 2-1 所示,由电阻均匀的导线构成边长为 l 的正三角形导线框 abc,通过彼此平行的长直导线 1 和导线 2 与电源相连,导线 1 和导线 2 分别与导线框在 a 点和 b 点相接,导线 1 和线框 ac 边的延长线重合。导线 1 和导线 2 上的电流为 I,令长直导线 1,2 和导线框中电流在线框中心 O 点产生的磁感应强度分别为 $\boldsymbol{B_1}$,$\boldsymbol{B_2}$ 和 $\boldsymbol{B_3}$,则 O 点的磁感应强度大小为_____。

7. 空气中,半径为 R 的无限长直圆筒面,带有均匀分布的电荷,电荷面密度为 σ。当圆筒以角速度 ω 绕圆筒轴线旋转时,圆筒内的磁感应强度 $B=$_____。

8. 人游泳时手向后划,水对手的推力是做_____(填正或负)功的,水对人头和躯体的阻力或曳力也是做_____(填正或负)功的。之所以人能匀速甚至加速前进,从能量转换角度分析,其原因是_____。

9. 初始温度为 T,体积为 V 的双原子理想气体,依次经历以下 3 个可逆过程构成一循环：绝热膨胀到 $2V$，定容过程到温度 T，等温压缩到初始体积 V。以下说法中，正确的是_____。

    A. 在每个过程中，气体的熵不变

    B. 在每个过程中，外界的熵不变

    C. 在每个过程中，气体和外界的熵的和不变

    D. 整个循环，气体的熵增加

10. 在半径为 R 的孤立金属球内偏心地挖出一个半径为 r 的球形空腔，如图 2-2 所示。在距空腔中心 O 点 d 处放一点电荷 q，金属球带电 Q，设无穷远为电势零点，则 O 点的电势为_____。

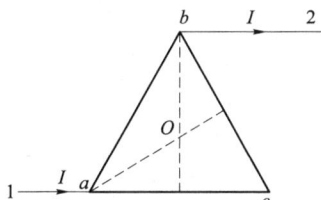

图 2-1 填空题 6 用图

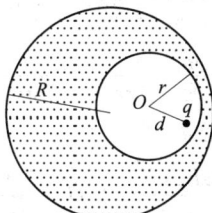

图 2-2 填空题 10 用图

二、计算题

1. 质量为 m 的匀质棒，长为 L，可绕水平轴 O 无摩擦地转动，如图 2-3 所示。用水平力 F 撞击棒的下端，力的作用时间为 Δt。求：

（1）撞击后瞬间，棒获得的角速度；

（2）棒的下端最多能升高的距离。

2. 真空中有一无限长带电圆柱体，半径为 b，其电荷体密度 $\rho = kr^2$，k 为大于零的常数，r 为离开柱体轴线的距离。求带电圆柱体的电场强度分布。

3. 如图 2-4 所示为一内半径为 a，外半径为 b 的均匀带电薄绝缘环片，该环片以角速度 ω 绕过中心 O，并与环片平面垂直的轴旋转，环片上总电荷为 Q（$Q > 0$）。求环片中心 O 处的磁感应强度。

4. 如图 2-5 所示，在绝热汽缸中一固定的导热板 C 把汽缸分成 I、II 两部分，两部分中分别盛有 1 mol 的氦气和氮气（均可看成理想气体）。D 是绝热的活塞，若活塞慢慢地压缩 I 中的氦气，做功为 A。求：

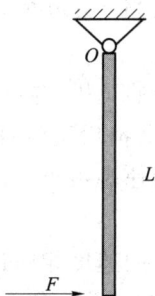

图 2-3 计算题 1 用图

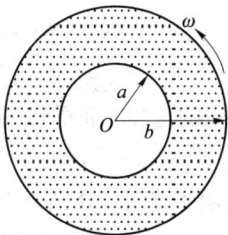

图 2-4 计算题 3 用图

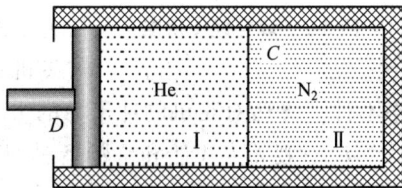

图 2-5 计算题 4 用图

(1) Ⅰ中氦气内能的变化；

(2) Ⅰ中氦气的摩尔热容；

(3) Ⅰ中氦气经历的过程方程。

大学物理竞赛试题 Ⅱ 参考答案

一、填空题

1. $5/6$；

2. 沿直角三角形的斜边；3. $m_0\sqrt{1+2h\nu/m_0c^2}$；4. $\omega_0/(1+mR^2/4J_0)$；5. $4w$；

6. $B=\dfrac{\sqrt{3}\mu_0 I}{4\pi l}(\sqrt{3}-1)$；7. $\mu_0\omega R\sigma$；8. 负，负，水对人体质心做正功；9. C；

10. $\dfrac{Q+q}{4\pi\varepsilon_0 R}+\dfrac{q}{4\pi\varepsilon_0 d}-\dfrac{q}{4\pi\varepsilon_0 r}$

二、计算题

1. (1) $\dfrac{3F\Delta t}{ml}$；(2) $H=\dfrac{3F^2\Delta t^2}{m^2 g}$。

2. $E=\dfrac{kr^3}{4\varepsilon_0}(r\leqslant b)$，$E=\dfrac{kb^4}{4\varepsilon_0 r}$（$r\geqslant b$）。

3. $\dfrac{1}{2}\dfrac{Q\mu_0\omega}{b+a}$，方向$\odot$。

4. (1) $\dfrac{3}{8}$ A；(2) $-\dfrac{5}{2}R$；(3) $TV^{\frac{1}{4}}=$常数。

大学物理竞赛试题 Ⅲ

一、填空题

1. 将地面加速度记为 g，地球半径记为 R，则第一宇宙速度 $v_1=$＿＿＿＿＿＿，第二宇宙速度 $v_2=$＿＿＿＿＿＿。

2. 如图 3-1 所示，质量为 M，长度为 L 的刚性匀质细杆，能绕着过其端点 O 的水平轴无摩擦地在竖直平面上摆动。今让此杆从水平静止状态自由地摆下，当细杆摆到图 3-1 中虚线所示 θ 角位置时，它的转动角速度 $\omega=$＿＿＿＿＿＿，转动角加速度 $\alpha=$＿＿＿＿＿＿；当 $\theta=90°$时，转轴为细杆提供的支持力 $N=$＿＿＿＿＿＿。

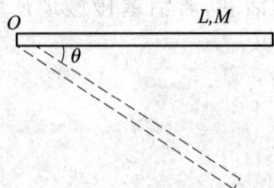

图 3-1　填空题 2 用图

3. 一架以 3.0×10^2 m/s 的速率水平飞行的飞机，与一只身长为 0.20 m，质量为 0.50 kg 的飞鸟相碰。设碰撞后飞鸟的尸体与飞机具有相同的速度，而原来飞鸟对地面的速率很小，可以忽略不计。飞鸟对飞机的冲击力的大小为＿＿＿＿＿＿。

4. 一艘无人飞船和一颗彗星相对于地面参考系，分别以 $0.6c$ 和 $0.8c$ 的速度相向运动。地面系时钟读数 $t_S=0$ 时，恰好飞船时钟读数也为 $t=0$，地面系认为 $t_S=5$ s 时，飞船会与彗星碰撞，飞船则认为 $t=$＿＿＿＿＿＿ s 时，自己会与彗星碰撞，而且飞船在 $t=0$ 时认为彗星与它相距_____cs(光秒)。

5. 有以热容为 C_1,温度为 T_1 的固体与热容为 C_2,温度为 T_2 的液体共置于一绝热容器内。平衡建立后,系统最后的温度 T 是_____,系统总的熵变为_____。

6. 氧气在温度为 27℃、压强为 1 atm 时,分子的平均速率为 447 m/s,那么在温度为 27℃、压强为 0.5 atm 时,分子的平均速率为_____ m/s,分子的最可几速率为_____ m/s,分子的方均根速率为_____ m/s。

7. 如图 3-2 所示,在一无限长的均匀带电细棒旁垂直放置一均匀带电的细棒 MN。且二棒共面,若二棒的电荷线密度均为 $+\lambda$,细棒 MN 长为 l,且 M 端距长直细棒也为 l,那么细棒 MN 受到的电场力为_____。

8. 在图 3-3 中,A,B 是真空中的两块相互平行的无限大均匀带电平面,电荷面密度分别为 $+\sigma$ 和 -2σ,若将 A 板选作电势零点,则图 3-3 中 a 点的电势是_____。

9. 一个有小孔的均匀带电球面,所带电荷面密度为 σ,球面半径为 R,小孔面积 $\Delta S \ll$ 球面面积,则球心处的电场强度 $E =$_____,球心处的电势 $U =$_____。

10. 如图 3-4 所示,板间距为 $2d$ 的大平行板电容器水平放置,电容器的右半部分充满相对介电常数为 ε_r 的固态电介质,左半部分空间的正中间有一带电小球 P,电容器放充电后 P 恰好处于静电平衡。拆去充电电源,随后将固态电介质快速抽出,略去静电平衡经历的时间,不计带电小球 P 的电场,则 P 将经过 $t =$_____时间与电容器的一个极板相碰撞。

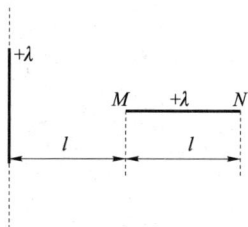

图 3-2　填空题 7 用图　　　图 3-3　填空题 8 用图　　　图 3-4　填空题 10 用图

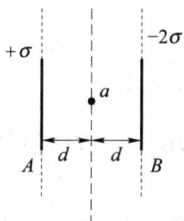

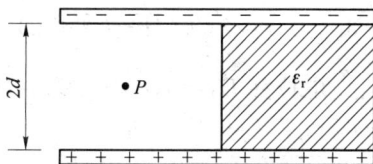

二、计算题

1. 如图 3-5 所示,将一绝缘细棒弯成半径为 R 的半圆形,其上半段均匀带有电荷 Q,下半段均匀带有电荷 $-Q$,求半圆中心处的电场强度。

2. 请设计 10 m 高台跳水的水池深度,并将你的结果与国际跳水规则规定的水深 4.50～5.00 m 进行比较。假定运动员质量为 50 kg,在水中受到的阻力与速度的平方成正比,比例系数为 20 kg/m;当运动员的速率减小到 2.0 m/s 时翻身,并用脚蹬池上浮。(在水中可近似认为重力与水的浮力相等;$\ln 7 \approx 1.9459$。)

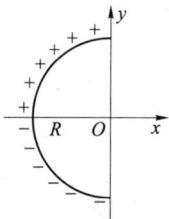

图 3-5　计算题 1 用图　　　　　图 3-6　计算题 3 用图

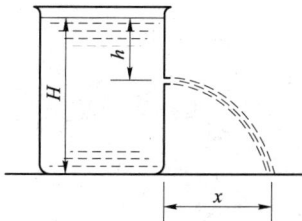

3. 容器内水的高度为 H,水自离自由表面 h 深的小孔流出如图 3-6 所示。求:

(1) 水流达到地面的水平射程 x;

(2) 在水面以下多深的地方另开一孔可使水流的水平射程与前者相等?

4. 一导体球,带电荷为 q,半径为 R,球外有两种均匀电介质。第一种介质的介电常数为 ε_{r1}、厚度为 d,第二种介质为空气 $\varepsilon_{r2}=1$ 充满其余整个空间。求球内、球外第一种介质中、第二种介质中的电位移、电场场强和电势。

大学物理竞赛试题 Ⅲ 参考答案

一、填空题

1. $\sqrt{gR}$,$\sqrt{2gR}$; 2. $\sqrt{\dfrac{3g\sin\theta}{L}}$,$\dfrac{3g\cos\theta}{2L}$,$\dfrac{5}{2}Mg$; 3. 2.25×10^{5}N; 4. 4,$\dfrac{140}{37}$; 5. $T=$

$\dfrac{C_1T_1+C_2T_2}{C_1+C_2}$,$C_1\ln\dfrac{T}{T_1}+C_2\ln\dfrac{T}{T_2}$; 6. 447,396,485; 7. $\dfrac{\lambda^2}{2\pi\varepsilon_0}\ln 2$,方向沿 MN; 8. $\dfrac{-3\sigma d}{2\varepsilon_0}$;

9. $\dfrac{\sigma\cdot\Delta S}{4\pi\varepsilon_0 R^2}\hat{R}$,$\dfrac{\sigma}{4\pi\varepsilon_0 R}(4\pi R^2-\Delta s)$; 10. $\sqrt{\dfrac{4d}{(\varepsilon_r-1)g}}$

二、计算题

1. $E=-\dfrac{Q}{\pi^2\varepsilon_0 R^2}$,方向沿 y 轴负方向。

2. $y=4.86$ m。

3. (1) $x=2\sqrt{h(H-h)}$;(2) $(H-h)$ 或 h 处。

4. 电位移 $D_1=0$,$r<R$;$D_2=D_3=\dfrac{q}{4\pi r^2}$,$R<r$;方向沿径向向外。

电场强度 $E_1=0$,$r<R$;$E_2=\dfrac{q}{4\pi\varepsilon_0\varepsilon_{r1}r^2}$,$R<r<R+d$;$E_3=\dfrac{q}{4\pi\varepsilon_0 r^2}$,$r>R+d$;方向沿径向向外。

电势 $U_1=\dfrac{q}{4\pi\varepsilon_0\varepsilon_{r1}}\left(\dfrac{1}{R}-\dfrac{1}{R+d}\right)+\dfrac{q}{4\pi\varepsilon_0(R+d)}$,$r<R$

$\qquad U_2=\dfrac{q}{4\pi\varepsilon_0\varepsilon_{r1}}\left(\dfrac{1}{r}-\dfrac{1}{R+d}\right)+\dfrac{q}{4\pi\varepsilon_0(R+d)}$,$R<r<R+d$

$\qquad U_3=\dfrac{q}{4\pi\varepsilon_0 r}$,$r>R+d$